普通高等院校机电工程类规划教材

机电工程实验教程

李振武　闫冰洁　主编

清华大学出版社

北京

内 容 简 介

本书根据教育部关于技术应用型人才培养和机械设计基础课程的教育与教学改革基本要求,以及新颁布的有关国家标准编制。全书分五篇33章,包括基础实验篇、机械工程实验篇、电气工程实验篇、车辆工程实验篇、创新性实验篇。本实验教程力求概念定义清楚、内容简洁实用,同时注重学生实际动手能力和创新能力的培养,便于师生使用。

本书可作为高等院校机械类和近机类专业的机械工程基础实验教材,也可供其他专业的师生和工程技术人员参考,部分内容可以作为科技创新竞赛的指导材料。

图书在版编目(CIP)数据

机电工程实验教程/李振武,闫冰洁主编.—北京:清华大学出版社,2014(2017.8 重印)
(普通高等院校机电工程类规划教材)
ISBN 978-7-302-37079-6

Ⅰ.①机… Ⅱ.①李…②闫… Ⅲ.①机电工程—实验—高等学校—教材 Ⅳ.①TH-33

中国版本图书馆 CIP 数据核字(2014)第 146085 号

责任编辑:王一玲
封面设计:傅瑞学
责任校对:梁　毅
责任印制:李红英

出版发行:清华大学出版社
　　　网　　　址:http://www.tup.com.cn,http://www.wqbook.com
　　　地　　　址:北京清华大学学研大厦 A 座　　　　　邮　　　编:100084
　　　社 总 机:010-62770175　　　　　　　　　　　　邮　　　购:010-62786544
　　　投稿与读者服务:010-62776969,c-service@tup.tsinghua.edu.cn
　　　质量反馈:010-62772015,zhiliang@tup.tsinghua.edu.cn
　　　课件下载:http://www.tup.com.cn,010-62795954
印 装 者:北京九州迅驰传媒文化有限公司
经　　　销:全国新华书店
开　　　本:185mm×260mm　　　印　　　张:21.75　　　　字　　　数:539 千字
版　　　次:2014 年 8 月第 1 版　　　　　　　　　　　　印　　　次:2017 年 8 月第 3 次印刷
印　　　数:3001~3400
定　　　价:49.00 元

产品编号:059317-03

前　言

　　本实验教程是机械类及近机类各专业的必修实验课程,通过实验使学生掌握科学的思维方法,锻炼综合解决实际问题的能力和科技创新能力,全面提高学生的工程素养和科学精神;同时进一步培养学生热爱科学、实事求是、严肃认真、一丝不苟的工作作风以及良好的团队协作精神和职业道德。该教材是山东省实验教学示范中心建设成果和"机电学科示范化实训教学体系的建构"课题研究的成果之一。

　　该教材在编写过程中,综合吸收其他教材的长处,力求文字简练、结构紧凑、内容翔实、重点突出,主要有以下特点:

　　一是综合性强,便于实验教学。教材结合新建本科院校工科专业的实际,将机械类和近机类所有实验项目结合在一起,便于实验教学活动开展。

　　二是紧密结合教学基本要求,教材内容精炼,重点突出。对传统的实验内容进行了必要的调整和增删,与理论教学相辅相成更适于专业教学。

　　三是注重综合能力和创新能力的培养,强调知识的应用性和针对性,结合大学生学科竞赛增加了创新实验项目。

　　四是力求图文并茂、通俗易懂,有明确的教学目标、重点难点,教学方法较为先进科学。

　　教材共分五篇,由李振武、闫冰洁任主编,江峰、孟云男任副主编,任国军、张海英、赵光辉、刘冠军任编委,北京航空航天大学机器人研究所所长、机械专家毕树生教授担任主审,共同完成教材的编写审校工作。

　　由于编者水平有限,加之时间仓促,不足之处在所难免,恳请读者批评指正。

编　者

2013 年 12 月

目　　录

第一篇　基础实验

第二篇　机械工程实验

第三篇　电气工程实验

第五篇　创新性实验

第一篇 基础实验

第1章 大学物理实验

实验1 长度的测量

【实验目的】

(1) 掌握游标卡尺及螺旋测微原理。

(2) 正确使用游标卡尺、螺旋测微计。

(3) 掌握多次等精度测量误差的估计。

【实验内容】

1. 游标卡尺

(1) 原理

游标卡尺在构造上的主要特点是：游标刻度尺上一共有 m 分格，而 m 分格的总长度和主刻度尺上的 $(m-1)$ 分格的总长度相等。设主刻度尺上每个等分格的长度为 y，游标刻度尺上每个等分格的长度为 x，则有

$$mx = (m-1)y$$

主刻度尺与游标刻度尺每个分格之差 $y-x = y/m$ 为游标卡尺的最小读数值，即最小刻度的分度数值。主刻度尺的最小分度是毫米(mm)，若 $m=10$，即游标刻度尺上 10 个等分格的总长度和主刻度尺上的 9mm 相等，每个游标分度是 0.9mm，主刻度尺与游标刻度尺每个分度之差 $\Delta x = 1-0.9 = 0.1$(mm)，称作 10 分度游标卡尺；如 $m=20$，则游标卡尺的最小分度为 $1/20$mm = 0.05mm，称为 20 分度游标卡尺；还有常用的 50 分度的游标卡尺，其分度数值为 $1/50$mm = 0.02mm。

(2) 读数

游标卡尺的读数表示的是主刻度尺的 0 线与游标刻度尺的 0 线之间的距离。读数可分为两部分：首先，从游标刻度上 0 线的位置读出整数部分(毫米位)；其次，根据游标刻度尺上与主刻度尺对齐的刻度线读出不足毫米分格的小数部分，二者相加就是测量值。以 10 分度的游标卡尺为例，看一下如图 1-1 所示读数。毫米以上的整数部分直接从主刻度尺上读出为 21mm。读毫米以下的小数部分时应细心寻找游标刻度

图 1-1

尺上哪一根刻度线与主刻度尺上的刻度线对得最整齐，对得最整齐的那根刻度线表示的数值就是我们要找的小数部分。若图中是第 6 根刻度线和主刻度尺上的刻度线对得最整齐，应该读作 0.6mm。所测工件的读数值为 $21+0.6 = 21.6$(mm)。如果是第 4 根刻度线和主刻度尺上的刻度线对得最整齐，那么读数就是 21.4mm。20 分度的游标卡尺和 50 分度的游标卡尺的读数方法与 10 分度游标卡尺相同，读数也是由两部分组成。

（3）注意事项

① 游标卡尺使用前,应该先将游标卡尺的卡口合拢,检查游标刻度尺的 0 线和主刻度尺的 0 线是否对齐。若对不齐说明卡口有零误差,应记下零点读数,用以修正测量值。

② 推动游标刻度尺时,不要用力过猛,卡住被测物体时松紧应适当,更不能卡住物体后再移动物体,以防卡口受损。

③ 用完后两卡口要留有间隙,然后将游标卡尺放入包装盒内,不能随便放在桌上,更不能放在潮湿的地方。

2. 螺旋测微器

（1）原理

螺旋测微器内部螺旋的螺距为 0.5mm,因此副刻度尺（微分筒）每旋转一周,螺旋测微器内部的测微螺丝杆和副刻度尺同时前进或后退 0.5mm,而螺旋测微器内部的测微螺丝杆套筒每旋转一格,测微螺丝杆沿着轴线方向前进 0.01mm,0.01mm 即为螺旋测微器的最小分度数值。在读数时可估计到最小分度的 1/10,即 0.001mm,故螺旋测微器又称为千分尺。

（2）读数

读数可分两步：首先,观察固定标尺读数准线（即微分筒前沿）所在的位置,可以从固定标尺上读出整数部分,每格 0.5mm,即可读到半毫米；其次,以固定标尺的刻度线为读数准线,读出 0.5mm 以下的数值,估计读数到最小分度的 1/10,然后两者相加。

如图 1-2 所示,整数部分是 5.5mm（因固定标尺的读数准线已超过了 1/2 刻度线,所以是 5.5mm）,副刻度尺上的圆周刻度是 20 的刻线正好与读数准线对齐,即 0.200mm。所以,其读数值为 5.5+0.200＝5.700mm。如图 1-3 所示,整数部分（主尺部分）是 5mm,而圆周刻度是 20.9,即 0.209mm,其读数值为 5+0.209＝5.209(mm)。使用螺旋测微器时要注意 0 点误差,即当两个测量界面密合时,看一下副刻度尺 0 线和主刻度尺 0 线所对应的位置。经过使用后的螺旋测微器 0 点一般对不齐,而是显示某一读数,使用时要分清是正误差还是负误差。如图 1-4 和图 1-5 所示,如果零点误差用 δ_0 表示,测量待测物的读数是 d。此时,待测量物体的实际长度为 $d'=d-\delta_0$,δ_0 可正可负。

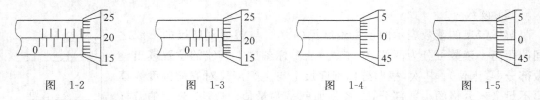

| 图 1-2 | 图 1-3 | 图 1-4 | 图 1-5 |

在图 1-4 中 $\delta_0=-0.006\text{mm}$,$d'=d-(-0.006)=d+0.006(\text{mm})$。

在图 1-5 中 $\delta_0=+0.008\text{mm}$,$d'=d-\delta_0=d-0.008(\text{mm})$。

3. 读数显微镜

（1）原理

测微螺旋螺距为 1mm（即标尺分度）,在显微镜的旋转轮上刻有 100 个等分格,每格为 0.01mm,当旋转轮转动一周时,显微镜沿标尺移动 1mm,当旋转轮旋转过一个等分格,显微镜就沿标尺移动 0.01mm。0.01mm 即为读数显微镜的最小分度。

（2）测量与读数

① 调节目镜进行视场调整,使显微镜十字线最清晰即可;转动调焦手轮,从目镜中观测使被测工件成像清晰;可调整被测工件,使其被测工件的一个横截面和显微镜移动方向平行。

② 转动旋转轮可以调节十字竖线对准被测工件的起点,在标尺上读取毫米的整数部分,在旋转轮上读取毫米以下的小数部分。两次读数之和是此点的读数 A。

③ 沿着同方向转动旋转轮,使十字竖线恰好停止于被测工件的终点,记下此值所测量工件的长度即 $L=|A'-A|$。

（3）使用注意事项

① 在松开每个锁紧螺丝时,必须用手托住相应部分,以免其坠落和受冲击。

② 注意防止回程误差,由于螺丝和螺母不可能完全密合,螺旋转动方向改变时它的接触状态也改变,两次读数将不同,由此产生的误差叫回程误差。为防止此误差,测量时应向同一方向转动,使十字线和目标对准,若移动十字线超过了目标,就要多退回一些,重新再向同一方向转动。

【实验步骤】

（1）用米尺测一长方体的长、宽、高,并正确用误差理论的要求表示测量结果。

（2）用游标卡尺测空心圆柱体的内径 d、外径 D 和高 H,求体积 V,并正确用误差理论的要求表示测量结果。

（3）用螺旋测微计测一小球的直径 D,求体积 V,并正确用误差理论的要求表示测量结果。

（4）测量毛细管的内径,并正确用误差理论的要求表示测量结果。（选做）

【实验要求】

按要求完成实验报告,并分析误差产生的原因。

【思考题】

（1）何谓仪器的分度数值? 米尺、20 分度游标卡尺和螺旋测微器的分度数值各为多少? 如果用它们测量一个物体约 2cm 的长度,问每个待测量能读得几位有效数字?

（2）游标刻度尺上 30 个分格与主刻度尺 29 个分格等长,问这种游标尺的分度数值为多少?

实验 2　利用单摆测定重力加速度

【实验目的】

（1）掌握用单摆测量重力加速度的方法。

（2）学习电子停表（或机械秒表）的使用。

（3）了解系统误差的来源,通过作直方图认识偶然误差的特点。

【实验仪器】

螺旋测微器,电子停表（或机械秒表）,单摆装置,钢卷尺,三角板等。

【实验原理】

1. 单摆测重力加速度 g

用一根不可伸长的轻线悬挂一小球,当细线质量比小球的质量小很多,而且小球的直径又比细线的长度小很多时,作摆角 θ 很小的摆动,此种装置称为单摆,如图 1-6 所示。如果把小球稍微拉开一定距离,小球在重力作用下可在铅直平面内做往复运动,一个完整的往复运动所用的时间称为一个周期 T。

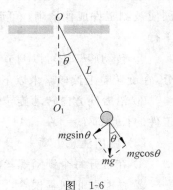

图　1-6

设小球的质量为 m,其质心到摆的支点 O 的距离为 L(摆长)。作用在小球上的切向力为 $mg\sin\theta$,它总指向平衡点 O_1,当 θ 角很小时,则 $\sin\theta \approx \theta$,切向力的大小为 $mg\theta$,按牛顿第二定律,质点的运动方程为

$$ma_{切} = -mg\sin\theta \quad mL\frac{\mathrm{d}^2\theta}{\mathrm{d}t^2} = -mg\theta \quad \frac{\mathrm{d}^2\theta}{\mathrm{d}t^2} = -\frac{g}{L}\theta$$

这是一个简谐运动方程,可知该简谐振动角频率的平方等于 g/L,由此得出

$$T = 2\pi\sqrt{\frac{L}{g}} \tag{1-1}$$

所以

$$g = 4\pi^2\frac{L}{T^2} \tag{1-2}$$

利用式(1-2)可求出重力加速度 g。

2. 单摆测重力加速度的系统误差分析

式(1-1)是测 T 的理论公式,它要求:

(1) 单摆的摆角很小,要小于 $5°$;

(2) 球的直径 D 应远小于单摆的摆长 L;

(3) 摆线的质量应远小于球的质量 m;

(4) 不记空气的浮力和阻力的影响。

3. 偶然误差的特点

偶然误差表现为无规则的涨落,在相同的条件下进行大量测量时,误差呈现出一定的统计规律,如图 1-7 的直方图所示。

【实验内容】

1. 单摆测 g

(1) 测量摆长 L 将摆长取大约 1m,测量支点到球心的距离 L,共测 3 次。

(2) 测量摆角应保证摆角小于 $5°$。

(3) 测量摆动周期 T 用停表测定摆动 50 次所需时间 T_{50},则周期 T 为 $\frac{T_{50}}{50}(\text{s})$。

(4) 计算重力加速度 g 由公式 $g = 4\pi^2\frac{L}{T^2}$ 计算出重力加速度 g,利用误差的传递公式确定绝对误差 Δg,并按误差理论的要求表示测量结果。

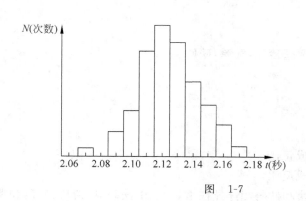
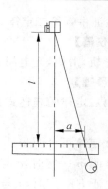

图　1-7

2. 偶然误差统计规律的研究

用停表测出摆动一次的时间 T，重复 100 次，由每次测定不同的 T，得出偶然误差的统计规律。

【回答问题】

（1）本实验摆动周期取多次时出于什么考虑？

（2）试由统计图说明偶然误差的特点。

（3）试分析影响测量的各种因素。如何减小它们的影响？

【参考表格】

测量重力加速度 g _____ 摆角 θ _____。记录表格见表 1-1。

表 1-1　测量 g 记录表格

次数 ＼ 名称	$L(\text{m})$	$\Delta L(\text{m})$	$T_{50}(\text{s})$	$T(\text{s})$	$\Delta T(\text{s})$
1					
2					
3					
平均值					
$g = 4\pi^2 \dfrac{L}{T^2}$					
$\Delta g/g$			$\Delta g = \left(\dfrac{\Delta g}{g}\right) \cdot g$		
$g \pm \Delta g$					

实验 3　牛顿第二定律的验证

【实验目的】

（1）熟悉气垫导轨的构造，掌握正确的使用方法。

（2）熟悉光电计时系统的工作原理，学会用光电计时系统测量短暂时间的方法。

（3）学会测量物体的速度和加速度。

（4）验证牛顿第二定律。

【实验仪器】

气垫导轨，滑块，光电门，数字毫秒计，气源，砝码。

【实验原理】

牛顿第二定律的表达式为

$$F = ma \tag{1-3}$$

验证此定律可分两步：

（1）验证 m 一定时，a 与 F 成正比。

（2）验证 F 一定时，a 与 m 成反比。

把滑块放在水平导轨上，滑块和砝码相连挂在滑轮上，由砝码盘、滑块、砝码和滑轮组成的这一系统，其系统所受到的合外力大小等于砝码（包括砝码盘）的重力 W 减去阻力，在本实验中阻力可忽略，因此砝码的重力 W 就等于作用在系统上合外力的大小。系统的质量 m 就等于砝码（包括砝码盘）的质量 m_1、滑块的质量 m_2 的总和，按牛顿第二定律

$$W = (m_1 + m_2)a$$

在导轨上相距 S 的两处分别放置两光电门 k_1 和 k_2，测出此系统在砝码重力作用下滑块通过两光电门的速度 v_1 和 v_2，则系统的加速度 a 等于

$$a = \frac{v_2^2 - v_1^2}{2S}$$

在滑块上放置双挡光片，同时利用计时器测出经两光电门的时间间隔，则系统的加速度为

$$a = \frac{1}{2S}(v_2^2 - v_1^2) = \frac{\Delta d^2}{2S}\left(\frac{1}{\Delta t_2^2} - \frac{1}{\Delta t_1^2}\right)$$

其中 Δd 为遮光片两个挡光沿的宽度如图 1-8 所示。在此测量中实际上测定的是滑块上遮光片（宽 Δd）经过某一段时间的平均速度，但由于 Δd 较窄，所以在 Δd 范围内，滑块的速度变化比较小，故可把平均速度看成是滑块上遮光片经过两光电门的瞬时速度。同样，如果 Δt 越小（相应的遮光片宽度 Δd 也越窄），则平均速度越能准确地反映滑块在该时刻运动的瞬时速度。

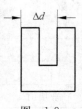

图　1-8

【实验内容】

（1）调整导轨，分静态调整和动态调整。

（2）将数字计时器调至 a 挡，将相距 50cm 左右的两光电门固定在导轨上，滑块装上 U 型挡光片。

（3）验证运动系统总质量（$m_1 + m_2$）不变，合外力 F 与加速度 a 成正比关系。

① 将砝码 40g 预先放在滑块上，每次取 10g 放在砝码盘中，分四次取完，每取一次砝码测三组数据。

② 滑块应从统一点出发。

（4）验证合外力 F 不变，运动系统总质量（$m_1 + m_2$）与加速度 a 成反比。

固定合外力 F 大约为 30g，逐次在滑块上加砝码，每次 50g，分四次加完，每一次测三组数据。

【数据处理】

（1）用表 1-2 记录在保持系统总质量不变的条件下，测出加速度与外力之间的相关数据，并用作图法处理数据，验证加速度与外力之间的线性关系。

表　1-2

桶内质量	Δt_1	v_1	Δt_2	v_2	a
0g					
10g					
20g					
30g					
40g					

（2）在表 1-3 中记录在外力不变的条件下，测出系统质量与加速度的相关数据，并用作图法处理数据，验证加速度与质量之间的反比关系。

表　1-3

砝码	Δt_1	v_1	Δt_2	v_2	a	$\dfrac{1}{a}$
1 片						
2 片						
3 片						
4 片						

【思考题】

（1）本实验对每个量的测定，怎样才能使误差更小些？

（2）实验中如果导轨未调平，对验证牛顿第二定律有何影响，得到的图将是什么样的？

实验 4　动量守恒定律的验证

【实验目的】

（1）验证动量守恒定律。

（2）进一步熟悉气垫导轨、通用电脑计数器的使用方法。

（3）用观察法研究弹性碰撞和非弹性碰撞的特点。

【实验仪器】

气垫导轨，电脑计数器，气源，物理天平等。

【实验原理】

如果某一力学系统不受外力，或外力的矢量和为零，则系统的总动量保持不变，这就是动量守恒定律。在本实验中，是利用气垫导轨上两个滑块的碰撞来验证动量守恒定律的。在水平导轨上滑块与导轨之间的摩擦力忽略不计，则两个滑块在碰撞时除受到相互作用的内力外，在水平方向不受外力的作用，因而碰撞的动量守恒。如 m_1 和 m_2 分别表示两个滑块的质量，以 v_{10}、v_{20}、v'_{10}、v'_{20} 分别表示两个滑块碰撞前后的速度，则由动量守恒定律可得

$$m_1 v_{10} + m_2 v_{20} = m_1 v'_{10} + m_2 v'_{20}$$

$$(1\text{-}4)$$

下面分两种情况来进行讨论：

1. 完全弹性碰撞

弹性碰撞的特点是碰撞前后系统的动量守恒，机械能也守恒。如果在两个滑块相碰撞的两端装上缓冲弹簧，在滑块相碰撞时，由于缓冲弹簧发生弹性形变后恢复原状，系统的机械能基本无损失，两个滑块碰撞前后的总动能不变，可用公式表示为

$$\frac{1}{2} m_1 v_{10}^2 + \frac{1}{2} m_2 v_{20}^2 = \frac{1}{2} m_1 v_{10}'^2 + \frac{1}{2} m_2 v_{20}'^2 \tag{1-5}$$

由式(1-4)和式(1-5)联合求解可得

$$\left.\begin{aligned} v_{10}' &= \frac{(m_1 - m_2) v_{10} + 2 m_2 v_{20}}{m_1 + m_2} \\ v_{20}' &= \frac{(m_2 - m_1) v_{20} + 2 m_1 v_{10}}{m_1 + m_2} \end{aligned}\right\} \tag{1-6}$$

在实验时，若令 $m_1 = m_2$，两个滑块的速度必交换。若不仅 $m_1 = m_2$，且令 $v_{20} = 0$，则碰撞后 m_1 滑块变为静止，而 m_2 滑块却以 m_1 滑块原来的速度沿原方向运动，这与公式的推导一致。

若两个滑块质量 $m_1 \neq m_2$，仍令 $v_{20} = 0$，即

$$v_{10}' = \frac{(m_1 - m_2) v_{10}}{m_1 + m_2}$$

$$v_{20}' = \frac{2 m_1 v_{10}}{m_1 + m_2} \tag{1-7}$$

实际上完全弹性碰撞只是理想的情况，一般碰撞时总有机械能损耗，所以碰撞前后仅是总动量保持守恒，当 $v_{20} = 0$ 时

$$m_1 v_{10} = m_1 v_{10}' + m_2 v_{20}' \tag{1-8}$$

2. 完全非弹性碰撞

在两个滑块的两个碰撞端分别装上尼龙搭扣，碰撞后两个滑块粘在一起以同一速度运动就可成为完全非弹性碰撞。若 $m_1 = m_2$，$v_{20} = 0$，$v_{10}' = v_{20}' = v$，由式(1-4)得

$$v = \frac{1}{2} v_{10} \tag{1-9}$$

若 $m_1 \neq m_2$，仍令 $v_{20} = 0$，则有

$$v = \frac{m_1}{m_1 + m_2} v_{10}$$

3. 恢复系数和动能比

碰撞的分类可以根据恢复系数的值来确定，所谓恢复系数就是指碰撞后的相对速度和碰撞前的相对速度之比，用 e 来表示

$$e = \frac{v_{20}' - v_{10}'}{v_{10} - v_{20}} \tag{1-10}$$

若 $e = 1$，即 $v_{10} - v_{20} = v_{20}' - v_{10}'$ 是完全弹性碰撞；若 $e = 0$，即 $v_{20}' = v_{10}'$ 是完全非弹性碰撞。此外，碰撞前后的动能比也是反映碰撞性质的物理量，在 $v_{20} = 0$，$m_1 = m_2$ 时，动能比为

$$R = \frac{1}{2}(1 + e^2) \tag{1-11}$$

若物体做完全弹性碰撞时,$e=1$,则 $R=1$(无动能损失);若物体做非弹性碰撞时,$0<e<1$,则 $\frac{1}{2}<R<1$。

【实验内容】

(1) 调整导轨平衡,光电门相距 50cm 处。

(2) 观察 $m_A=m_B$ 时完全弹性碰撞。

① 称出两物体重量相等,不等配重。

② 将滑块 B 放在两光电门中间,将 A 块反向推动与 B 块相碰,A 块立刻停止(这一过程是能量转换),按下停止键,这时测出两个时间,两个速度。

③ 改变碰撞速度,重复三次,将数据记入表 1-4 中。

(3) 观察 $m_A \neq m_B$ 时完全弹性碰撞。

在滑块 A 上放重物,使 $m_A \neq m_B$,每次加 50g 砝码,分三次加完,参照步骤(2),重复测三次,将数据记入表 1-5 中。

(4) 观察 $m_A=m_B$ 时完全非弹性碰撞。

① 在 m_A 和 m_B 的碰撞端装上尼龙搭扣,用天平称出重量,使 $m_A=m_B$,将滑块 B 放在导轨中间,A 反向推出,使其弹回与 B 相撞,碰撞后两块连在一起,以同一速度 v 运动;

② 改变速度,参照步骤(2),重复三次,记入表 1-6 中。

【数据处理】

表 1-4　$m_A=m_B$ 时的完全弹性碰撞($m_A=m_B=$ _____ g　　$v_B=0$)

次数					

表 1-5　$m_A \neq m_B$ 时的完全弹性碰撞

次数					

表 1-6　$m_A=m_B$ 时的完全非弹性碰撞

次数					

【思考题】

（1）在弹性碰撞情况下，当 $m_1 \neq m_2$，$v_{20} = 0$ 时，两个滑块碰撞前后的动能是否相等？如果不完全相等，试分析产生误差的原因。

（2）为了验证动量守恒定律，应如何保证实验条件减少测量误差？

实验 5　测定空气的比热容比

【实验目的】

（1）学习用绝热膨胀法测定空气的比热容比。

（2）观测热力学过程中状态变化及基本物理规律。

【实验仪器】

FD-NCD 空气比热容比测定仪装置一套，大气压强测定装置，动槽水银气压表或空盒式气压表等，如图 1-9 所示。

图 1-9　实验仪器实物图

【实验原理】

气体的定压比热容 C_P 和定容比热容 C_V 之比称为气体的比热容比，用符号 γ 表示。$\left(\text{即 } \gamma = \dfrac{C_P}{C_V}\right)$，它被称为气体的绝热系数，它是一个重要的参量，经常出现在热力学方程中。通过测量 γ，可以加深对绝热、定容、定压、等温等热力学过程的理解。

如图 1-10 所示，实验开始时，首先关闭活塞 C2，打开活塞 C1，压气泡将原处于环境大气压强 P、室温 θ_0 的空气压入储气瓶 B 内，这时瓶内压强增大，温度变至一定值时，关闭活塞 C1。待稳定后，瓶内空气达到状态 $\mathrm{I}\,(P_1, \theta_1, V_1)$，$V_1$ 为储气瓶容积。

然后突然打开活塞 C2，使瓶内空气与大气相通，到达状态 $\mathrm{II}\,(P_0, \theta_1, V_2)$ 时迅速关闭活塞

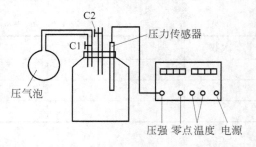

图 1-10　空气比热容比仪器示意图

C2,由于放气过程很短,故认为此过程是一个近似的绝热过程。瓶内气体压强减小,温度降低,绝热膨胀过程应该满足泊松定律,即

$$\left(\frac{P_1}{P_0}\right)^{\gamma-1} = \left(\frac{\vartheta_0}{\theta_1}\right)^{\gamma} \tag{1-12}$$

由气态方程可知

$$\frac{P_1 V_1}{\theta_0} = \frac{P_0 V_2}{\theta_1} \tag{1-13}$$

由以上两式可以得到

$$P_1 V_1^{\gamma} = P_0 V_2^{\gamma} \tag{1-14}$$

当关闭活塞 C2 之后,储气瓶内气体温度将升高,当升高到 θ_0 时,到达状态Ⅲ(P_2,θ_0,V_1)。从状态Ⅰ到状态Ⅱ气体的体积不变。

由查理定律得

$$\frac{P_2}{P_0} = \frac{\theta_0}{\theta_1} \tag{1-15}$$

由式(1-13)和式(1-15)两式得

$$P_1 V_1 = P_2 V_2 \tag{1-16}$$

再由式(1-14)和式(1-15)两式得

$$\gamma = \frac{(\log P_0 - \log P_1)}{(\log P_2 - \log P_1)} \tag{1-17}$$

那么利用式(1-16)这一测量公式,通过测量 P_0,P_1,P_2 的值可测量出空气的比热容比 γ 的值。

【实验内容与步骤】

(1) 按图 1-9 连接好仪器,将电子仪器部分预热 10~20 分钟用容盒式气压表测定大气压强 P_0,通过调零电位器调节零点。

(2) 把活塞 C2 关闭,活塞 C1 打开,用压气泡把空气稳定地徐徐地压入气瓶 B 中,待瓶内气压达到一定值后,停止压气,并记录下稳定后的压强值 P_1。

(3) 突然打开活塞 C2,当气瓶的空气压强降低至环境大气压强 P_0 时(即放气声消失),迅速关闭活塞 C2。

(4) 待储气瓶内空气的压强稳定后,记录下 P_2。

(5) 用式(1-17)进行计算,求得空气比热容比 γ。

【数据记录及处理】

表　1-7

P_0	P_1'	P_2'	P_1	P_2	γ

注:$P_1 = P_0 + P_1'$,$P_2 = P_0 + P_2'$(200mV 读数相当于 1.000×10^4 Pa)。

【思考题】

(1) 该实验的误差来源主要有哪些？

(2) 如何检查系统是否漏气？如有漏气，对实验结果有何影响？

(3) 对该实验提出改进意见，或设计一套新的实验方案。

注：空气的公认值：$C_P=1.0032J/(g \cdot ℃)$，$C_V=0.7106J/(g \cdot ℃)$，$\gamma=1.412$。

实验6 示波器及函数信号发生器

【实验目的】

(1) 了解示波器各部分的功能。

(2) 掌握函数发生器的一般用法。

(3) 熟练掌握正确操作观察各种波形。

【实验原理】

示波器是现代科学技术各个领域应用非常广泛的测量工具，它可显示电信号变化过程的图形（即波形），也可显示两个相关量的函数图形。它可以观察电压随时间变化的函数关系，并能测定电压、频率、位相等，特别是观察极短时间内发生的现象和细微过程，且对被测系统影响极小。将电学量、磁学量及各种非电量，转换成电压的形式输入电子示波器，就可从荧光屏上观察其随时间变化的过程，并测得其数值的大小。因此，它是一种用途广泛的重要测量仪器。

函数信号发生器是一种多波形信号源，它能产生某些特定的周期性时间函数波形；可以用它来测量各种交流元、器件的参数，可以测量无线电设备的幅、频特性，是检修、调试设备的重要仪器。

示波器的结构主要由以下4部分组成。

1. 示波管

示波管构造如图1-11所示。当加热电流通过灯丝时，阴极K被加热并发射电子，栅极G加上相对于阴极为负的电压，调节栅极电压的大小，可以控制阴极发射电子的多少，即控制光点的亮度。第一阳极 A_1 相对于阴极K有很高的电压（约1500V）用以加速电子；第二阳极 A_2 与第一阳极 A_1 之间构成聚焦电场，使发散的电子束在聚焦电场的作用下汇聚起来，照在荧光屏上发出荧光。X、Y偏转板是2对分别平行且相互垂直的金属极，在平行板上加不同的电压控制荧光屏上的光点的位置，光点移动距离的大小与加在偏转板上的电压成正比。

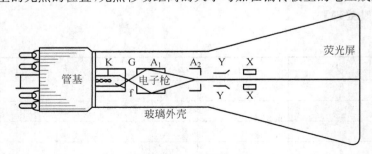

图 1-11 示波管

A_1—第一阳极 A_2—第二阳极 f—灯丝 G—栅极 K—阴极 X、Y—偏转板

2. 扫描电压发生器

扫描电压发生器是产生扫描电压的装置。示波器通常是要观察从 Y 轴输入的周期性信号电压的波形,如果只把被测信号(如正弦电压)加在 Y 偏转板上,而 X 偏转板不加信号,则荧光屏上亮点只作上下方向的振动,频率较高时,只能看到一条竖直的亮线。要在荧光屏上显示出正弦电压的波形,就必须使亮点在 Y 轴上的运动沿 X 方向展开,为此必须在 X 偏转板上加一周期性随时间线性变化的电压,这种电压称为扫描电压。这样荧光屏上光点在作竖直运动的同时还要作自左向右的匀速运动。如果扫描电压的周期 T_x 与正弦电压的周期 T_y 相同,荧光屏上将显示一个完整的正弦波形。如果 T_x 是 T_y 的整数倍,则荧光屏上将显示出 n 个完整的正弦波形。若用频率表示,则为

$$f_x = nf_y$$

为了能用示波器观察各种频率的信号电压波形,扫描电压的频率必须在很大的范围内连续可调,调节扫描电压的频率,使其与 Y 轴输入信号电压的频率成整数比方可,这一调整过程称为"同步"。人工"同步"可以很容易达到 $f_x = nf_y$,使其出现暂时稳定的图形。由于 U_x 和 U_y 是来自两个相互独立的信号源,它们各自的频率总会有些起伏。因此稳定状态很快又遭破坏。为了解决这一问题,示波器内部设有同步装置,在两频率基本满足整数倍的条件下,该装置将待测信号电压分出一部分,自动地去调节扫描电压发生器的振动频率,使它与被测信号的频率严格保持整数比关系,使图形稳定。

3. 电压放大和衰减装置

由于示波管的灵敏度不高($0.1 \sim 1\text{mm/V}$),当信号电压小时,电子束不能发生足够的偏转,荧光屏上亮点的位移过小,不便于观察,为此,示波器内设有 X 轴放大器和 Y 轴放大器。先把信号电压放大,然后加到偏转板上,其放大倍数是连续可调的。衰减器是用来把放大的信号电压减小,以适应放大器的要求,否则放大器不能正常工作,甚至受损。

4. 电源

供给示波器、扫描电压发生器、X 轴放大器、Y 轴放大器正常工作所需的各种高、低压装置。示波器主要测量参数是各类电压值,交流信号的周期和频率,信号之间的相位差。由示波器的工作原理可知,只有在 Y 轴输入正弦信号电压的同时在 X 轴输入锯齿波扫描电压,才能在示波管荧光屏上获得信号电压波形。一定电压幅度的交流信号通常由函数发生器提供,锯齿波扫描电压由示波器内部的锯齿波发生器直接输入到 X 轴。

【实验仪器】

ST16A 示波器、CA1640P-20 函数信号发生器。

【实验内容与实验步骤】

1. 观察波形

按图 1-12 连接示波器和函数信号发生器。

(1)将示波器辉度居中,调聚焦为清晰线条。

(2)将 Y 轴微调和 X 轴微调调到校准位置。

(3)如果波形纹乱或不稳调一下电平旋钮。

(4)示波器接通电源 5 分钟后即可进行测量。

Y 轴衰减示波器上的 Y 轴衰减旋钮,可以调整垂直偏转灵敏度,得到幅度合适的波形;单位是每格多少伏或多少毫伏,可以测出电压的大小。(大格)

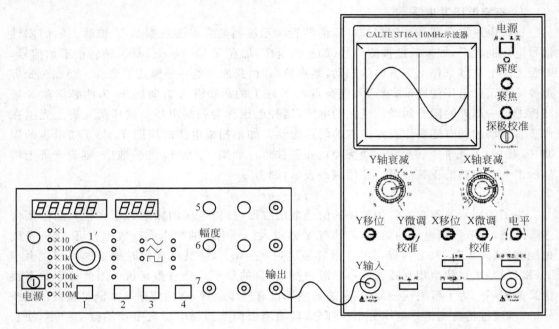

图　1-12

X 轴衰减示波器上的 X 轴衰减旋钮可以调节水平扫描速度,可以看出一个完整波形所对应的时间,单位是每格多少时间,可以测出信号的周期和频率。

2. 测正弦交流信号的幅值

测量函数信号发生器输出正弦信号的幅值,将结果记录在表 1-8 中。

(1) 按动发生器的 1 按钮,旋动 1′旋钮。输出正弦交流信号的频率为 1kHz。

(2) 旋动幅度 6 旋钮,输出大小不同的电压用示波器测量。

(3) U_{pp} 为发生器输出的电压幅值。(波形上下总的幅度)

(4) $U_{pp'}$ 为旋动发生器上 Y 轴衰减旋钮,用示波器测出的电压幅值。

$\Delta U_{pp} = U_{pp'} - U_{pp}$ 为测量误差。

表　1-8

$U_{pp}(V)$	5	6	7	8	9	10	11	12
$U_{pp'}(V)$								
$\Delta U_{pp}(V)$								

3. 测正弦交流信号的频率

测量函数信号发生器的输出正弦信号的频率,将结果记录在表 1-9 中。

(1) 按动发生器上的 1 按钮,旋动 1′旋钮,输出不同频率的正弦信号用示波器测量。(6V)

(2) f_0 为函数发生器输出的频率数值。

(3) f' 为旋动示波器上的 X 轴衰减旋钮,用示波器测出的频率数值。

表　1-9

f_0	500Hz	1kHz	5kHz	10kHz	50kHz	100kHz
f'						
Δf						

【思考题】

（1）如果要观察频率为 50Hz 电压的波形，要求看到 1～3 个周期的波，扫描频率应放在哪里？扫描范围过大或过小会出现什么现象？

（2）示波器面板上各旋钮的作用是什么？如何正确使用？

实验 7　用板式电位差计测量电池的电动势

【实验目的】

（1）掌握补偿法测电动势的原理和方法。

（2）测量干电池的电动势。

【实验器材】

板式电位差计，检流计，滑线变阻器，标准电池，待测电池，标准电阻（电阻箱），直流稳压电源等。

【实验原理】

直流电位差计就是用比较法测量电位差的一种仪器。它的工作原理与电桥测量电阻一样，是电位比较法。若将电压表并联到电池两端（图 1-13）就有电流 I 通过电池内部，由于电池有内电阻 r，在电池内部不可避免地存在电位降落 $I \cdot r$，因而电压表的指示值只是电池两端电压 $U = E_X - I \cdot r$ 的大小。显然，只有当 $I = 0$ 时，电池两端的电压 U 才等于电动势 E_X。

怎样才能使电池内部没有电流通过而又能测定电池的电动势 E_X 呢？这就需要采用补偿法。

如图 1-14 中的 ab 为电位差计的已知电阻，使某一电流 I 通过电阻 ab，由于在 adE_0a 回路中 ad 段的电位差与 E_0 的方向相反，只要工作电池的电动势 E 大于标准电池的电动势 E_0，滑动点就可以找到平衡点（G 中无电流时对应的点）此时 ad 段的电位即为 E_0，因而其他各段的电位差就为已知，然后再用这已知电位差与待测量相比较。设此时 ad 段电阻为 r_1，则有

$$E_0 = I \cdot r_1$$

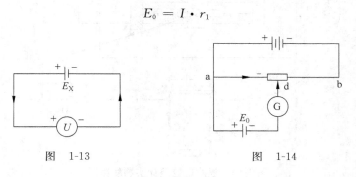

图　1-13　　　　　　　　　　　　图　1-14

再将 E_0 换成待测电池 E_X，保持工作电流 I 不变，重新移动 d 点到 d'，G 仍为零。设此时 ad' 的电阻为 r_2，则有

$$E_X = I \cdot r_2$$

比较上两式得

$$E_X = \frac{I \cdot r_2}{I \cdot r_1} E_0$$

即

$$E_X = \frac{r_2}{r_1} E_0$$

　　显然，只要 r_2/r_1 和 E_0 为已知，即可求得 E_X 的值。同理，若要测任意电路两点间的电位差，只需将待测两点接入电路代替 E_X 即可测出。

【仪器描述】

　　图 1-15 为板式电位差计实物线路图（包括测电池内阻的电路），实验时，先用标准电池 E_0 调节工作电流，使电位差计的电阻丝单位长度上的电位差为 E_0/L_0，然后把 K_2 倒向待测电动势 E_X，用滑键 D 找到平衡点（此时 C、D 间电阻丝长度为 L_X），则

$$E_X = \frac{E_0}{L_0} L_X$$

　　测电池的内阻 $r_{内}$，将图 3 中的 K_2 和"2"点闭合，并闭合 K'，移动 C、D 位置，当 G 为零时 $\left(\text{此时 C、D 间电阻丝长度为 } L_X', U_X = \frac{E_0}{L_0} L_X'\right)$，C、D 间的电位差即待测电池的端电压 $U_X = E_X - I' \cdot r_{内} = I' R_0$（$I'$ 是 $E_X K' R_0 E_X$ 回路中的电流），所以

$$r_{内} = \frac{E_X - U_X}{I'} = \frac{E_X - U_X}{\dfrac{U_X}{R_0}} = \left(\frac{E_X}{U_X} - 1\right) R_0$$

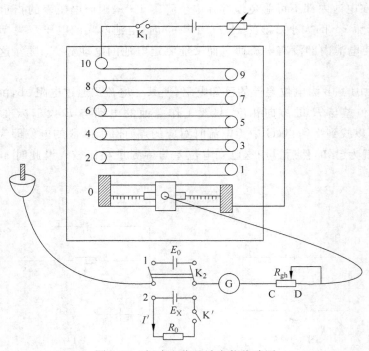

图 1-15　板式电位差计实物线路图

测知 E_x、U_x 后,由上式便可算出电池内阻 $r_内$。把 E_x、U_x 代入上式得

$$r_内 = \left(\frac{L_x}{L'_x} - 1\right)R_0$$

【实验步骤】

(1) 观察电位差计,了解其结构。

(2) 连接电路。

注意:工作电源的正负极与标准电池、干电池的正负极相对。

(3) 校准电位差计:

① 检查线路后接通电源,调节稳压电源的输出为 2.2V,将开关 K_2 置于 1 处;

② 调节 C、D 的位置,使检流计指向零,记下 C、D 之间电阻丝的长度 L_0。

(4) 测量待测电池的电动势。

将开关 K_2 置于 2 处,调节 C、D 的位置,使检流计指零,记下 C、D 之间电阻丝的长度 L_x,并记录在表 1-10 中。

表　1-10

L_0	L_x	L'_x	E_x	$r_内$

【注意事项】

(1) 避免翻动标准电池。

(2) 注意 E、E_s、E_x 接入电路的方向,不可接错。

(3) 标准电池电动势为 1.018 55V。

实验 8　静电场的描绘

从电磁学理论可知,静止电荷的周围存在静电场,它可以用电场强度 E 和电位 U 来描述。电场强度定义为 $E = F/q_0$,表示电场中某点单位正电荷所受的力。电位的定义是 $U = W/q_0$,电场中某一点的电位 U 在数值上等于单位正电荷从该点移到无穷远处电场力做的功。

由于电场强度和电位这两个概念不很直观,为此又引进了电力线和等位线(面)两个辅助概念来描述电场分布:电力线上每一点的切线方向代表该点场强的方向,在垂直于电力线的单位面积上穿过的电力线条数与该点的场强成正比;也就是说场强大的地方电力线密集,场强弱的地方电力线稀疏,等位线(面)则是电场中电位相等的各点所构成的曲线(面)。

电力线与等位线(面)之间的关系是:电力线只能从正电荷出发而终止在负电荷上,电力线不能相交,电力线处处垂直于等位线(面)。电力线垂直于导体表面,不能画在导体内部。根据这些关系,我们可以由等位线(面)画出电力线;反之也可以由电力线画出等位线,最后形象地描绘出电场的分布。静电场的分布,从测量和计算方便来说,人们更愿意用电位的分布(等位线)来描述。对于具有一定对称性的带电体,其周围的电场分布,运用高斯定理很容易求出。但对于没有对称性而且形状不规则的带电体,它的电场分布极为复杂,如果用实验方法进行直接测量,反而比理论计算显得简单和方便。

【实验目的】

（1）加深对静电场知识的掌握和理解。

（2）了解模拟法描绘静电场的依据及描绘方法。

（3）描绘几种静电场。

【实验仪器】

THME-1 型静电场描绘仪。

【实验原理】

静止电荷在其周围产生的电场叫静电场。在实验室中很难获得稳定的静电场，测量仪器引入静电场中，电流也会影响原来的电场分布。

稳恒电流场也就是在电场中具有稳定的电流，电场分布也是稳定的。测量仪器的接入需要的电流很小，不至于影响到原来的电场分布。在两个金属电极之间加上稳定的直流电压，两电极之间涂有均匀的导电物质，两电极周围形成稳恒的电流场。

模拟法描绘静电场就是用稳恒电流场来模拟静电场进行测绘。在某些情况下稳恒电流场的分布与静电场的分布形式完全相同，完全可以用稳恒电流场来代替静电场进行测绘。

等位线　玻璃板表面有一层透明的导电物质，在玻璃板表面测几个电位相同的点，将这些点画在坐标纸上相应的位置，然后连成曲线，这些点连成的曲线叫等位线。

【实验内容与实验步骤】

（1）按图 1-16 连接好线路，接通电源，画出两个带电系统静电场的等位线和电力线。

① 取两个点电荷的电极板接入电源。

② 取两电极间的电位差为 10V，分别记录 1V、3V、5V、7V、9V 的等位线坐标，每条等位线至少取 7 个等位点。

③ 将电位相等的点连成光滑的曲线即成一条等位线，共描绘 5 条等位线。

④ 根据电力线与等位线的关系画出相应的电力线分布。

（2）描绘同轴带电圆柱面电极间的等位线和电力线分布。

我们先来看两根共轴的无限长均匀带电圆柱体间的静电场，如图 1-17 所示。设内圆柱体的半径为 r_a，电位为 U_a；外圆柱体的内半径为 r_b，电位为 U_b。这两根共轴圆柱体各带有等量异号电荷，则在这两导体之间产生静电场。为了计算这个静电场，我们在轴长方向取一段单位长度的同轴柱面，并设内、外柱面各带电荷 $+q$ 和 $-q$；作半径为 r 的高斯柱面，设此面上的电场强度为 E，由高斯定理可得 $2\pi\varepsilon_0 rE = q$，故有

$$E = -\frac{\mathrm{d}U}{\mathrm{d}r} = \frac{q}{2\pi\varepsilon_0 r}$$

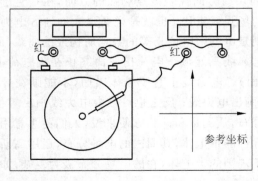

图 1-16　仪器连线图

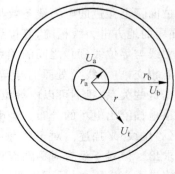

图　1-17

根据公式,有

$$U_r = -\int E \mathrm{d}r = -\frac{q}{2\pi\varepsilon_0}\int\frac{\mathrm{d}r}{r} = -k\int\frac{\mathrm{d}r}{r} = -k\ln r + C \quad (r_a < r < r_b)$$

式中 $k = q/2\pi\varepsilon_0$,C 为积分常数。应用边界条件:$r = r_a$ 时,$U_a = U_0$;$r = r_b$ 时,$U_b = 0$,解出积分常数 $C = k\ln r_b$ 和 $k = U_0/(\ln r_b - \ln r_a)$,再把 k 和 C 代回上式,整理得

$$U_r = U_0\frac{\ln\left(\dfrac{r_b}{r}\right)}{\ln\left(\dfrac{r_b}{r_a}\right)}$$

这就是两共轴无限长均匀带电圆柱体之间的电位 U_r 和 r 的函数关系,它仅仅是 r 的函数。为了能仿照一个与上述静电场分布完全一样的模拟场,需要解决这么几个问题:电极形状、导电介质和极间电压,电极形状根据模拟的问题来定。A 为中心铜圆柱电极,B 为同轴的圆环,均用良导体制成,两电极之间为一层透明的电导率不高的导电物质。

在 A、B 电极之间加上直流电压 U_0(A 极接电源正端,B 极接电源负端,如图 1-18 所示)。由于电极是同轴对称的,电流将均匀地由中心电极 A 流向外电极 B,在 A、B 之间的导电介质中形成稳恒电流场。那么,这个稳恒电流场中的电位分布与上述静电场中的电位分布相同吗?我们可以做一下分析。

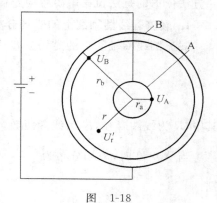

图　1-18

根据电极的对称性,电流由电极 A 经导电物质流到 B 的总电流强度为

$$I = \oiint_S J \cdot \mathrm{d}s = j2\pi rl$$

式中 r 为离开中心轴的距离,j 为 r 处的电流密度,l 为导电层的平均厚度。j 应该与该处的场强成正比,即

$$j = \sigma E$$

设 A、B 之间的等效电阻为 R,由欧姆定律知,从 A 经导电层流到 B 的电流强度为

$$I = \frac{U_A - U_B}{R}$$

整理以上三式可得

$$E = \frac{U_A - U_B}{2\pi\sigma lR}\left(\frac{1}{r}\right) = k\frac{1}{r}$$

这与静电场中得出的 E 的表达式基本相同,圆形电极的稳恒电流场完全可以代替同轴带电圆柱面之间的静电场进行测绘。

① 取同轴的圆形电极接入电源。

② 取电压 $U_0 = 10\mathrm{V}$,记录 $U = 2\mathrm{V}$、$4\mathrm{V}$、$6\mathrm{V}$、$8\mathrm{V}$ 等位线坐标,每条等位线至少取 10 个等位点。

③ 分别画出各等位线和电力线分布。

【思考题】

(1) 在进行静电场描绘时能不能用交流电作电源?

（2）在静电场中没有电荷的地方电力线能不能相交？

实验 9　磁场的描绘

【实验目的】

（1）掌握感应法测磁场的原理和方法。

（2）用感应法描绘载流圆线圈轴线上磁场的分布，加深对毕奥-萨伐尔定律的理解。

（3）用感应法描绘亥姆霍兹线圈中的磁场均匀区。

【实验原理】

磁感应强度 B 是空间矢量点函数，为了描绘 B，不仅要测定空间各点 B 的大小，还要测定空间各点 B 的方向。本实验介绍用试探线圈去测量交变磁场 B 的大小和方向的方法，这一方法依据的是法拉第电磁感应定律，称为感应法。

1. 载流圆线圈轴线上的磁场分布

载流圆线圈轴线上的磁场分布

$$B = \frac{\mu_0 IN}{2R \left(1 + \dfrac{X^2}{R^2}\right)^{\frac{3}{2}}}$$

其中，R 为线圈半径，N 为线圈匝数，I 为线圈中的电流，μ_0 为真空中的磁导率。

当 $X_0 = 0$ 时，磁场分布为　　　　　　　$B_0 = \dfrac{\mu_0 NI}{2R}$

则

$$\frac{B}{B_0} = \left(1 + \frac{X^2}{R^2}\right)^{-\frac{3}{2}}$$

2. 亥姆霍兹线圈轴线上的磁场分布

亥姆霍兹线圈　一对半径、匝数均相同的圆线圈，若彼此平行且共轴，线圈间距正好等于半径 R，这样的线圈称为亥姆霍兹线圈。

当亥姆霍兹线圈的二线圈顺向串联通电（即二线圈电流同方向、同大小）时，合磁场 B_X 是 x 的函数

$$B_X = \frac{\mu_0 IR^2 N}{2 \left[R^2 + \left(\dfrac{R}{2} + x\right)^2\right]^{\frac{3}{2}}} + \frac{\mu_0 IR^2 N}{2 \left[R^2 + \left(\dfrac{R}{2} - x\right)^2\right]^{\frac{3}{2}}}$$

其特点是，两线圈之间，轴线附近的磁场是匀强磁场。

3. 磁场的测量方法——感应法

由感应线圈中的磁通量发生变化所产生的感应电动势的大小确定磁场的大小，即

$$\frac{U_m}{U_{0m}} = \frac{B_m}{B_{0m}} = \left(1 + \frac{X^2}{R^2}\right)^{-\frac{3}{2}}$$

其中，U_m 为探测线圈法线方向与轴线方向一致时的有效值，B_m 为对应各点磁场强度的峰值。

4. 探测线圈的使用

（1）测量 B_m。

（2）描绘磁力线。

【实验仪器】

毫伏表，HLD-MD 型磁场描绘仪，信号源，导线等。

【实验内容及步骤】

1. 测载流线圈沿轴线的磁场分布

（1）将相关仪器根据实验原理正确连接，毫伏表现在 30mV，信号源输出电压为 8～10V。

（2）以中心 0 点为始点，沿轴向每隔 10mm 选定一点作为测量点。

（3）将探测线圈依次放在测量点上，缓慢转动探测线圈，使交流毫伏表示数最大，并将该数据填入表 1-11 中。

（4）在同一坐标系中分别绘出实验测量值 $\dfrac{U_m}{U_{m0}} - X$ 关系曲线和理论计算值 $\left(1 + \dfrac{X^2}{R^2}\right)^{-\frac{3}{2}} - X$ 的关系曲线。

2. 描绘载流线圈的磁力线

（1）要求在中心轴线两侧各绘一条；

（2）每一条至少要测出 5～6 个点。

3. 观察亥姆霍兹线圈的匀强磁场

（1）将两线圈组成亥姆霍兹线圈；

（2）测出匀强区的 U_m，并观察磁力线分布。

【数据处理】

载流线圈磁场分布（$R = 100$mm）。

表　1-11

X(mm)	0	10	20	30	40	50 … 110	120	130	140
U_m(mV)									
$\left[\dfrac{B_m}{B_{m0}}\right]_{理论} = \left(1 + \dfrac{X^2}{R^2}\right)^{-\frac{3}{2}}$									
$\left[\dfrac{B_m}{B_{m0}}\right]_{实验} = \dfrac{U_m}{U_{m0}}$									

实验 10　用牛顿环测透镜的曲率半径

牛顿环是一种典型的双光束等厚干涉，是分振幅法产生的定域干涉。在实际生产和科学研究中，人们不但利用牛顿环干涉来进行精密测长，而且可以利用牛顿环的疏密和是否规则均匀来检查光学元件、精密机械表面加工光面的光洁度、平整度以及半导体器件上镀膜的厚度。本实验利用牛顿环测定平凸透镜的曲率半径，从而加深对等厚干涉的认识，学会移测显微镜的正确使用。

【实验目的】

（1）观察牛顿环产生的等厚干涉条纹，加深对等厚干涉的认识。

（2）测量平凸透镜凸面的曲率半径。

【实验仪器】

牛顿环仪，钠光灯，移测显微镜（JCD_2 型）等。

【实验原理】

牛顿环是牛顿于 1657 年在制作天文望远镜时，偶然将一个望远镜的物镜放在平玻璃上发现的。将一曲率半径相当大的平凸透镜放在一平玻璃的上面即构成一个牛顿环仪，如图 1-19 所示。

在透镜的凸面与平板玻璃之间形成以接触点 O 为中心向四周逐渐增厚的空气薄膜，离 O 点等距离的地方厚度相同，等厚膜的轨迹是以接触点为中心的圆。若以波长为 λ 的单色光垂直照射到该装置上时，其中有一部分光线在空气膜上表面反射，一部分在空气膜下表面反射，因此产生两束具有一定光程差的相干光，当它们相遇后就产生干涉现象。因在膜厚度相同的地方具有相同的光程差，所以形成干涉条纹为膜的等厚各点的轨迹。当在反射方向观察时，将会看到一组以接触点为中心的明暗相间的圆环形干涉条纹，且中心是一暗斑，如图 1-20(a)所示。如果在透射方向观察，则看到的干涉条纹与反射光的干涉条纹的光强分布恰为互补，中心是亮斑，原来的亮环处变为暗环，暗环处变为亮环，如图 1-20(b)所示。这种干涉现象为牛顿最早发现，故称为牛顿环。

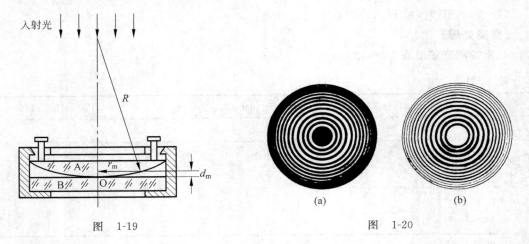

图　1-19　　　　　　　　　　　　　　图　1-20

设透镜的曲率半径为 R，第 m 级干涉光的半径为 r_m，其相应的空气薄膜厚度为 d_m，则空气膜上、下表面反射光的光程差为

$$\Delta = 2nd_m + \frac{\lambda}{2} \tag{1-18}$$

其中，$\frac{\lambda}{2}$ 是空气膜下表面反射光线由光疏介质到光密介质在界面反射时发生半波损失引起的，因而引起附加光程差。

由式(1-18)所示的几何关系知

$$R^2 = (R - d_\mathrm{m})^2 + r_\mathrm{m}^2 = R^2 - 2Rd_\mathrm{m} + d_\mathrm{m}^2 + r_\mathrm{m}^2 \tag{1-19}$$

因 $R \ll d_\mathrm{m}$，故可以略去二级无穷小量 d_m^2，则有 $d_\mathrm{m} = \dfrac{r_\mathrm{m}^2}{2R}$。

当 $\Delta = (2m+1)\dfrac{\lambda}{2}$ 时，即得反射光相消条件，代入式(1-18)，得

$$2nd_\mathrm{m} + \frac{\lambda}{2} = (2m+1)\frac{\lambda}{2} \tag{1-20}$$

因空气的折射率 n 近似为 1，把式(1-19)代入化简得

$$r_\mathrm{m}^2 = mr\lambda \quad \text{或} \quad r_\mathrm{m} = \sqrt{mr\lambda} \tag{1-21}$$

由式(1-21)可见，暗环半径 r_m 与 m 和 r 的平方根成正比，随 m 的增大，环纹越来越密，而且越来越细。只要测出第 m 级暗环的半径，便可算出曲率半径 R。但是在透镜与平面玻璃板接触处，由于接触压力引起形变，使接触处为一圆面。牛顿环的中心不是一个理想的接触点，而是一个不甚清晰的暗或明的圆斑。有时因镜面有尘埃存在，使光程差难以准确确定，因此难以准确判定级数 m 和测量 r_m。为了获得比较准确的测量结果，可以用两个暗环半径 r_m 和 r_n 的平方差来计算曲率半径。

因为

$$r_\mathrm{m}^2 = mr\lambda, \quad r_\mathrm{n}^2 = nR\lambda$$

则

$$R = \frac{r_\mathrm{m}^2 - r_\mathrm{n}^2}{(m-n)\lambda} \tag{1-22}$$

因为 m 和 n 具有相同的不确定性，利用 $m-n$ 这一相对级次恰好消除由绝对级次的不确定性带来的误差。测量中很难确定牛顿环中心的确切位置，所以可用测量直径 D_m 和 D_n 来代替半径 r_m 和 r_n，即有

$$R = \frac{D_\mathrm{m}^2 - D_\mathrm{n}^2}{4(m-n)\lambda} \tag{1-23}$$

这就是本实验测量平凸透镜曲率半径的公式。不难证明，即使测量的不是直径，而是同一直线上的弦长，上式仍然成立。

【实验内容】

(1) 轻微转动牛顿环仪圆形框架上面的三个调节螺丝钉，使干涉条纹的中心大致固定在平凸透镜的光轴上，但是绝不要将这三个螺钉拧得太紧，以免玻璃破碎。

(2) 把牛顿环仪放到显微镜的载物台上，点亮钠光灯，调节镜筒于适当高度，并调节镜筒上反射镜的倾斜度和左右方位，直到显微镜视场中出现明亮的黄斑。

(3) 调节移测显微镜，直至能看清十字叉丝和清晰的干涉条纹。使十字叉丝的其中一条与固定直尺平等并通过牛顿环的中心。

(4) 转动测微鼓轮使十字叉丝从牛顿环的中心（O 级）开始向左移动，直到十字叉丝的竖线推移到左侧的第 14 级暗环的中间，记录读数；反向转动鼓轮，依次测出直到左边第 3 级暗环位置的读数；再继续向右转动鼓轮，使镜筒沿圆心依次测出右侧第 3 级至第 14 级暗环的位置。某环的左右位置之差即为该环直径。

（5）用作图法或逐差法计算出平凸透镜的曲率半径。

【思考与讨论】

（1）透射光能否形成牛顿环？它和反射光所形成的牛顿环有什么区别？

（2）牛顿环的中心不在牛顿环仪的中心时，对测量结果有什么影响？

（3）用平凹透镜与平板玻璃组成的牛顿环仪，其测量平凹透镜的曲率半径公式是什么形式？牛顿环的零级在什么位置？

（4）如何利用牛顿环检验光学表面的质量？

第 2 章　画法几何及机械制图实验

实验 1　平面图形画法作图

【实验内容】

本次实验的内容是以《工程制图》习题集"几何作图"中的图形,按规定比例画在 A4 幅面的图纸上,并按图上给定的尺寸绘制几何图形(未注尺寸的图形按 1∶1 从图中量取)。

【实验目的及要求】

目的:熟悉《机械制图》国家标准中有关图纸幅及格式、比例、字体注法,掌握常用几何图形的画法;掌握绘图仪器及工具的正确使用方法,培养绘图技能。

要求:作图正确,线型粗细分明,虚线、点画线符合国家标准要求,圆弧连接光滑,字体端正,图面整洁。

【作图步骤】

1. 准备工作

画图前应先了解所画图样的内容,准备好所用的绘图工具和仪器(丁字尺、三角板、圆规、铅笔、橡皮等)并将其擦拭干净,放在绘图方便之处。将 A3 幅面图纸用透明胶纸固定在图板的左下方,为了使丁字尺移动和画图方便,图纸底边应与图板下边的距离稍大于丁字尺的宽度。为了使图纸贴平整,固定图纸应按对角线方向顺次固定。

2. 画底稿

画底稿时应用较硬的铅笔(2H 或 H)轻轻地画出,首先在图纸上画出标准图幅、图框线、标题栏外框,然后布置图纸、画图形。布置图纸时注意视图与图框、视图与视图的距离位置,并考虑标注尺寸的位置。先画出各图形的主要对称中心线、轴线或主要轮廓线,然后再画细部。画底稿时要做到虚线、点画线同类线形的画、间隔、短画长短基本一致,圆弧连接应尽量作图准确,尤其在度量尺寸及找圆心的过程中,应找准圆心和切点位置,务必使相切部分准确光滑,为后阶段描粗打好基础。画好底稿后仔细检查,擦去多余的线条。尺寸线、尺寸界线不打底稿。

3. 加深和标注尺寸

加深细实线、虚线、点画线用 HB 铅笔,加深粗实线用 2B 铅笔。加深步骤:

(1) 加深粗实线,可分以下几步:

① 加深所有粗实线圆弧及粗实线圆;

② 用丁字尺由左到右加深所有水平线;

③ 用丁字尺配合三角板由上而下加深所有垂直线;

④ 加深斜线。

加深过程中,必须注意使粗实线圆及圆弧与粗实线宽度相等,颜色深浅一致,圆弧连接处光滑。

(2) 加深虚线,步骤同粗实线。

(3) 加深点画线。

(4) 加深图框和标题栏。

(5) 用 HB 铅笔绘制尺寸界线、尺寸线及箭头。在绘制箭头时,应学会用三角板画。

(6) 注写尺寸数字,全图尺寸数字应尽量大小一致。

(7) 填写标题栏。

注意字体及其高度符合国家标准。标题栏中的图名"几何作图"用 10 号字体,校名栏中分两行,上行用 7 号字写校名,下行用 5 号字写班号,其余汉字都用 5 号字。

实验 2　组合体三视图

【实验目的】

(1) 掌握读组合体视图及由轴测图画组合体投影图的方法。

(2) 巩固和加深对组合体读图和画图中常用的形体分析方法的理解。

【实验要求】

(1) 根据工程制图习题集上所给题目的要求,由两面投影图绘制第三投影图,或由立体的轴测图绘制三视图(以上两题任选其一)。

(2) 图纸幅面 A3,比例按题目要求。

(3) 完整清晰标注尺寸。

(4) 根据两面投影图或轴测图能用形体分析方法构想该立体形状,并正确绘制投影图;图面布置合理;图线线型分明;字体、尺寸标注符合国家标准。

【步骤(二补三)】

(1) 了解组合体投影图的内容、目的和要求,准备好必要的绘图工具,固定图纸。

(2) 看视图分线框。

(3) 按"形体分析法",找出和分线框对应的其余投影,构想其空间形状。

(4) 分析各简单形体的相对位置,想象出整个立体形状。

(5) 布置图纸,画出三投影的作图基线,一般以该图的对称中心线和主要轮廓线为作图基线。

(6) 画底稿线,作图顺序为先画主要形体,再画次要形体;先画反映该形体实形的投影,再画其余投影。

(7) 检查底稿无误后,按要求加深图线。

(8) 标注尺寸,填写标题栏。

【注意事项】

(1) 两面投影补画第三投影,或根据轴测图画三视图,都应按"形体分析法"进行。

(2) 擦去图纸上多余的线条。

(3) 图幅、字体、尺寸标注和标题栏应符合国家标准。

实验 3　机件剖视图

【实验内容】

根据习题集所给机件的两视图,画出该机件的剖视图。

【实验目的及要求】

(1) 掌握剖视图的表达方法和不同机件选择不同表达方法的原则。

(2) 学习剖视图的绘图方法。所绘剖视图应线型分明,字体工整,投影正确,图面整洁。

(3) 学习机件剖视图的尺寸标注。

(4) 图纸幅面 A3,比例按题目要求。

【作图步骤】

(1) 根据给出的机件两视图,按形体分析方法,分线框,对投影了解组成机件的各部分形状,搞清机件的形状,合理地选择表达方案。

(2) 在草图纸上绘制机件草图,最好采用 1∶1 徒手绘图。

(3) 将所绘图形按要求绘制在 A3 图纸上,其步骤同组合体绘图。

(4) 标注尺寸时,应先画所有尺寸界线、尺寸线、箭头,然后逐一填写尺寸数值。

(5) 绘制剖面线。

(6) 加深后填写标题栏,全面检查。

【注意事项】

(1) 若为半剖视图应考虑直径方向尺寸的标注方式。

(2) 绘制剖面线时应注意用丁字尺和 45°三角板配合使用绘制。

(3) 选择剖视图的表达方案时应注意分析机件的内外结构。

实验 4　常用测量工具及其使用

【测量零件尺寸时常用的测量工具】

测量尺寸常用量具有钢板尺、内卡钳和外卡钳,测量较精确的尺寸,则用游标卡尺,如图 2-1 所示。

【常用的测量方法】

1. 测量长度尺寸的方法

一般可用钢板尺或游标卡尺直接测量,如图 2-2 所示。

2. 测量回转面直径尺寸的方法

用内卡钳测量内径,外卡钳测量外径。测量时,要把内、外卡钳上下、前后移动,测得最大值为其直径尺寸,测量值要在钢板尺上读出。遇到精确的表面,可用游标卡尺测量,方法与用内外卡钳相同,如图 2-3(a)、(b)、(c)、(d)所示。

3. 测量壁厚尺寸

一般可用钢板尺直接测量,若不能直接测出,可用外卡钳与钢板尺组合,间接测出壁厚,如图 2-4 所示。

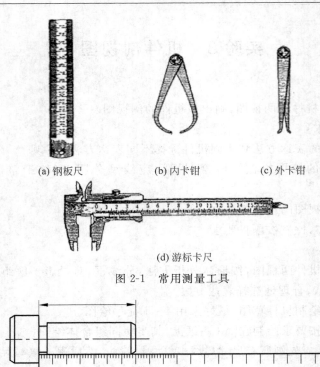

(a) 钢板尺　　　　　(b) 内卡钳　　　　　(c) 外卡钳

(d) 游标卡尺

图 2-1　常用测量工具

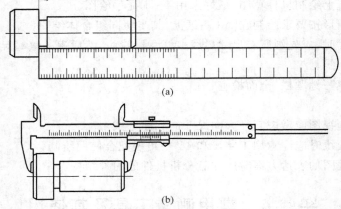

(a)

(b)

图 2-2　测量长度工具

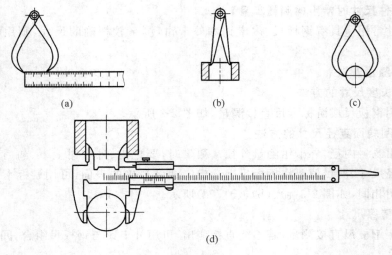

(a)　　　　　　　(b)　　　　　　　(c)

(d)

图 2-3　测量直径尺寸

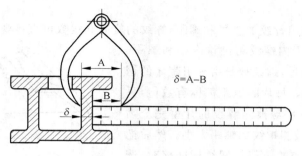

图 2-4 测量壁厚尺寸

4. 测量中心高

利用钢板尺和内卡钳可测出孔的中心高,如图 2-5 所示。也可用游标卡尺测量中心高。

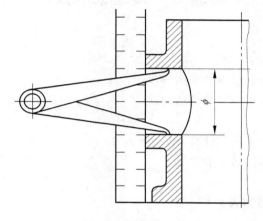

图 2-5 测量中心高

5. 测量孔中心距

可用内卡钳、外卡钳或游标卡尺测量,如图 2-6 所示。

6. 测量圆角

一般可用圆角规测量,如图 2-7 是一组圆角规,每组圆角规有很多片,一半测量外圆角,一半测量内圆角,每一片标着圆角半径的数值。测量时,只要在圆角规中找到与零件被测部分的形状完全吻合的一片,就可以从片上得知圆角半径的大小。

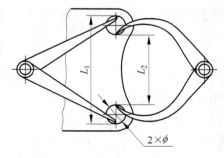

图 2-6 测量中心距

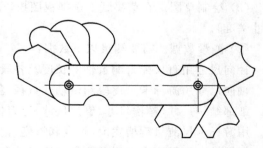

图 2-7 圆角规

7. 测量螺纹

测量螺纹需要测出螺纹的直径和螺距,螺纹的旋向和线数可直接观察。对于外螺纹,可测量外径和螺距,对于内螺纹可测量内径和螺距。

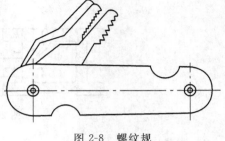

测螺距可用螺纹规测量,螺纹规是由一组带牙的钢片组成,如图 2-8 所示,每片的螺距都标有数值,只要在螺纹规上找到一片与被测螺纹的牙型完全吻合,从该片上就得知被测螺纹的螺距大小。然后把测得的螺距和内、外径的数值与螺纹标准核对,选取与其相近的标准值。

图 2-8　螺纹规

实验 5　传动轴测绘

【实验目的】

通过对轴类零件测绘,掌握:

(1) 游标卡尺,直尺,螺纹规的使用方法。

(2) 轴各部分结构及主要工艺性结构。

(3) 轴草图的绘制。

(4) 轴上螺纹键槽的确定和计算。

(5) 轴类零件尺寸标注的一般方法。

【实验准备】

传动轴测绘所需物品如表 2-1 所示。

表　2-1

传动轴	1 个	三角尺(自备)	1 副	游标卡尺	1 个
绘图板 2 号	1 块	丁字尺	1 把	铅笔、橡皮	自备
绘图纸 A4	1 张	圆规(自备)	1 把		

【实验步骤】

(1) 熟悉结构。熟悉轴各部分结构(主要轮廓由几段圆柱体构成,有几处有倒角,有几处退刀槽,有几处键槽,有几处螺纹)。

(2) 绘制草图。在草稿纸上选择视图投影方向,徒手绘制草图并标出尺寸线(注意选取尺寸基准)。

(3) 测量数据。需要测量以下数据:

径向尺寸用直尺配合测量轴的长度及各段主要轮廓的长度。

轴向尺寸用游标卡尺逐段测量轴孔直径,注意不能注出封闭尺寸链。

细部结构尺寸(键槽尺寸、倒角尺寸、退刀槽)按照所在轴段直径查表确定。

用游标卡尺测量键槽宽度,长度和深度,记录测量值。

根据轴孔直径查国家标准确定键槽尺寸和公差。

测量螺纹的直径和螺距,根据国家标准确定实际直径和螺距值。

根据轴孔直径查退刀槽宽度和直径根据轴孔直径查倒角尺寸。

（4）填入尺寸数据，完成零件草图，交教师审阅。

（5）依据草图完成传动轴工作图。

（6）实验报告：填入尺寸数据，完成零件草图，交实验教师审阅；确认测绘完成后清点工作台。

编制实验报告（实验目的，实验准备，实验步骤，主要数据的测量值和计算值，徒手绘制的零件草图）。

下课后根据零件草图完成正式的零件图（一组视图，尺寸，技术要求，标题栏和图框）。

实验 6　轮盘类测绘

【实验目的】

通过对盘套类零件测绘，掌握：

（1）游标卡尺，直尺，圆角规的使用方法；

（2）齿轮各部分结构及主要工艺性结构；

（3）齿轮草图的绘制；

（4）齿轮上键槽，齿轮参数的确定和计算；

（5）齿轮类零件尺寸标注的一般方法。

【实验准备】

轮盘类测绘所需物品如表 2-2 所示。

表　2-2

齿轮	1 个	三角尺（自备）	1 副	游标卡尺	1 把
绘图板 2 号	1 块	丁字尺	1 把	铅笔、橡皮	自备
绘图纸 A4	1 张	圆规（自备）	1 把	草稿纸（自备）	2 张

【测绘步骤】

（1）绘制草图。在草稿纸上选择视图投影方向，徒手绘制草图并标出尺寸线（注意选取尺寸基准）。

（2）测量数据。测量如下数：径向尺寸，轴向尺寸，细部结构尺寸（键槽尺寸、倒角尺寸、退刀槽），按照所在段直径查表确定。

（3）填入尺寸数据，完成零件草图，交教师审阅。

（4）依据草图完成端盖工作图。

【齿轮测绘】

1. 测绘步骤。

（1）数齿轮齿数，Z。

（2）根据齿数奇偶，测量并记录齿顶圆实际直径。

（3）计算出模数值 m。

（4）根据教材查表取最接近的标准模数。

（5）利用标准齿轮齿顶圆、齿根圆、分度圆计算公式，利用模数和齿数计算出直径，并标注到草图上。

（6）测量齿轮厚度，凸台高度，凸台直径，记录测量值。

（7）测量并记录齿轮轴孔直径。

（8）测量键槽的宽度和毂高，记录测量值。

（9）根据轴孔直径查所学教材标准取键尺寸，根据标准选择键槽宽度和公差。

（10）利用圆角规测圆角。

2. 填入尺寸数据，完成零件草图，交实验教师审阅。

3. 确认测绘完成后清点工作台。

4. 编制实验报告（实验目的，实验准备，实验步骤，主要数据的测量值和计算值，徒手绘制的零件草图）。

下课后根据零件草图完成正式的零件图（一组视图，尺寸，技术要求，标题栏和图框）。

实验 7　螺纹紧固件的连接画法

【实验目的】

通过对螺纹紧固件绘制，熟练掌握螺纹紧固件装配图的一般画法。

【测绘准备】

螺纹紧固件测绘所需物品如表 2-3 所示。

表　2-3

螺纹紧固件	1 组	丁字尺	1 把	游标卡尺 100mm	1 把
绘图板 2 号	1 块	三角尺（自备）	1 副	草稿纸（自备）	10 张
绘图纸 A3	1 张	圆规（自备）	1 把	铅笔、橡皮	自备

【测绘步骤】

（1）绘制草图。在草稿纸上选择视图投影方向，徒手绘制草图并标出尺寸线（注意选取尺寸基准）。

（2）测量数据。大径方向尺寸，高度方向尺寸，细部结构尺寸倒角的尺寸。

（3）填入尺寸数据，完成零件草图。交教师审阅。

（4）依据草图完成螺纹紧固件连接图。

实验 8　计算机绘图

【实验目的】

通过上机绘制图形，熟练掌握计算机绘图的常用命令。

【绘图步骤】

（1）新建文件。

（2）新建图层。

（3）绘制作图基准线定位线。

（4）绘制轮廓线。

（5）标注尺寸及技术要求。

（6）注写标题栏，检查完成全图。

第3章 材料力学实验

实验1 拉 伸 实 验

拉伸实验是测定材料力学性能的最基本最重要的实验之一,由本实验所测得的结果,可以说明材料在静拉伸下的一些性能,诸如材料对载荷的抵抗能力的变化规律、材料的弹性、塑性、强度等重要机械性能,这些性能是工程上合理地选用材料和进行强度计算的重要依据。

【实验目的要求】

(1) 了解试验设备万能材料试验机的构造和工作原理,掌握其操作规程及使用时的注意事项。

(2) 测定低碳钢的屈服极限 σ_s、强度极限 σ_b、延伸率 δ、断面收缩率 ψ。

(3) 测定铸铁的强度极限 σ_b。

(4) 观察以上两种材料在拉伸过程中的各种现象,并利用自动绘图装置绘制拉伸图(F-ΔL 曲线)。

(5) 比较低碳钢(塑性材料)与铸铁(脆性材料)拉伸时的力学性质。

【实验设备和仪器】

万能试验机,游标卡尺,两脚标规等。

【拉伸试件】

金属材料拉伸实验常用的试件形状如图 3-1 所示。图中工作段长度 l 称为标距,试件的拉伸变形量一般由这一段的变形来测定,两端较粗部分是为了便于装入试验机的夹头内。

图 3-1 拉伸试样

为了使实验测得的结果可以互相比较,试件必须按国家标准做成标准试件,即 $l=5d$ 或 $l=10d$。

对于一般板的材料拉伸实验,也应按国家标准做成矩形截面试件,其截面面积和试件标距关系为 $l=11.3\sqrt{A}$ 或 $l=5.65\sqrt{A}$,A 为标距段内的截面积。

【实验方法与步骤】

1. 低碳钢的拉伸实验

(1) 试件的准备。在试件中段取标距 $l=10d$ 或 $l=5d$,在标距两端用脚标规打上冲眼作为标志,用游标卡尺在试件标距范围内测量中间和两端三处直径 d(在每处的两个互相垂直的方向各测一次取其平均值),将测得的数据填写在表 3-1 中,取最小值作为计算试件横截面面积用。

(2) 试验机的准备。首先了解万能试验机的基本构造原理和操作方法,学习试验机的操作规程。

（3）进行实验。试件夹紧后，给试件缓慢均匀加载，用试验机上自动绘图装置，绘出外力 F 和变形 ΔL 的关系曲线（F-ΔL 曲线）如图 3-2 所示。从图 3-2 中可以看出，当载荷增加到 A 点时，拉伸图上 OA 段是直线，表明此阶段内载荷与试件的变形成正比例关系，即符合虎克定律的弹性变形范围。当载荷增加到 B′ 点时，测力计指针停留不动或突然下降到 B 点，然后在小的范围内摆动，这时变形增加很快，载荷增加很慢，这说明材料产生了流动（或者叫屈服），与 B′ 点相应的应力叫上流动极限，与 B 相应的应力叫下流动极限，因下流动极限比较稳定，所以材料的流动极限一般规定按下流动极限取值。以 B 点相对应的载荷值 F_S 除以试件的原始截面积 A 即得到低碳钢的流动极限 σ_S，$\sigma_S = \dfrac{F_S}{A}$。流动阶段后，试件要承受更大的外力，才能继续发生变形。若要使塑性变形加大，必须增加载荷，如图 3-2 中 C 点至 D 点这一段为强化阶段。当载荷达到最大值 F_b（D 点）时，试件的塑性变形集中在某一截面处的小段内，此段发生截面收缩，即出现"颈缩"现象。此时记下最大载荷值 F_b，用 F_b 除以试件的原始截面积 A，就得到低碳钢的强度极限 σ_b，$\sigma_b = F_b/A$。在试件发生"颈缩"后，由于截面积的减小，载荷迅速下降，到 E 点试件断裂。

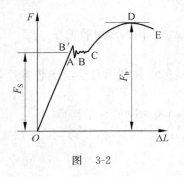　　　　　　　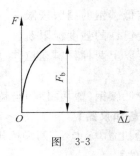

图 3-2　　　　　　　　　　　　　　图 3-3

关闭机器，取下拉断的试件，将断裂的试件紧对到一起，用游标卡尺测量出断裂后试件标距间的长度 l_1，并将测得的数据填写在表 3-2 中按下式可计算出低碳钢的延伸率 δ

$$\delta = \frac{l_1 - l}{l} \times 100\%$$

将断裂的试件的断口紧对在一起，用游标卡尺量出断口（细颈）处的直径 d_1，并将测得的数据填写在表 3-2 中计算出面积 A_1；按下式可计算出低碳钢的截面收缩率 ψ

$$\psi = \frac{A - A_1}{A} \times 100\%$$

从破坏后的低碳钢试件上可以看到，各处的残余伸长不是均匀分布的。离断口愈近变形愈大，离断口愈远则变形愈小，因此测得 l_1 的数值与断口的部位有关。为了统一 δ 值的计算，规定以断口在标距长度中央的 1/3 区段内为准，来测量 l 的值，若断口不在 1/3 区段内时，需要采用断口移中的方法进行换算，其方法如下：

设两标点 c 到 c′ 之间共刻有 n 格，如图 3-4 所示，拉伸前各格之间距离相等，在断裂试件较长的右段上从邻近断口的一个刻线 d 起，向右取 $n/2$ 格，标记为 a，这就相当于把断口摆在标距中央，再看 a 点至 c_1 点有多少格，就由 a 点向左取相同的格数，标以记号 b，令 $L′$ 表示 c 到 b 的长度,则 $L'+2L''$ 的长度中包含的格数等于标距长度内的格数 n,故 $l_1 = L'+2L''$。

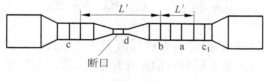

图　3-4

当断口非常接近试件两端,而与其头部之距离等于或小于直径的两倍时,一般认为实验结果无效,需要重作实验。

2. 铸铁的拉伸实验

(1) 试件的准备。用游标卡尺在试件标距范围内测量中间和两端三处直径 d,并将测得的数据填写在表 3-1 中,取最小值计算试件截面面积,根据铸铁的强度极限 σ_b,估计拉伸试件的最大载荷。

(2) 试验机的准备。与低碳钢拉伸实验相同。

(3) 进行实验。开动机器,缓慢均匀加载直到断裂为止。记录最大载荷 F_b,观察自动绘图装置上的曲线,如图 3-3 所示。将最大载荷值 F_b 除以试件的原始截面积 A,就得到铸铁的强度极限 σ_b,$\sigma_b = F_b/A$。因为铸铁为脆性材料在变形很小的情况下就会断裂,所以铸铁的延伸率和截面收缩率很小,很难测出。

3. 试验结果及数据处理

试验前试样尺寸如表 3-1 所示。

表 3-1　试验前试样尺寸

材料	标距 L_0/mm	直径 d_0/mm									横截面面积 A_0/mm^2
		截面 I			截面 II			截面 III			
		(1)	(2)	平均	(1)	(2)	平均	(1)	(2)	平均	
低碳钢											
铸　铁											

试验后试样尺寸和形状如表 3-2 所示。

表 3-2　试验后试样尺寸和形状

断裂后标距长度 L_1/mm	断口(颈缩处最小直径 d_1/mm)			断口处最小横截面面积 A_1/mm^2
	(1)	(2)	平均	
试样断裂后简图	低碳钢		铸　铁	

4. 思考题

(1) 根据实验画出低碳钢和铸铁的拉伸曲线。

(2) 根据实验时发生的现象和实验结果比较低碳钢和铸铁的机械性能有什么不同?

（3）低碳钢试样在最大载荷 D 点不断裂，在载荷下降至 E 点时反而断裂，为什么？

实验 2　压 缩 实 验

在工程实际中，有些构件承受压力，而材料由于载荷形式的不同其表现的机械性能也不同，因此除了通过拉伸实验了解金属材料的拉伸性能外，有时还要作压缩实验来了解金属材料的压缩性能。一般对于铸铁、水泥、砖、石头等主要承受压力的脆性材料才进行压缩实验，而对于塑性金属或合金进行压缩实验的主要目的是为了材料研究。例如灰铸铁在拉伸和压缩时的强度极限不相同，因此工程上就利用铸铁压缩强度较高这一特点用来制造机床底座、床身、汽缸、泵体等。

【实验目的和要求】

（1）测定在压缩时低碳钢的流动极限 σ_s 及灰铸铁的强度极限 σ_b。

（2）观察它们的破坏现象，并比较这两种材料受压时的特性。

【实验准备】

材料试验机、游标卡尺。

【试件】

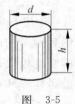

金属材料的压缩试件一般制成圆柱形，如图 3-5 所示，并满足 $1 \leqslant \dfrac{h}{d} \leqslant 3$。

【实验方法与步骤】

1. 低碳钢的压缩实验

（1）试件准备。用游标卡尺测量试件的直径 d。

（2）试验机的准备。首先了解试验机的基本构造原理和操作方法，学习试验机的操作规程。

图 3-5

（3）进行实验。开动机器，使试件缓慢均匀加载，低碳钢在压缩过程中产生流动以前基本情况与拉伸时相同，如图 3-6 所示，载荷到达 B 时，测力盘指针停止不动或倒退，这说明材料产生了流动，当载荷超过 B 点后，塑性变形逐渐增加，试件横截面积逐渐明显地增大，试件最后被压成鼓形而不断裂，故只能测出产生流动时的载荷 F_s，由 $\sigma_s = F_s/A$ 得出材料受压时的流动极限而得不出受压时的强度极限。

2. 铸铁的压缩实验

铸铁压缩与低碳钢的压缩实验方法相同，但铸铁受压时在很小的变形下即发生破坏，只能测出 F_b，由 $\sigma_b = F_b/A$ 得出材料强度极限。如图 3-7 所示，铸铁破坏时的裂缝约与轴线成 $45°$ 角左右。

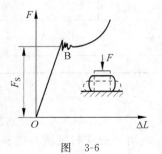

图　3-6

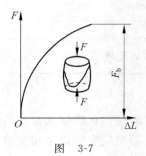

图　3-7

【注意事项】

（1）试件一定要放在压头中心以免偏心影响。

（2）在试件与上压头接触时要特别注意慢慢接触，以免发生撞击，损坏机器。

（3）铸铁压缩时，应注意安全，以防试件破坏时跳出打伤。

【试验结果及数据处理】

（1）观察试样的变形，记录实验数据并填写在表 3-3 中。

（2）根据实验记录，计算应力值。

表 3-3　压缩实验结果

材料	直径 d/mm	屈服载荷 F_S/kN	最大载荷 F_b/kN	屈服极限 σ_S/MPa	强度极限 σ_b/MPa
碳钢					
铸铁					

低碳钢压缩屈服极限　　$\sigma_S = \dfrac{F_s}{A_0} = ?$

铸铁压缩强度极限　　$\sigma_b = \dfrac{F_b}{A_0} = ?$

【思考题】

（1）分析铸铁破坏的原因，并与其拉伸作比较。

（2）放置压缩试样的支承垫板底部都制作成球形，为什么？

（3）为什么铸铁试样被压缩时，破坏面常发生在与轴线大致成45°～55°角的方向上？

（4）试比较塑性材料和脆性材料在压缩时的变形及破坏形式有什么不同。

（5）低碳钢和铸铁在拉伸与压缩时的力学性质有什么不同？

实验 3　扭 转 实 验

在实际工程机械中，有很多传动轴是在扭转情况下工作，设计扭转轴所用的许用剪应力，是根据材料在扭转破坏实验时，所测出的剪切流动极限 τ_S，或剪切强度极限 τ_b 而求得的。

【实验目的要求】

（1）测定低碳钢的剪切流动极限 τ_S、剪切强度极限 τ_b 及铸铁的剪切强度极限 τ_b。

（2）观察断口情况，进行比较和分析。

【实验设备和仪器】

微机控制电子扭转试验机，划线仪，游标卡尺等。

【扭转试件】

根据国家标准，一般采用圆截面试件，标距 $L = 100$mm，标距部分直径 $d = 10$mm，如图 3-8 所示。

【实验方法与步骤】

1. 低碳钢试件的扭转

（1）试件的准备。在试件标距内的中间和两端三处测量直径，取最小值作为直径尺寸 d 并填写在表 3-4 中，计算抗扭截面系数 $W_P = \dfrac{1}{16}\pi d^3$。

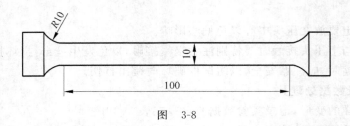

图　3-8

（2）试验机的准备。首先了解扭转机的基本构造原理和操作方法,学习掌握扭转机的操作规程。

（3）进行实验。将低碳钢试件装夹到试验机上,按试验机的操作要求操作,加在试件上的扭矩 M_n 和扭转角 φ 的关系曲线,如图 3-9 所示。当扭矩增加到 A 点,（即 $M_n = M_p$）时,图 3-9 中 OA 段为直线,表明此阶段内载荷与试件变形之间成比例关系,扭矩超过 M_p 后,试件截面的外边缘处,材料发生流动形成环形塑性区,同时 $M_n\text{-}\varphi$ 图曲线稍微上升,达到 B 点趋于平坦,这时测力指针几乎不动,这说明塑性区已扩展为整个截面,材料发生流动,记录下此时的扭矩 M_b,并填写在表 3-4 中。

在达到 M_s 时,假定截面上各点的剪应力同时达到流动极限 τ_S（理想塑性）,断面上 τ_S 均匀分布,记录下此时的扭矩 M_s 并填写在表 3-4 中从而推导计算流动极限的近似公式如下。因

$$M_s = \int_F (\tau_S \mathrm{d}A) \cdot \rho$$

式中 τ_S 是常数,$\mathrm{d}A = 2\pi\rho \cdot \mathrm{d}\rho$。所以

$$M_s = \tau_S \int_0^R \rho \cdot 2\pi\rho \cdot \mathrm{d}\rho = 2\pi\tau_S \int_0^R \rho^2 \mathrm{d}\rho = \frac{2\pi R^3}{3} \cdot \tau_S = \frac{4}{3} \cdot \frac{\pi R^3}{2} \cdot \tau_S = \frac{4}{3} W_p \tau_S$$

故屈服极限

$$\tau_S = \frac{3M_s}{4W_p}$$

式中,$W_p = \frac{\pi}{16}d^3 = \frac{\pi}{2}R^3$。

若试件继续变形,材料进一步强化,当达到 $M_n\text{-}\varphi$ 上的 C 点时,试件破坏,可读出最大扭矩 M_b,并填写在表 3-4 中与屈服时的塑性变形过程相似,可得 $\tau_b = \frac{3M_b}{4W_p}$。试件断裂后,立即关闭机器,取下试件。

2. 铸铁试件的扭转

铸铁的扭转实验方法及步骤与低碳钢相同,因铸铁扭转在变形很小的情况下就被扭断,铸铁的 $M_n\text{-}\varphi$ 曲线如图 3-10 所示。由图可知,铸铁扭转由开始直到破坏近似一直线,其剪

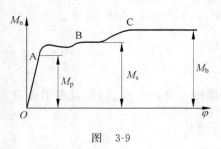

图　3-9

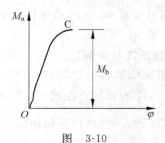

图　3-10

切强度极限因铸铁试件在断裂前呈脆性破坏，故可近似应用弹性公式计算，即

$$\tau_{\mathrm{b}} = \frac{M_{\mathrm{b}}}{W_{\mathrm{p}}}$$

【试验结果及数据处理】

测定低碳钢和铸铁扭转时的数据记录与计算见表 3-4。

表 3-4　测定低碳钢和铸铁扭转时的数据记录与计算

材　　料	低　碳　钢	灰　铸　铁
试样尺寸	直径 $d=$　　　　　mm	直径 $d=$　　　　　mm
实验后的试样草图		
实验数据	屈服扭矩 $M_{\mathrm{s}}=$　　　　　Nm 最大扭矩 $M_{\mathrm{b}}=$　　　　　Nm 扭转屈服应力 $\tau_{\mathrm{s}}=0.75 M_{\mathrm{s}}/W_{\mathrm{p}}=$　　　MPa 抗扭强度 $\tau_{\mathrm{b}}=$	最大扭矩 $M_{\mathrm{b}}=$　　　　　Nm 抗扭强度 $\tau_{\mathrm{b}}=M_{\mathrm{b}}/W_{\mathrm{p}}=$　　　MPa

【讨论题】

总结低碳钢和铸铁两种材料在拉伸、压缩和扭转时的强度以及破坏断口的情况进行比较分析，说明原因。

实验 4　梁的弯曲正应力实验

【实验目的和要求】

（1）用电测法测定纯弯曲梁受弯曲时截面各点的正应力值，与理论计算值进行比较。

（2）了解电阻应变仪的基本原理和操作方法。

【实验设备】

静态电阻应变仪，纯弯曲梁实验装置。

【弯曲梁布片简图】

在梁纯弯曲段内截面处粘贴 7 片电阻片，如图 3-11 所示，实验时依次测出 1、2、3、4、5、6、7 点应变，计算出应力。原始数据见表 3-5。

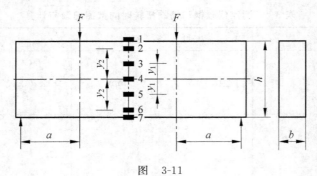

图　3-11

表 3-5　原始数据记录

试件材料	弹性模量 E	距中性层	试件尺寸
低碳钢	213GPa	$Y_1 = 10\text{mm}$ $Y_2 = 15\text{mm}$	$b = 20\text{mm}$　$L = 620\text{mm}$ $h = 40\text{mm}$　$a = 150\text{mm}$

【测量电桥原理】

构件的应变值一般都很小，所以，应变片电阻变化率也很小，需用专门仪器进行测量，测量应变片的电阻变化率的仪器称为电阻应变仪，其测量电路为惠斯通电桥，如图 3-12 所示。电桥 4 个桥臂的电阻分别为 R_1、R_2、R_3 和 R_4，在 A、C 端接电源，B、D 端为输出端。

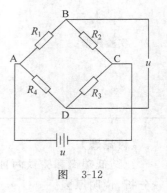

图　3-12

设 A、C 间的电压降为 U 则经流电阻 R_1、R_4 的电流分别为 $I_1 = \dfrac{U}{R_1 + R_2}$，$I_4 = \dfrac{U}{R_3 + R_4}$，所以 R_1、R_4 两端的电压降分别为

$$U_{AB} = I_1 R_1 = \frac{R_1}{R_1 + R_2} U，\quad U_{AD} = \frac{R_4}{R_3 + R_4} U。$$ 则 B、D 端的输出电压为

$$\Delta U = U_{AB} - U_{AD} = \frac{R_1}{R_1 + R_2} U - \frac{R_4}{R_3 + R_4} U = \frac{R_1 R_3 - R_2 R_4}{(R_1 + R_2)(R_3 + R_4)} U$$

当电桥输出电压 $\Delta U = 0$ 时，称为电桥平衡，故电桥平衡条件为 $R_1 R_3 = R_2 R_4$ 或 $\dfrac{R_1}{R_2} = \dfrac{R_4}{R_3}$。设电桥在接上电阻 R_1、R_2、R_3 和 R_4 时处于平衡状态，即满足平衡条件。当上述电阻分别改变 ΔR_1、ΔR_2、ΔR_3 和 ΔR_4 时

$$\Delta U = U \frac{(R_1 + \Delta R_1)(R_3 + \Delta R_3) - (R_2 + \Delta R_2)(R_4 + \Delta R_4)}{(R_1 + \Delta R_1 + R_2 + \Delta R_2)(R_3 + \Delta R_3 + R_4 + \Delta R_4)}$$

略去高阶微量后可得（当 $R_1 = R_2 = R_3 = R_4$ 时）

$$\Delta U = U \frac{R_1 R_2}{(R_1 + R_2)^2} \left(\frac{\Delta R_2}{R_1} - \frac{\Delta R_2}{R_1} + \frac{\Delta R_3}{R_3} - \frac{\Delta R_4}{R_4} \right)$$

$$= \frac{U}{4} \left(\frac{\Delta R_1}{R} - \frac{\Delta R_2}{R} + \frac{\Delta R_3}{R} - \frac{\Delta R_4}{R} \right)$$

上式代表电桥的输出电压与各臂电阻改变量的一般关系。

在进行电测实验时，有时将粘贴在构件上的四个相同规格的应变片同时接入测量电桥，当构件受力后，设上述应变片感受到的应变分别为 ε_1、ε_2、ε_3、ε_4，相应的电阻改变量分别为 ΔR_1、ΔR_2、ΔR_3 和 ΔR_4，应变仪的读数为

$$\varepsilon_d = \frac{4\Delta U}{KU} = \varepsilon_1 - \varepsilon_2 + \varepsilon_3 - \varepsilon_4$$

以上为全桥测量的读数，如果是半桥测量，则读数为

$$\varepsilon_d = \frac{4\Delta U}{KU} = \varepsilon_1 - \varepsilon_2$$

所谓半桥测量是将应变片 R_3 和 R_4 放入仪器内部，R_1 和 R_2 测量片接入电桥，接入 A、B 和 B、C 组成半桥测量。

【理论和实验计算】

理论计算

$$\sigma_{1,7} = \frac{M}{W_z}, \quad \sigma_{2,6} = \frac{M \cdot c_2}{I_z}, \quad \sigma_{3,5} = \frac{M \cdot c_1}{I_z}, \quad \sigma_4 = 0$$

其中，$W_z = \frac{bh^2}{6}$，$I_z = \frac{bh^3}{12}$。

实验值计算 $\sigma = E \cdot \varepsilon$。

【实验步骤】

（1）设计好本实验所需的各类数据表格。

（2）测量矩形截面梁的宽度 b 和高度 h，载荷作用点到梁支点距离 a 及各应变片到中性层的距离。

（3）按实验要求接好线，调整好仪器，检查整个测试系统是否处于正常工作状态。

（4）加载。均匀缓慢加载至初载荷 P_0，记下各点应变的初始读数；然后分级等增量加载，每增加一级载荷，依次记录各点电阻应变片的应变值 ε_i，直到最终载荷。实验至少重复两次，将实验数据记录在表 3-6 中。

（5）将实验值与理论值进行比较计算，填写在表 3-7 中。

（6）作完实验后，卸掉载荷，关闭电源，整理好所用仪器设备，清理实验现场，将所用仪器设备复原。

【试验结果及数据处理】

将实验数据记录于表 3-6，实验值与理论值的比较记录于表 3-7。

表 3-6　实验数据

载荷 N		P						
		ΔP						
各测点电阻应变仪读数 $\mu\varepsilon$	1	ε_P						
		$\Delta\varepsilon_P$						
		平均值						
	2	ε_P						
		$\Delta\varepsilon_P$						
		平均值						
	3	ε_P						
		$\Delta\varepsilon_P$						
		平均值						
	4	ε_P						
		$\Delta\varepsilon_P$						
		平均值						
	5	ε_P						
		$\Delta\varepsilon_P$						
		平均值						
	6	ε_P						
		$\Delta\varepsilon_P$						
		平均值						
	7	ε_P						
		ε_P						
		平均值						

表 3-7　实验值与理论值的比较

测　点	理论值 $\sigma_{i理}$（MPa）（平均值）	实际值 $\sigma_{i实}$（MPa）（平均值）	相对误差（%）
1			
2			
3			
4			
5			
6			
7			

【问题讨论】

（1）实验时未考虑梁的自重，是否会引起测量结果误差？为什么？

（2）比较应变片 1 和 7（或应变片 2 和 6）的应变值，可得到什么结论？

实验 5　薄壁圆筒在弯扭组合变形下主应力测定

【实验目的】

（1）用电测法测定平面应力状态下主应力的大小及方向,并与理论值进行比较。

（2）进一步掌握电测法。

【实验仪器设备和工具】

（1）弯扭组合实验台。

（2）静态应变测力仪。

【实验原理和方法】

薄壁圆筒受弯扭组合作用,如图 3-13 所示,使圆筒发生组合变形,弯扭组合变形薄壁圆管表面上的点处于平面应力状态,用应变化测出三个方向的线应变后,可算出主应变的大小和方向,再应用广义胡克定律即可求出主应力的大小和方向。

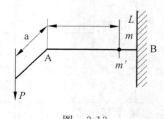

图　3-13

主应力

$$\sigma_{1,2} = \frac{E}{1-\mu^2}\left[\frac{1+\mu}{2}(\varepsilon_{-45°}+\varepsilon_{+45°}) \pm \frac{1-\mu}{\sqrt{2}}\sqrt{(\varepsilon_{-45°}-\varepsilon_0)^2 + (\varepsilon_0-\varepsilon_{+45°})^2}\right]$$

主方向

$$\tan 2\alpha = \frac{\varepsilon_{+45°} - \varepsilon_{-45°}}{(\varepsilon_0 - \varepsilon_{+45°}) - (\varepsilon_{-45°} - \varepsilon_0)}$$

式中,$\varepsilon_{-45°}$、ε_0、$\varepsilon_{+45°}$ 分别表示与管轴线成 $-45°$、$0°$、$45°$ 方向的线应变,另由扭弯组合理论可知,其主应力与主方向的理论值分别为

$$\left.\begin{array}{c}\sigma_1\\\sigma_3\end{array}\right\} = \frac{\sigma}{2} \pm \sqrt{\left(\frac{\sigma}{2}\right)^2 + \tau^2}, \quad \tan 2\alpha_0 = -\frac{2\tau}{\sigma}$$

然后将计算所得的主应力及主方向理论值与实测值进行比较。

【实验步骤】

（1）设计好本实验所需的各类数据表格。

（2）测量试件尺寸、加力臂的长度和测点距力臂的距离,确定试件有关参数,见表 3-8。

表 3-8　试件相关数据

圆筒的尺寸和有关参数	
计算长度　$L=260$mm	弹性模量 $E=206$GPa
外　　径　$D=55$mm	泊松比 $\mu=0.26 \sim 0.33$
内　　径　$d=51$mm	
扇臂长度　$a=250$mm	

（3）将 m 点的所有应变片按半桥单臂、公共温度补偿法组成测量线路进行测量,见表 3-9。

（4）拟订加载方案。先选取适当的初载荷 $P_0=100$N,在 $0 \sim 20$kg 的范围内分 4 级进行加载,每级的载荷增量 $\Delta P=100$N。

表 3-9　A、B 各点的读数应变

载荷(kN)		应变读数 $\varepsilon_d(\mu\varepsilon)$					
		A			B		
F	ΔF	$-45°$	$0°$	$+45°$	$-45°$	$0°$	$+45°$
ε_d 增量平均值($\mu\varepsilon$)							

（5）均匀缓慢加载至初载荷 P_0，记下各点应变的初始读数；然后分级等增量加载，每增加一级载荷，依次记录各点电阻应变片的应变值，直到最终载荷。

（6）作完实验后，卸掉载荷，关闭电源，整理好所用仪器设备，清理实验现场，将所用仪器设备复原，实验资料交指导教师检查签字。

（7）实验装置中，圆筒的管壁很薄，为避免损坏装置，注意切勿超载，不能用力扳动圆筒的自由端和力臂。

【实验结果处理】

（1）m 点理论值主应力及方向计算

$$\sigma_{1,3} = \frac{\sigma_x}{2} \pm \sqrt{\left(\frac{\sigma_x}{2}\right)^2 + \tau^2} \quad \tan 2\alpha_0 = \frac{-2\tau}{\sigma_x}$$

（2）实验值与理论值比较

仪器测得的实验值与用公式计算的理论值进行比较见表 3-10。

表 3-10　A、B 各点的应力数据

	实验值		理论值		误差	
	A	B	A	B	A	B
σ_1(MPa)						
σ_3(MPa)						
ϕ_0(°)						

【思考题】

用电测法测量主应力时，其应变化是否可以沿测点的任意方向粘贴？为什么？

实验 6　冲 击 实 验

在实际工程机械中,有许多构件常受到冲击载荷的作用,机器设计中应力求避免冲击波负荷,但由于结构或运行的特点,冲击负荷难以完全避免,例如内燃机膨胀冲程中气体爆炸推动活塞和连杆,使活塞和连杆之间发生冲击,火车开车、停车时,车辆之间的挂钩也产生冲击,在一些工具机中,却利用冲击负荷实现静负荷难以达到的效果,例如锻锤、冲击、凿岩机等,为了了解材料在冲击载荷下的性能,必须作冲击实验。

【实验目的】

(1) 了解冲击实验的意义,材料在冲击载荷作用下所表现的性能。

(2) 测定低碳钢和铸铁的冲击韧度值 α_k。

【实验设备和仪器】

摆式冲击试验机,游标卡尺等。

【基本原理】

(1) 冲击实验是研究材料对于动荷抗力的一种实验,和静载荷作用不同,由于加载速度快,使材料内的应力骤然提高,变形速度影响了材料的机构性质,所以材料对动载荷作用表现出另一种反应。往往在静荷下具有很好塑性性能的材料,在冲击载荷下会呈现出脆性的性质。

(2) 此外在金属材料的冲击实验中,还揭示了静载荷时,不易发现的某结构特点和工作条件对机械性能的影响(如应力集中,材料内部缺陷,化学成分和加荷时温度,受力状态以及热处理情况等),因此它在工艺分析比较和科学研究中都具有一定的意义。

【冲击试件】

工程上常用金属材料的冲击试件一般是带缺口槽的矩形试件,做成制品的目的是为了便于揭露各因素对材料在高速变形时的冲击抗力的影响,并了解试件的破坏方式是塑性滑移还是脆性断裂。但缺口形状和试件尺寸对材料的冲击韧度 α_k 值的影响极大,要保证实验结果能进行比较,试件必须严格按照原冶金工业部的部颁布标准制作。故测定 α_k 值的冲击实验实质上是一种比较性实验,其冲击试件形状如图 3-14 所示。

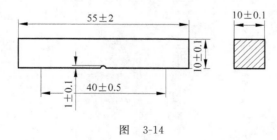

图　3-14

【实验方法与步骤】

(1) 测量试件尺寸,要测量缺口处的试件尺寸。

(2) 了解摆锤冲击试验机的构造原理和操作方法,掌握冲击试验机的操作规程,一定要注意安全。

（3）冲击试验机指针调到"零点"，根据试件材料估计所需破坏能量，先空打一次，测定机件间的摩擦消耗功。

（4）将试件装在冲击试验机上，简梁式冲击实验应使没有缺口的面朝向摆锤冲击的一边，缺口的位置应在两支座中间，如图 3-15 所示，要使缺口和摆锤冲刃对准。将摆锤举起到空打时的位置，打开锁杆，使摆锤落下，冲断试件，然后刹车，读出试件冲断时消耗的功，以下式可计算出材料的冲击韧度值 α_k

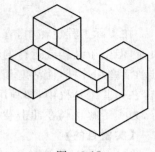

$$\alpha_k = \frac{W}{A} \quad (\text{J/cm}^2)$$

式中，W 为冲断试件时所消耗的功；A 为试件缺口横截面积。

图　3-15

【注意事项】

在实验过程中要特别注意安全，绝对禁止把摆锤举高后安放试件，当摆锤举高后，人就离开摆锤摆动的范围，在放下摆锤之前，应先检查一下有没有人还未离开，以免发生危险。

【讨论题】

（1）低碳钢和铸铁在冲击作用下所呈现的性能是怎样的？

（2）材料冲击实验在工程实际中的作用如何？

第4章　电工技术实验

实验1　电路中电位的测量

【实验目的】

（1）掌握电路中电位的测量方法。

（2）会计算电路中各点电位。

【原理说明】

电路中各点的电位，就是从该点出发通过一定的路径到达参考点，其电位等于此路径上全部电压降的代数和。

在一个确定的闭合电路中，各点电位的高低视所选的电位参考点的不同而变，但任意两点间的电位差（即电压）则是绝对的，它不因参考点电位的变动而改变。据此性质，我们可用一只电压表来测量出电路中各点相对于参考点的电位及任意两点间的电压。

在电路中电位参考点可任意选定，一旦选定以后，各点电位的计算均以该点为准。如果换一个点作为参考点，则各点电位也就不同。所以说，电位的大小随参考点的选择而不同。

【实验设备】

实验设备见表4-1。

表 4-1　实验设备

序号	名　　　称	型号与规格	数量	备注
1	直流可调稳压电源	0～30V	两路	
2	万用表		1	自备
3	直流数字电压表	0～200V	1	
4	电路基础实验（一）		1	DDZ-11

【实验内容】

按图4-1接线。

（1）分别将两路直流稳压电源接入电路，令 $U_1 = 6V$，$U_2 = 12V$。（先调准输出电压值，再接入实验线路中。）

（2）以图4-1中的 A 点作为电位的参考点，分别测量 B、C、D、E、F 各点的电位值 V 及相邻两点之间的电压值 U_{AB}、U_{BC}、U_{CD}、U_{DE}、U_{EF} 及 U_{FA}，数据列于表4-2中。

（3）以 D 点作为参考点，重复实验内容（2）的测量，测得数据列于表4-2中。

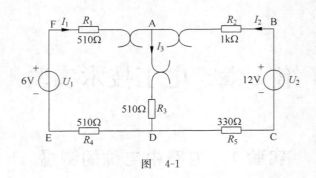

图　4-1

表 4-2　测量值及计算值

电位 参考点	V 与 U	V_A	V_B	V_C	V_D	V_E	V_F	U_{AB}	U_{BC}	U_{CD}	U_{DE}	U_{EF}	U_{FA}
A	计算值	—	—	—	—	—	—						
	测量值												
D	计算值	—	—	—	—	—	—						
	测量值												

"计算值"一栏,$U_{AB}=V_A-V_B$,$U_{BC}=V_B-V_C$,以此类推。

【实验注意事项】

(1) 本实验线路系多个实验通用,本次实验中不使用电流插头和插座。实验挂箱上的 k_3 应拨向 330Ω 侧,D 和 D′用导线连接起来,三个故障按键均不得按下。

(2) 测量电位时,用指针式万用表的直流电压挡或用数字直流电压表测量时,用负表棒 (黑色)接参考电位点,用正表棒(红色)接被测各点。若指针正向偏转或数显表显示正值,则表明该点电位为正(即高于参考点电位);若指针反向偏转或数显表显示负值,此时应调换万用表的表棒,然后读出数值,此时在电位值之前应加一负号(表明该点电位低于参考点电位)。数显表也可不调换表棒,直接读出负值。

【思考题】

若以 F 点为参考电位点,实验测得各点的电位值;现令 E 点作为参考电位点,试问此时各点的电位值应有何变化?

【实验报告】

(1) 总结电路中电位的测量方法。

(2) 心得体会及其他。

实验 2　基尔霍夫定律

【实验目的】

(1) 验证基尔霍夫定律的正确性,掌握基尔霍夫定律的内容。

(2) 学会用电流插头、插座测量各支路电流的方法。

【原理说明】

基尔霍夫定律是电路的基本定律。测量某电路的各支路电流及每个元件两端的电压，应能分别满足基尔霍夫电流定律(KCL)和电压定律(KVL)。

基尔霍夫第一定律，也称节点电流定律(KCL)。对电路中的任一节点，在任一时刻，流入节点的电流之和等于流出节点的电流之和，即对电路中的任一个节点而言，应有 $\sum I = 0$。

基尔霍夫第二定律，也称回路电压定律(KVL)。对电路中的任一闭和回路，沿回路绕行方向上各段电压的代数和等于零，即对任何一个闭合回路而言，应有 $\sum U = 0$。

运用该定律时必须注意各支路或闭合回路中电流的正方向，此方向可预先任意设定。

【实验设备】

实验设备见表 4-3。

表 4-3　实验设备

序号	名　　称	型号与规格	数量	备注
1	直流可调稳压电源	0～30V	两路	
2	万用表		1	自备
3	直流数字电压表	0～200V	1	
4	电路基础实验(一)		1	DDZ-11

【实验内容】

实验线路与图 4-1 相同，用 DDZ-11 挂箱的"基尔霍夫定律/叠加原理"线路。

(1) 实验前先任意设定三条支路和三个闭合回路的电流正方向。图 4-1 中的 I_1、I_2、I_3 的方向已设定。三个闭合回路的电流正方向可设为 ADEFA、BADCB 和 FBCEF。

(2) 分别将两路直流稳压源接入电路，令 $U_1 = 6V$，$U_2 = 12V$。

(3) 熟悉电流插头的结构，将电流插头的两端接至数字毫安表的"＋、－"两端。

(4) 将电流插头分别插入三条支路的三个电流插座中，读出并记录电流值。

(5) 用直流电压表分别测量两路电源及电阻元件上的电压值，记录之。

【实验注意事项】

(1) 同本章实验 1 的注意(1)，但需用到电流插座。

(2) 所有需要测量的电压值，均以电压表测量的读数为准。U_1、U_2 也需测量，不应取电源本身的显示值。

(3) 用指针式电压表或电流表测量电压或电流时，如果仪表指针反偏，则必须调换仪表极性，重新测量。此时指针正偏，可读得电压或电流值。若用数显电压表或电流表测量，则可直接读出电压或电流值。但应注意所读得的电压或电流值的正确正、负号应根据设定的电流方向来判断。

【预习思考题】

(1) 根据图 4-1 的电路参数，计算出待测的电流 I_1、I_2、I_3 和各电阻上的电压值，记入表 4-4 中，以便实验测量时正确地选定毫安表和电压表的量程。

表 4-4　测量值及计算值

被测量	$I_1(\mathrm{mA})$	$I_2(\mathrm{mA})$	$I_3(\mathrm{mA})$	$U_1(\mathrm{V})$	$U_2(\mathrm{V})$	$U_{FA}(\mathrm{V})$	$U_{AB}(\mathrm{V})$	$U_{AD}(\mathrm{V})$	$U_{CD}(\mathrm{V})$	$U_{DE}(\mathrm{V})$
计算值										
测量值										
相对误差										

（2）实验中,若用指针式万用表直流毫安挡测各支路电流,在什么情况下可能出现指针反偏,应如何处理? 在记录数据时应注意什么? 若用直流电流表进行测量时,则会有什么显示呢?

【实验报告】

（1）根据实验数据,选定节点 A,验证 KCL 的正确性。

（2）根据实验数据,选定实验电路中的任一个闭合回路,验证 KVL 的正确性。

实验 3　日光灯电路的连接与功率因数的提高

【实验目的】

（1）了解日光灯的组成和工作原理并掌握其线路的接线方法。

（2）理解掌握提高功率因数的方法及其意义。

（3）学会使用功率表测功率。

【原理说明】

（1）本次实验所用的负载是日光灯,整个实验电路是由灯管、镇流器和启辉器组成,如图 4-2 所示。镇流器是一个铁芯线圈,因此日光灯是一个感性负载,功率因数较低,用并联电容的方法可以提高整个电路的功率因数,其电路如图 4-3 所示。选取适当的电容值使容性电流等于感性的无功电流,从而使整个电路的总电流减小,电路的功率因数将会接近于 1。

屏上功率因数提高后,能使电源容易得到充分利用,还可以降低线路的损耗,从而提高传输效率。

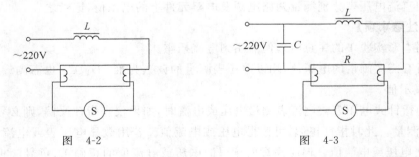

图　4-2　　　　　　　　　　　　　　图　4-3

（2）日光灯的组成及工作原理。日光灯是由灯管、启辉器、镇流器组成的,其工作原理如下：

日光灯管内壁上涂有荧光物质,管内抽成真空,并允许有少量的水银蒸气,管的两端各有一个灯丝串联在电路中,灯管的起辉电压在 400～500V 之间,起辉后管降压约为 110V（40W 日光灯的管压降）,所以日光灯不能直接在 220V 的电压上使用。启辉器相当于一个自动开关,它有两个电极靠得很近,其中一个电极由双金属片制成,使用电源时,两电极之间会产生放电,双金属片电极热膨胀后,使两电极接通,此时灯丝也被通电加热。当两电极接通后,两电极放电现象消失,双金属片因降温后而收缩,使两极分开。在两极断的瞬间镇流器将产生很高的自感电压,该自感电压和电源电压一起加到灯管两端,产生紫外线,从而涂在管壁上的荧光粉发出可见的光。当灯管起辉后,镇流器又起着降压限流的作用。

【实验设备】

实验设备见表 4-5。

表 4-5　实验设备

序号	名　称	型号与规格	数量	备注
1	交流电压表	0～500V	1	屏上
2	交流电流表	0～5A	1	屏上
3	功率表		1	自备
4	可调交流电源		1	屏上
5	镇流器、启辉器	与 30W 灯管配用	各1	DDZ-13
6	日光灯灯管	30W	1	屏上
7	电容器	$1\mu F$、$2.2\mu F$、$4.7\mu F/500V$	各1	DDZ-13
8	白炽灯及灯座	220V、25W	1～3	DDZ-14
9	电流插座		3	屏上

【实验步骤】

(1) 按图 4-3 接完线,请老师检查后,方可通电实验。

(2) 接通电源,断开电容,记下此时的 P 及 I 值,并用万用表测量 U 值,记入表 4-6 中。

(3) 接通电容,逐渐增大电容分别为 $1\mu F$、$2.2\mu F$、$4.7\mu F$ 时各个电容上的 I 与 P 值,同样用万用表测量不同电容时的 U_R、U_C、U_L。

(4) 作完后,数据交老师检查后,方可整理好实验台,离开实验室。将测量值及计算值记在表 4-6 中。

表 4-6　测量值及计算值

电容值	测 量 数 值						计算值
(μF)	$P(W)$	$\cos\phi$	$U(V)$	$I(A)$	$I_L(A)$	$I_C(A)$	$\cos\phi$
0							
1							
2.2							
4.7							

【实验注意事项】

注意日光灯电路的连接方法。

【预习思考题】

(1) 计算并入及未并入电容时的功率因数,填入表 4-6。

(2) 提高功率因数有何意义?

(3) 电容并入是否愈多愈好,为什么?

【实验报告】

（1）简述电容在改变日光灯电路功率因数中的作用。

（2）心得体会及其他。

实验4 三相鼠笼式异步电动机的使用

【实验目的】

（1）熟悉三相鼠笼式异步电动机的结构和额定值。

（2）学习检验异步电动机绝缘情况的方法。

（3）学习三相异步电动机定子绕组首、末端的判别方法。

（4）掌握三相鼠笼式异步电动机的起动和反转方法。

【原理说明】

1．三相鼠笼式异步电动机的结构

异步电动机是基于电磁原理把交流电能转换为机械能的一种旋转电机，三相鼠笼式异步电动机的基本结构有定子和转子两大部分。定子主要由定子铁芯、三相对称定子绕组和机座等组成，是电动机的静止部分。三相定子绕组一般有六根引出线，出线端装在机座外面的接线盒内，如图4-4所示，根据三相电源电压的不同，三相定子绕组可以接成星形（丫）或三角形（△），然后与三相交流电源相连。转子主要由转子铁芯、转轴、鼠笼式转子绕组、风扇等组成，是电动机的旋转部分。小容量鼠笼式异步电动机的转子绕组大都采用铝浇铸而成，冷却方式一般都采用扇冷式。

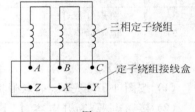

图 4-4

2．三相鼠笼式异步电动机的铭牌

三相鼠笼式异步电动机的额定值标记在电动机的铭牌上，如表4-7所示为本实验装置三相鼠笼式异步电动机铭牌。

表4-7 三相鼠笼式异步电动机的铭牌

型号	电压	接法	转速	功率	电流	频率	绝缘等级
WDJ26	380V	△	1430r/min	40W	0.35A	50Hz	E

其中：

（1）功率 额定运行情况下，电动机轴上输出的机械功率。

（2）电压 额定运行情况下，定子三相绕组应加的电源线电压值。

（3）接法 定子三相绕组接法，当额定电压为380V时，应为△接法。

（4）电流 额定运行情况下，当电动机输出额定功率时，定子电路的线电流值。

3．三相鼠笼式异步电动机的检查

（1）机械检查。检查引出线是否齐全、牢靠，转子转动是否灵活、匀称、有否异常声响等。

（2）电气检查。包括用兆欧表检查电机绕组间及绕组与机壳之间的绝缘性能和定子绕组首、末端的判断。

　　电动机的绝缘电阻可以用兆欧表进行测量,对额定电压 1kV 以下的电动机,其绝缘电阻值最低不得小于 $1000\Omega/V$,测量方法如图 4-5 所示。一般 500V 以下的中小型电动机最低应具有 $2M\Omega$ 的绝缘电阻。

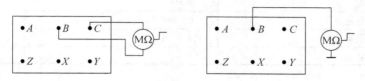

图　4-5

　　异步电动机三相定子绕组的六个出线端有三个首端和三个末端,一般,首端标以 A、B、C,末端标以 X、Y、Z,在接线时如果没有按照首、末端的标记来接,则当电动机起动时磁势和电流就会不平衡,因而引起绕组发热、振动、有噪音,甚至电动机不能起动而因过热而烧毁。由于某种原因定子绕组六个出线端标记无法辨认,可以通过实验方法来判别其首、末端(即同名端),方法如下:用万用电表欧姆挡从六个出线端确定哪一对引出线是属于同一相的,分别找出三相绕组,并标以符号,如 A、X、B、Y、C、Z。将其中的任意两相绕组串联,如图 4-6 所示。将实验台上控制屏单相自耦调压器手柄置零位,电源开关,调节调压器输出,使在相串联两相绕组出线端施以单相低电压 $U=80\sim100V$,测出第三相绕组的电压,如果测得的电压值有一定读数,表示两相绕组的末端与首端相连,如图 4-6(a)所示。反之,如测得的电压近似为零,则两相绕组的末端与末端(或首端与首端)相连,如图 4-6(b)所示。用同样方法可测出第三相绕组的首、末端。

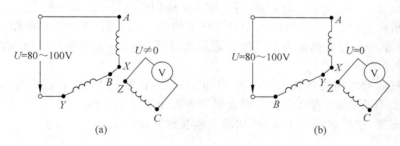

图　4-6

4. 三相鼠笼式异步电动机的起动

　　鼠笼式异步电动机的直接起动电流可达额定电流的 $4\sim7$ 倍,但持续时间很短,不致引起电机过热而烧坏。但对容量较大的电机,过大的起动电流会导致电网电压的下降而影响其他的负载正常运行,通常采用降压起动,最常用的是 $Y-\triangle$ 换接起动,它可使起动电流减小到直接起动的 $1/3$。其使用的条件是正常运行必须作 $\triangle$ 接法。

5. 三相鼠笼式异步电动机的反转

　　异步电动机的旋转方向取决于三相电源接入定子绕组时的相序,故只要改变三相电源与定子绕组连接的相序即可使电动机改变旋转方向。

　　【实验设备】

　　实验设备见表 4-8。

表 4-8　实验设备

序号	名　　　称	型号与规格	数量	备注
1	三相交流电源	380V、220V	1	屏上
2	三相鼠笼式异步电动机	WDJ26	1	
3	兆欧表	500V	1	自备
4	交流电压表	0～500V	1	屏上
5	交流电流表	0～5A	1	屏上
6	万用电表		1	自备

【实验内容】

(1) 抄录三相鼠笼式异步电动机的铭牌数据,并观察其结构。

(2) 用万用电表判别定子绕组的首、末端。

(3) 用兆欧表测量电动机的绝缘电阻,记在下面。

各相绕组之间的绝缘电阻　　　　　绕组对地(机座)之间的绝缘电阻

A 相与 B 相　　　　(MΩ)　　　　A 相与地(机座)　　　(MΩ)

A 相与 C 相　　　　(MΩ)　　　　B 相与地(机座)　　　(MΩ)

B 相与 C 相　　　　(MΩ)　　　　C 相与地(机座)　　　(MΩ)

(4) 鼠笼式异步电动机的直接起动,采用 380V 三相交流电源。

① 按图 4-7 接线,电动机三相定子绕组接成△接法,供电线电压为 380V。按图 4-8 接线,电动机三相定子绕组接成丫接法,供电线电压为 220V。实验线路中 Q1 及 FU 由控制屏上的接触器 KM 和熔断器 FU 代替,学生可由 U、V、W 端子开始接线,以后各控制实验均同此。

② 按控制屏上起动按钮,电动机直接起动,观察起动瞬间电流冲击情况及电动机旋转方向,记录起动电流。当起动运行稳定后,将电流表量程切换至较小量程挡位上,记录空载电流。

③ 电动机稳定运行后,突然拆出 U、V、W 中的任一相电源(注意小心操作,以免触电),观测电动机作单相运行时电流表的读数并记录之,再仔细倾听电机的运行声音有何变化(可由指导教师作示范操作)。

④ 电动机起动之前先断开 U、V、W 中的任一相,作缺相起动,观测电流表读数,记录之,观察电动机有否起动,再仔细倾听电动机有否发出异常的声响。

⑤ 实验完毕,按控制屏停止按钮,切断实验线路三相电源。

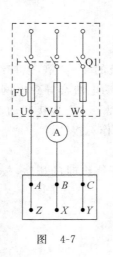

图　4-7

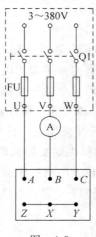

图　4-8

（5）异步电动机的反转。电路如图 4-9 所示，按控制屏启动按钮，起动电动机，观察起动电流及电动机旋转方向是否反转？

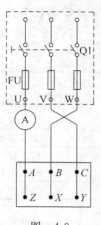

图　4-9

【实验注意事项】

（1）本实验系强电实验，接线前（包括改接线路）、实验后都必须断开实验线路的电源，特别改接线路和拆线时必须遵守"先断电，后拆线"的原则。电机在运转时，电压和转速均很高，切勿触碰导电和转动部分，以免发生人身和设备事故。为了确保安全，学生应穿绝缘鞋进入实验室；接线或改接线路必须经指导教师检查后方可进行实验。

（2）起动电流持续时间很短，且只能在接通电源的瞬间读取电流表指针偏转的最大读数（因指针偏转的惯性，此读数与实际的起动电流数据略有误差），如果错过这一瞬间，须将电机停止，待停稳后，重新起动读取数据。

（3）单相（即缺相）运行时间不能太长，以免过大的电流导致电机的损坏。

【预习思考题】

（1）如何判断异步电动机的六个引出线，如何连接成丫形或△形，又根据什么来确定该电动机作丫接或△接？

（2）缺相是三相电动机运行中的一大故障，在起动或运转时发生缺相，会出现什么现象？有何后果？

（3）电动机转子被卡住不能转动，如果定子绕组接通三相电源将会发生什么后果？

【实验报告】

（1）总结对三相鼠笼机绝缘性能检查的结果，判断该电机是否完好可用？

（2）对三相鼠笼机的起动、反转及各种故障情况进行分析。

实验 5　三相鼠笼式异步电动机正反转控制

【实验目的】

（1）通过对三相鼠笼式异步电动机正反转控制线路的安装接线，掌握由电气原理图接成实际操作电路的方法。

（2）加深对电气控制系统各种保护、自锁、互锁等环节的理解。

（3）学会分析、排除继电器接触器控制线路故障的方法。

【原理说明】

在鼠笼机正反转控制线路中，通过相序的更换来改变电动机的旋转方向。本实验给出两种不同的正、反转控制线路见图 4-10 及图 4-11，具有如下特点：

（1）电气互锁。为了避免接触器 KM1（正转）、KM2（反转）同时得电吸合造成三相电源短路，在 KM1（KM2）线圈支路中串接有 KM1（KM2）动断触头，它们保证了线路工作时 KM1、KM2 不会同时得电（如图 4-10 所示），以达到电气互锁目的。

（2）电气和机械双重互锁。除电气互锁外，可再采用复合按钮 SB1 与 SB2 组成的机械互锁环节（如图 4-11 所示），以求线路工作更加可靠。

【实验设备】

实验设备如表 4-9 所示。

表 4-9　实 验 设 备

序号	名　　称	型号与规格	数量	备注
1	三相交流电源	380V		屏上
2	三相鼠笼式异步电动机	WDJ26	1	
3	交流接触器		2	DDZ-19
4	按　钮		3	DDZ-19
5	交流电压表	0～500V	1	屏上
6	万用电表		1	自备

【实验内容】

认识各电器的结构、图形符号、接线方法,抄录电动机及各电器铭牌数据,并用万用电表 Ω 挡检查各电器线圈、触头是否完好。

鼠笼机接成△接法,实验线路电源端接三相交流电源输出端 U、V、W,供电线电压为 380V。

1. 接触器连锁的正反转控制线路

按图 4-10 接线,经指导教师检查后,方可进行通电操作。

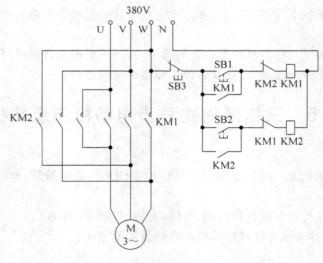

图　4-10

(1) 开启控制屏电源总开关,按启动按钮,接通 380V 三相交流电源。

(2) 按正向起动按钮 SB1,观察并记录电动机的转向和接触器的运行情况。

(3) 按反向起动按钮 SB2,观察并记录电动机和接触器的运行情况。

(4) 按停止按钮 SB3,观察并记录电动机的转向和接触器的运行情况。

(5) 再按 SB2,观察并记录电动机的转向和接触器的运行情况。

(6) 实验完毕,按控制屏停止按钮,切断三相交流电源。

2. 接触器和按钮双重连锁的正反转控制线路

按图 4-11 接线,经指导教师检查后,方可进行通电操作。

(1) 按控制屏起动按钮,接通 380V 三相交流电源。

(2) 按正向起动按钮 SB1,电动机正向起动,观察电动机的转向及接触器的动作情况。按停止按钮 SB3,使电动机停转。

(3) 按反向起动按钮 SB2,电动机反向起动,观察电动机的转向及接触器的动作情况。按停止按钮 SB3,使电动机停转。

(4) 按正向(或反向)起动按钮,电动机起动后,再去按反向(或正向)起动按钮,观察有何情况发生。

(5) 电动机停稳后,同时按正、反向两只起动按钮,观察有何情况发生。

实验完毕,将自耦调压器调回零位,按控制屏"停止"按钮,切断实验线路电源。

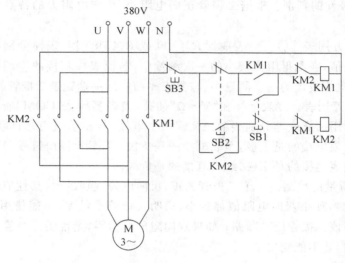

图　4-11

【故障分析】

(1) 接通电源后,按起动按钮(SB1 或 SB2),接触器吸合,但电动机不转,且发出"嗡嗡"声响或电动机能起动,但转速很慢。这种故障来自主回路,大多是一相断线或电源缺相。

(2) 接通电源后,按起动按钮(SB1 或 SB2),若接触器通断频繁,且发出连续的噼啪声或吸合不牢,发出颤动声,此类故障原因可能是:

① 线路接错,将接触器线圈与自身的动断触头串在一条回路上了。

② 自锁触头接触不良,时通时断。

③ 接触器铁芯上的短路环脱落或断裂。

④ 电源电压过低或与接触器线圈电压等级不匹配。

【预习思考题】

在电动机正、反转控制线路中,为什么必须保证两个接触器不能同时工作?采用哪些措施可解决此问题,这些方法有何利弊,最佳方案是什么?

实验 6　二极管、三极管的判别与检测

【实验目的】

(1) 学会用万用表判别晶体二极管和三极管的管脚。

(2) 学会用万用表检测晶体二极管和三极管质量的好坏。

【实验原理】

1. 晶体二极管

(1) 晶体二极管(以下简称二极管)是内部具有一个 PN 结,外部具有两个电极的一种半导体器件。对二极管进行检测,主要是鉴别它的正、负极性及其单向导电性能,通常其正向电阻小为几百欧,反向电阻大为几十千欧至几百千欧。

(2) 二极管极性的判别。根据二极管正向电阻小,反向电阻大的特点可判别二极管的极性。

① 用指针式万用表。将万用表拨到 $R\times100$ 或 $R\times1{\rm k}\Omega$ 挡,表棒分别与二极管的两极相连,测出两个阻值,在测得阻值较小的一次测量中,与黑表棒相接的一端就是二极管的正极。同理在测得阻值较大的一次测量中,与黑表棒相接的一端就是二极管的负极。

② 用数字式万用表。红表笔插在"V·Ω"插孔,黑表笔插在"COM"插孔。将万用表拨到二极管挡测量,用两支表笔分别接触二极管两个电极,若显示值为几百欧,说明管子处于正向导通状态,红表笔接的是正极,黑表笔接的是负极;若显示溢出符号"1",表明管子处于反向截止状态,黑表笔接的是正极,红表笔接的是负极。

(3) 二极管质量的检测。一个二极管的正、反向电阻差别越大,其性能就越好。用上述方法测量二极管时,如果双向电阻值都较小,说明二极管质量差,不能使用;如果双向阻值都为无穷大,说明该二极管已经断路;如果双向阻值均为零,则说明二极管已被击穿。在这三种情况下二极管就不能使用了。

2. 晶体三极管

(1) 晶体三极管的结构可以看成是两个背靠背的 PN 结,如图 4-12 所示。对 NPN 管来说,基极是两个 PN 结的公共阳极,对 PNP 管来说,基极是两个 PN 结的公共阴极。

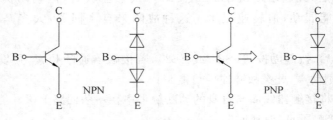

图 4-12　晶体三极管结构示意图

(2) 三极管基极与管型的判别。将指针式万用表拨到 $R\times100$ 或 $R\times1{\rm k}\Omega$ 挡,用黑表棒接触某一管脚,用红表棒分别接触另两个管脚,如果表头读数都很小,则与黑表棒接触的那一管脚是基极,同时可知此三极管为 NPN 型。若用红表棒接触某一管脚,而用黑表棒分别接触另两个管脚,表头读数同样都很小时,则与红表棒接触的那一管脚是基极,同时可知此

三极管为 PNP 型。用上述方法既判定了晶体三极管的基极,又判别了三极管的类型。用数字万用表判别时,极性刚好相反。

(3)三极管发射极和集电极的判别。

方法一:以 NPN 型三极管为例,确定基极后,假定其余的两只脚中的一只是集电极,将黑表棒接到此脚上,红表棒则接到假定的发射极上。用手指把假设的集电极和已测出的基极捏起来(但不要相碰),看表针指示,并记下此阻值的读数。然后再作相反假设,即把原来假设为集电极的脚假设为发射极,作同样的测试并记下此阻值的读数。比较两次读数的大小,若前者阻值较小,说明前者的假设是对的,那么黑表棒接的一只脚是集电极,剩下的一只脚就是发射极了。若需判别是 PNP 型晶体三极管,仍用上述方法,但必须把表棒极性对调一下。

方法二:如图 4-13 所示,在判别出三极管的基极后,再将三极管基极与 100kΩ 电阻串接,电阻另一端与三极管的一极相接,将万用表的黑表笔接三极管与电阻相连的一极,万用表的红表笔接三极管剩下的一极,读取电阻值,再将三极管的两极(C、E 极)对调,再读取一组电阻值,阻值小的那一次与指针式万用表黑表笔相连的极为集电极(NPN)或发射极(PNP)。

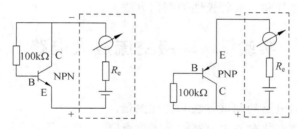

图 4-13 晶体三极管集电极 C、发射极 E 的判别

【实验设备与器件】

实验设备与器件见表 4-10。

表 4-10 实验设备与器件

序号	名 称	型号与规格	数量	备注
1	万用表		1 只	自备
2	二极管	1N4007、1N4148、2DW231	各 1 个	DDZ-21
3	三极管	3DG12、3CG12	各 1 个	DDZ-21
4	电阻	100kΩ	1 个	

【实验内容与步骤】

(1)用万用表测量二极管。用万用表分别测量二极管 1N4007、1N4148 和 2DW231 的正反向电阻,并记录于表 4-11 中。

表 4-11 所测数据表

二极管型号	1N4007	1N4148	2DW231
正向电阻			
反向电阻			

（2）用万用表测量三极管。根据判别三极管极性的方法,按表 4-12 的要求测量 3DG12
与 3CG12。

表 4-12　测量值

三极管型号	3DG12	3CG12
一脚对另两脚电阻都大时阻值		
一脚对另两脚电阻都小时阻值		
基极连 100kΩ 电阻时 C-E 间阻值		
基极连 100kΩ 电阻时 E-C 间阻值		

【实验注意事项】

（1）实验前根据实验要求,选择所需实验挂箱。

（2）放置挂箱时,要按照要求轻拿轻放,以免损坏器件。

（3）实验结束后,要按照要求整理实验台,实验导线和实验挂箱要放到指定位置。

【实验总结】

（1）老师提供给学生 1~2 个未知 E、B、C 极的三极管,由学生来确定它的 E、B、C 极。

（2）总结晶体二极管和三极管极性的判别方法。

实验 7　单级交流放大电路

【实验目的】

（1）掌握单级放大电路的调试方法和特性测量。

（2）观察电路参数变化对放大电路静态工作点,电压放大倍数及输出波形的影响。

（3）学习使用示波器,信号发生器和万用表。

【实验原理】

晶体管单级放大电路是组成各种放大电路的基本单元。其原理图见图 4-14。

放大电路静态工作点和负载电阻是否恰当将影响放大器的增益和输出波形,当 U_{cc} 和 R_c 确定后,调节 R_{b1} 可改变静态工作点。

【实验仪器】

（1）晶体管万用表;

（2）晶体管稳压电源（WYT-30V,2A）;

（3）低频信号发生器;

（4）学生示波器;

（5）YL-98 型通用电工、电子、电控实验台。

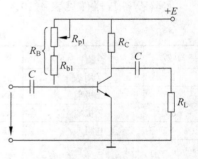

图 4-14　单极交流的放大电路

【实验内容及步骤】

（1）按图 4-14 在实验台上接好实验线路,经指导老师检查同意后,方可接通电源。

（2）测量静态工作点。

① 输入 U_i =5mv, f =1kHz 交流信号,观察输出波形,调 R_{p1} 使输出波形不出现失真。

逐渐增大 U_i，同时调节 R_{p1}，直到同时出现饱和与截止失真为止。此时静态工作点已调好，放大电路处于最大不失真工作状态。

② 撤去交流信号，用万用表测量静态工作点值 U_B、U_C 和 R_B（U_B、U_C 均为对地电位，测 R_B 时要关掉电源，去掉连线）。

（3）观察 R_B 变化对静态工作点，电压放大倍数和输出波形的影响。

① 保持静态工作点不变，输入 $U_i = 5\text{mV}$，$f = 1\text{kHz}$ 交流信号测量输出电压 U_0，计算电压放大倍数 A_v。

② 逐渐减小 R_{p1}，观察输出波形的变化。当 R_{p1} 最小时，测其静态工作点。若输出波形仍不失真，测量 U_0 计算 A_v。

③ 逐渐增大 R_{p1}，重复步骤②。

（4）观察负载电阻 R_L 对电压放大倍数和输出波形的影响。

调节 R_{p1}，使放大器处于最大不失真工作状态。输出 $U_i = 5\text{mV}$，$f = 1\text{kHz}$ 交流信号，接负载电阻 R_L（$27\text{k}\Omega$），观察输出波形，测量 U_0 计算 A_v，并与空载时 A_v 进行比较。

【实验报告】

（1）整理测量数据填入表中。

（2）总结 R_B 和 R_L 变化对静态工作点，电压放大倍数和输出波形的影响。

（3）计算电压放大倍数的估算值，与实测值进行比较，电压放大倍数计算公式

$$A_v = -\frac{\beta R_L'}{r_{be}}$$

$$r_{be} = 300 + (1 + \beta)\frac{26}{I_E}$$

【思考题】

（1）测 R_b 时，不断开与基极的连接行吗？为什么？

（2）为了提高电压放大倍数 A_v，应采取哪些措施？

（3）分析下列各种波形是什么类型的失真，是什么原因造成的，如何消除（见图 4-15）。

图 4-15　三种失真波形

实验 8　整流滤波电路

【实验目的】

（1）掌握单相桥式整流电路的应用。

（2）掌握电容滤波电路的特性。

【实验电路】

实验设备与器件见表 4-13。

表 4-13　实验设备与器件

序号	名　称	型号与规格	数量	备注
1	双踪示波器		1 台	自备
2	低压交流电源		1 路	DDZ-21
3	直流电压表		1 只	实验台
4	电解电容	$470\mu F$	1 只	DDZ-21
5	稳压二极管	1N4735	1 只	DDZ-21
6	二极管	1N4007	4 只	DDZ-21
7	电阻	100Ω、120Ω、240Ω	各 1 只	DDZ-21
8	电位器	$1k\Omega$	1 只	DDZ-12

【实验内容与步骤】

（1）整流电路

① 按图 4-16 连接好实验电路,不加滤波电容,取 $R_L=240\Omega$,将实验台上 AC220V 交流电源用实验连接线和 DDZ-21 上变压器的 220V 输入端相连接,低压交流电源 14V 连到实验电路的输入端。

②打开电源开关,用直流电压表测量 U_L,并与理论计算值相比较。

③ 用示波器分别观察 U_2 和 U_L 的波形。

（2）整流滤波电路

① 按图 4-16 连接好实验电路, 取 $R_L=240\Omega$、$C=470\mu F$,将实验台上低压交流电源 14V 连到实验电路的输入端。

② 打开电源开关,用直流电压表测量 U_L,并与理论计算值相比较。

③ 用示波器分别观察 U_2 和 U_L 的波形。

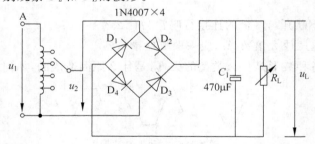

图 4-16　整流滤波电路

【实验总结】

（1）改接电路时,必须切断交流电源。

（2）总结整流、滤波电路的特点。

实验 9　集成运放及其应用

【实验目的】

（1）掌握集成运算放大器正确的使用方法。

（2）熟悉用线性放大器构成运算比例放大器、加法器、减法器、积分器和微分器电路。

【实验电路】

集成运放的几种运算电路见图 4-17,实验设备与器件见表 4-14。

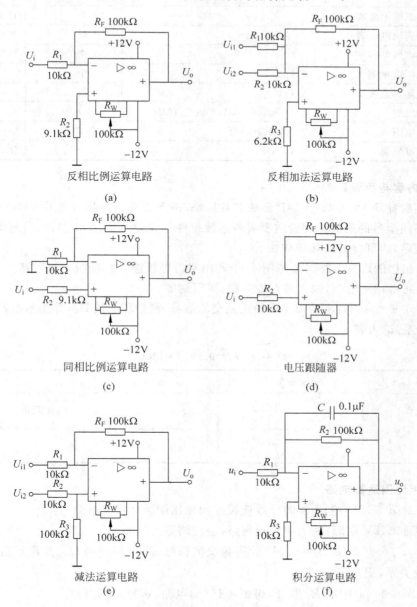

图 4-17　集成运放的几种运算电路

表 4-14　实验设备与器件

序号	名　　称	型号与规格	数量	备注
1	直流稳压电源	＋12V,－12V	各 1 路	实验台
2	可调直流稳压电源	0～30V	两路	实验台
3	函数信号发生器		1 个	实验台
4	频率计		1 个	实验台

续表

序号	名　称	型号与规格	数量	备注
5	双踪示波器		1 台	自备
6	直流电压表		1 只	实验台
7	电解电容	$10\mu F$	1 个	DDZ-21
8	CBB 电容	$1\mu F$	1 个	
9	运算放大器	741	1 块	
10	电阻	$6.2k\Omega$、$9.1k\Omega$、$200k\Omega$、$1M\Omega$	各 1 个	
11	电阻	$10k\Omega$、$100k\Omega$	各 2 个	
12	电位器	$100k\Omega$	1 个	DDZ-12

【实验内容与步骤】

利用实验挂箱 DDZ-22 上 14P 集成芯片插座,按照芯片方向插好芯片 741,学校也可以自己选择不同型号的运放。实验前要看清运放组件各管脚的位置,切忌正、负电源极性接反和输出端短路,否则将会损坏集成块。

(1) 反相比例运算电路。按照图 4-17 利用实验导线连接好反相比例运算实验电路。

(2) 接通 ±12V 电源,输入端对地短路,进行调零。

(3) 输入 $f=100$Hz,$U_i=0.5$V 的正弦交流信号,测量相应的 U_0,并用示波器观察 u_0 和 u_i 的相位关系,记入表 4-15。

表 4-15　$U_i=0.5$V,$f=100$Hz

U_i(V)	U_0(V)	u_i 波形	u_0 波形	A_V	
				实测值	计算值

1. 同相比例运算电路

(1) 按照图 4-17(a)利用实验导线连接好同相比例运算实验电路。

(2) 接通 ±12V 电源,输入端对地短路,进行调零。

(3) 输入 $f=100$Hz,$U_i=0.5$V 的正弦交流信号,测量相应的 U_0,并用示波器观察 u_0 和 u_i 的相位关系,记入表 4-16。

(4) 将图 4-17(a)中的 R_1 断开,得图 4-16(b)电路,重复上面内容。

表 4-16　$U_i=0.5$V,$f=100$Hz

U_i(V)	U_0(V)	u_i 波形	u_0 波形	A_V	
				实测值	计算值

2. 反相加法运算电路

(1) 按照图 4-17 利用实验导线连接好反相加法运算实验电路。

(2) 接通 ±12V 电源,输入端对地短路,进行调零。

(3) 输入信号采用直流信号,用两路 0~30V 直流稳压电源输入。实验时要注意选择合适的直流信号幅度以确保集成运放工作在线性区。用直流电压表测量输入电压 U_{i1}、U_{i2} 及输出电压 U_0,记入表 4-17。

表 4-17　测量值

U_{i1}					
U_{i2}					
U_0					

3. 减法运算电路

(1) 按照图 4-17 利用实验导线连接好减法运算实验电路。

(2) 接通 ±12V 电源,输入端对地短路,进行调零。

(3) 输入信号采用直流信号,用两路 0~30V 直流稳压电源输入。实验时要注意选择合适的直流信号幅度以确保集成运放工作在线性区。用直流电压表测量输入电压 U_{i1}、U_{i2} 及输出电压 U_0,记入表 4-18。

表 4-18　测量值

U_{i1} (V)					
U_{i2} (V)					
U_0 (V)					

4. 积分运算电路

(1) 按照图 4-17 利用实验导线连接好积分运算实验电路。

(2) 接通 ±12V 电源,调零。

(3) 输入 $f=1\mathrm{kHz}$,$U_i=100\mathrm{mV}$ 的方波信号,用双踪示波器观察输入输出波形,并绘制其输入输出波形。

【实验总结】

(1) 整理实验数据,总结集成运算放大器的基本运算电路的特点。

(2) 将理论计算结果和实测数据相比较,分析产生误差的原因。

实验 10　组合逻辑电路的设计与测试

【实验目的】

(1) 掌握组合逻辑电路的设计与测试方法。

(2) 掌握半加器、全加器的工作原理。

【实验电路】

使用中、小规模集成电路来设计组合电路是最常见的逻辑电路。设计组合电路的一般

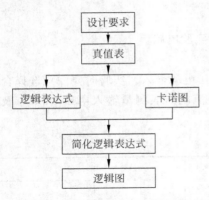

图 4-18　组合逻辑电路设计流程图

步骤如图 4-18 所示。

　　根据设计任务的要求建立输入、输出变量，并列出真值表。然后用逻辑代数或卡诺图化简法求出简化的逻辑表达式。并按实际选用逻辑门的类型修改逻辑表达式。根据简化后的逻辑表达式，画出逻辑图，用标准器件构成逻辑电路。最后，用实验来验证设计的正确性。

　　(1) 组合逻辑电路设计举例

　　用"与非"门设计一个表决电路。当四个输入端中有三个或四个为"1"时，输出端才为"1"。

　　设计步骤：根据题意列出真值表如表 4-19 所示，再填入表 4-20 中。

表 4-19　真值表

D	0	0	0	0	0	0	0	0	1	1	1	1	1	1	1	1
A	0	0	0	0	1	1	1	1	0	0	0	0	1	1	1	1
B	0	0	1	1	0	0	1	1	0	0	1	1	0	0	1	1
C	0	1	0	1	0	1	0	1	0	1	0	1	0	1	0	1
Z	0	0	0	0	0	0	0	1	0	0	0	1	0	1	1	1

表 4-20　功能表

BC ＼ DA	00	01	11	10
00				
01			1	
11		1	1	1
10			1	

　　由卡诺图得出逻辑表达式，并演化成"与非"的形式

$$Z = ABC + BCD + ACD + ABD = \overline{\overline{ABC} \cdot \overline{BCD} \cdot \overline{ACD} \cdot \overline{ABC}}$$

　　根据逻辑表达式画出用"与非门"构成的逻辑电路如图 4-19 所示。

　　用实验验证逻辑功能，在实验装置适当位置选定三个 14P 插座，按照集成块定位标记插好集成块 CC4012。

　　按图 4-19 接线，输入端 A、B、C、D 接至逻辑开关输出插口，输出端 Z 接逻辑电平显示输入插口，按真值表(自拟)要求，逐次改变输入变量，测量相应的输出值，验证逻辑功能，与表 4-18 进行比较，验证所设计的逻辑电路是否符合要求。

　　(2) 半加器与全加器电路

　　半加器与全加器电路分别如图 4-20 和图 4-21 所示，实验设备与器件见表 4-21。

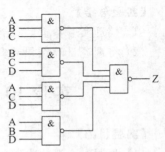

图 4-19　表决电路逻辑图

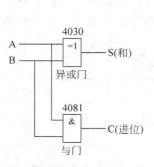

图 4-20 半加器电路

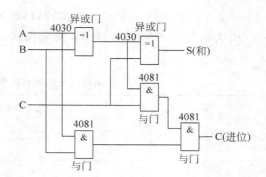

图 4-21 全加器电路

表 4-21 实验设备与器件

序号	名　　称	型号与规格	数量	备注
1	直流稳压电源	+5V	1 路	实验台
2	直流数字电压表		1 只	实验台
3	逻辑电平输出			DDZ-22
4	逻辑电平显示			DDZ-22
5	14P 芯片插座		3 个	DDZ-22
6	集成芯片	CC4012	3 片	
7	集成芯片	CC4030	1 片	
8	集成芯片	CC4081	1 片	

【实验内容与步骤】

（1）半加器电路

① 在实验装置的合适位置选取两个 14P 插座。插入异或门 CC4030 和与门 CC4081，用实验导线按照图 4-20，连接实验电路。

② 输入端 A、B 接至逻辑电平输出插口，输出端 S 和 C 接逻辑电平显示输入插口，按下表要求，逐次改变输入变量 A、B，测量相应的输出值并记录在表 4-22 中，验证逻辑功能。

表 4-22 理论值与实际值

输　入		理论输出		实际输出	
A	B	C(进位)	S(和)	C(进位)	S(和)
0	0				
0	1				
1	0				
1	1				

（2）全加器电路

① 在实验装置的合适位置选取两个 14P 插座。插入异或门 CC4030 和与门 CC4081，用实验导线按照图 4-21，连接实验电路。

② 输入端 A、B、C 接至逻辑电平输出插口,输出端 S 和 C 接逻辑电平显示输入插口,按下表要求,逐次改变输入变量 A、B、C,测量相应的输出值并记录在表 4-23 中,验证逻辑功能。

表 4-23　全加器理论值与实际值

输　　　入			理论输出		实际输出	
A	B	C	C(进位)	S(和)	C(进位)	S(和)
0	0	0				
0	0	1				
0	1	0				
0	1	1				
1	0	0				
1	0	1				
1	1	0				
1	1	1				

【实验总结】

(1) 掌握实验用各集成电路引脚功能。

(2) 列写实验任务的设计过程,画出设计的电路图。

(3) 对所设计的电路进行实验测试,记录测试结果。

实验 11　时序逻辑电路

【实验目的】

(1) 学习用集成触发器构成计数器的方法。

(2) 掌握常用中规模集成电路计数器的使用及功能测试方法。

【实验电路】

四位二进制异步加法计数器(74LS74)原理图如图 4-22 所示,74LS192 引脚排列及逻辑符号如图 4-23 所示,表 4-24 给出了 74LS192 的功能表。

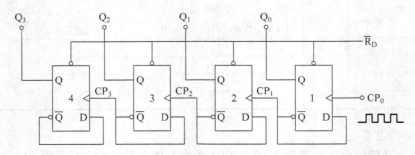

图 4-22　四位二进制异步加法计数器(74LS74)原理图

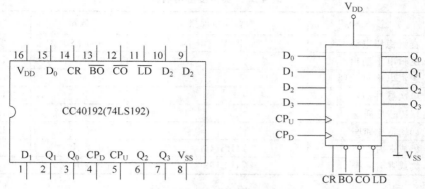

图 4-23　74LS192 引脚排列及逻辑符号

$\overline{LD}$—置数端　CP_U—加计数端　CP_D—减计数端　$\overline{CO}$—非同步进位输出端　$\overline{BO}$—非同步借位输出端

D_0、D_1、D_2、D_3—计数器输入端　Q_0、Q_1、Q_2、Q_3—数据输出端　CR—清除端

表 4-24　74LS192 的功能表

输　入								输　出			
CR	$\overline{LD}$	CP_U	CP_D	D_3	D_2	D_1	D_0	Q_3	Q_2	Q_1	Q_0
1	×	×	×	×	×	×	×	0	0	0	0
0	0	×	×	d	c	b	a	d	c	b	a
0	1	↑	1	×	×	×	×	加计数			
0	1	1	↑	×	×	×	×	减计数			

当清除端 CR 为高电平"1"时,计数器直接清零;CR 置低电平则执行其他功能。

当 CR 为低电平,置数端 $\overline{LD}$ 也为低电平时,数据直接从置数端 D_0、D_1、D_2、D_3 置入计数器。

当 CR 为低电平,$\overline{LD}$ 为高电平时,执行计数功能。

执行加计数时,减计数端 CP_D 接高电平,计数脉冲由 CP_U 输入;在计数脉冲上升沿进行8421 码十进制加法计数。

执行减计数时,加计数端 CP_U 接高电平,计数脉冲由减计数端 CP_D 输入,表 4-25 为 8421码十进制加、减计数器的状态转换表。

实验设备与器件如表 4-26 所示。

表 4-25　　加法计数　→

输入脉冲数		0	1	2	3	4	5	6	7	8	9
输出	Q_3	0	0	0	0	0	0	0	0	1	1
	Q_2	0	0	0	0	1	1	1	1	0	0
	Q_1	0	0	1	1	0	0	1	1	0	0
	Q_0	0	1	0	1	0	1	0	1	0	1

←　　减计数

表 4-26 实验设备与器件

序号	名 称	型号与规格	数量	备注
1	直流稳压电源	+5V	1 路	实验台
2	逻辑电平输出			DDZ-22
3	逻辑电平显示器			DDZ-22
4	单次脉冲源			DDZ-22
5	14P 芯片插座		2 个	DDZ-22
6	16P 芯片插座		1 个	DDZ-22
7	集成芯片	74LS74	2 片	
8	集成芯片	74LS192	1 片	

【实验内容与步骤】

(1) 用 74LS74 D 触发器构成 4 位二进制异步加法计数器

① 在 DDZ-22 上选取两个 14P 插座,按定位标记插好 74LS74 集成块,根据图 4-22 连接实验线路。

② 将实验挂箱上 +5V 直流电源接 74LS74 的 14 脚,地接 7 脚。$\overline{R}_D$ 接至逻辑电平开关输出插口,将低位 CP_0 端接单次脉冲源,输出端 Q_3、Q_2、Q_1、Q_0 接逻辑电平显示输入插口,各 $\overline{S}_D$ 接高电平"1"。

③ 清零后,逐个送入单次脉冲,观察 $Q_3 \sim Q_0$ 状态。

(2) 测试 74LS192 同步十进制可逆计数器的逻辑功能

① 在 DDZ-22 上选取一个 16P 插座,按定位标记插好 74LS192 集成块,根据图 4-23 连接实验线路。

② 将实验挂箱上 +5V 直流电源接 74LS192 的 16 脚,地接 8 脚。计数脉冲由单次脉冲源提供,清除端 CR、置数端 $\overline{LD}$、数据输入端 D_3、D_2、D_1、D_0 分别接逻辑电平开关,输出端 Q_3、Q_2、Q_1、Q_0 接逻辑电平显示输入插口;CO 和 BO 接逻辑电平显示插口。

③ 改变清除端 CR、置数端 $\overline{LD}$、数据输入端 D_3、D_2、D_1、D_0 的逻辑电平,观察 $Q_3 \sim Q_0$ 状态。

【实验总结】

(1) 总结集成触发器构成计数器的方法。

(2) 总结中规模集成电路计数器的使用及功能测试方法。

第 5 章　工程材料及应用

实验 1　金属材料的硬度试验

【实验目的】

（1）了解硬度测定的基本原理及应用范围。

（2）了解布氏、洛氏硬度试验机的主要结构及操作方法。

【概述】

金属的硬度可以认为是金属材料表面在接触应力作用下抵抗塑性变形的一种能力，硬度测量能够给出金属材料软硬程度的数量概念。由于在金属表面以下不同深处材料所承受的应力和所发生的变形程度不同，因而硬度值可以综合地反映压痕附近局部体积内金属的弹性、微量塑变抗力、塑变强化能力以及大量形变抗力。硬度值越高，表明金属抵抗塑性变形能力越大，材料产生塑性变形就越困难。另外，硬度与其他机械性能（如强度指标 σ_b 及塑性指标 φ 和 δ）之间有着一定的内在联系，所以从某种意义上说硬度的大小对于机械零件或工具的使用性能及寿命具有决定性意义。

硬度的试验方法很多，在机械工业中广泛采用压入法来测定硬度，压入法又可分为布氏硬度、洛氏硬度、维氏硬度等。

压入法硬度试验的主要特点是：

（1）试验时应力状态最软（即最大切应力远远大于最大正应力），因而不论是塑性材料还是脆性材料均能发生塑性变形。

（2）金属的硬度与强度指标之间存在如下近似关系

$$\sigma_b = K \cdot HB$$

式中，σ_b 为材料的抗拉强度值；HB 为布氏硬度值；K 为系数，退火状态的碳钢的 $K=0.34\sim0.36$，合金调质钢的 $K=0.33\sim0.35$，有色金属合金的 $K=0.33\sim0.53$。

（3）硬度值对材料的耐磨性、疲劳强度等性能也有定性的参考价值，通常硬度值高，这些性能也就好。在机械零件设计图纸上对机械性能的技术要求，往往只标注硬度值，其原因就在于此。

（4）硬度测定后由于仅在金属表面局部体积内产生很小压痕，并不损坏零件，因而适合成品检验。

（5）设备简单，操作迅速方便。

【布氏硬度（HB）】

1. 布氏硬度试验的基本原理

布氏硬度试验是施加一定大小的载荷 P，将直径为 D 的钢球压入被测金属表面如图 5-1 所示保持一定时间，然后卸除载荷，根据钢球在金属表面上所压出的凹痕面积 $F_凹$ 求

出平均应力值，以此作为硬度值的计量指标，并用符号 HB 表示。其计算公式如下

$$\text{HB} = P/F_凹 \tag{5-1}$$

式中，HB 为布氏硬度值；P 为载荷(kgf)；(1kgf＝9.8N)。

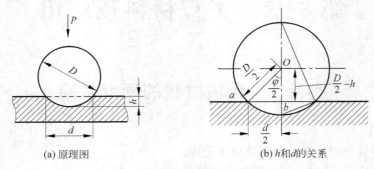

(a) 原理图　　　　　　　　　　　　　(b) h 和 d 的关系

图 5-1　布氏硬度试验原理图

　　根据压痕面积和球面之比等于压痕深度和钢球直径之比的几何关系，可知压痕部分的球面积为

$$F_凹 = \pi D h \tag{5-2}$$

式中，D 为钢球直径(mm)；h 为压痕深度(mm)。

　　由于测量压痕直径 d 要比测定压痕深度 h 容易，故可将式(5-2)中 h 改换成 d 来表示，这可根据图 5-1(b)中△Oab 的关系求出

$$\frac{1}{2}D - h = \sqrt{\left(\frac{D}{2}\right)^2 - \left(\frac{d}{2}\right)^2}$$

$$h = \frac{1}{2}\left(D - \sqrt{D^2 - d^2}\right) \tag{5-3}$$

将式(5-2)和式(5-3)代入式(5-1)即得

$$\text{HB} - \frac{P}{\pi D h} = \frac{2P}{\pi D\left(D - \sqrt{D^2 - d^2}\right)} \tag{5-4}$$

式中只有 d 是变数，故只需测出压痕直径 d，根据已知 D 和 P 值就可计算出 HB 值。在实际测量时，可由测出之压痕直径 d 直接查表得到 HB 值。

　　由于金属材料有硬有软，所测工件有厚有薄，若只采用同一种载荷(如 3000kgf)和钢球直径(如 10mm)时，则对硬的金属适合，而对极软的金属就不适合，会发生整个钢球陷入金属中的现象；若对于厚的工件适合，则对于薄件会出现压透的可能，所以在测定不同材料的布氏硬度值时就要求有不同的载荷 P 和钢球直径 D。为了得到统一的、可以相互进行比较的数值，必须使 P 和 D 之间维持某一比值关系，以保证所得到的压痕形状的几何相似关系，其必要条件就是使压入角 φ 保持不变。

　　根据相似原理由图 5-1(b)中可知 d 和 φ 的关系是

$$\frac{D}{2}\sin\frac{\varphi}{2} = \frac{d}{2} \quad 或 \quad d = D\sin\frac{\varphi}{2} \tag{5-5}$$

以此代入式(5-4)得

$$\text{HB} = \frac{P}{D^2}\left[\frac{2}{\pi\left(1 - \sqrt{1 - \sin^2\frac{\varphi}{2}}\right)}\right] \tag{5-6}$$

式(5-6)说明,当 φ 值为常数时,为使 HB 值相同,$\dfrac{P}{D^2}$ 也应保持为一定值。因此对同一材料而言,不论采用何种大小的载荷和钢球直径,只要能满足 $\dfrac{P}{D^2}=$ 常数,所得的 HB 值是一样的。对不同材料来说,所得的 HB 值也是可以进行比较的。按照 GB 231—63 规定,$\dfrac{P}{D^2}$ 比值有 30、10 和 2.5 三种,具体试验数据和适用范围可参考表 5-1。

2. 布氏硬度测定的技术要求

(1) 试样表面必须平整光洁,以使压痕边缘清晰,保证准确测量压痕直径 d。

(2) 压痕距离试样边缘应大于 D(钢球直径),两压痕之间距离应不小于 D。

(3) 用读数显微镜测量压痕直径 d 时,应从相互垂直的两个方向上进行,取其平均值。

(4) 为了表明试验条件,可在 HB 值后标注 $D/P/T$,如 $\text{HB}_{10/3000/10}$,即表示此硬度值是在 $D=10\text{mm}$,$P=3000\text{kgf}$,$T=10\text{s}$ 的条件下得到的。

表 5-1　布氏硬度试验规范

材料	硬度范围 (HB)	试样厚度 (mm)	$\dfrac{P}{D^2}$	钢球直径 D (mm)	载荷 P (kgf)	载荷保持时间 (s)
黑色金属	140～450	6～3	20	10	2000	10
		4～2		5	750	
		<2		2.5	187.5	
	<140	>6	40	10	1000	10
		6～3		5	250	
		<3		2.5	62.5	
铝合金及镁合金	36～130	>6	10	10	1000	30
		6～3		5	250	
		<3		2.5	62.5	
铝合金及轴承合金	8～35	>6	2.5	10	250	60
		6～3		5	62.5	
		<3		2.5	15.6	

3. 布氏硬度试验机的操作

布氏硬度试验机的操作按该仪器说明书来进行。

【洛氏硬度(HR)】

1. 洛氏硬度试验的基本原理

洛氏硬度同布氏硬度一样也属压入硬度法,但它不是测定压痕面积,而是根据压痕深度来确定硬度值指标,其试验原理如图 5-2 所示。

洛氏硬度试验所用压头有两种:一种是顶角为 $120°$ 的金刚石圆锥,另一种是直径为 $\dfrac{1}{16}''$(1.588mm) 或 $\dfrac{1}{8}''$(3.176mm) 的淬火钢球。根据金属材料软硬程度不一,可选用不同的压头和载荷配合使用,最常

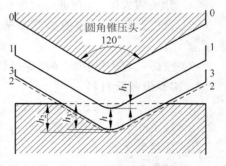

图 5-2　洛氏硬度试验原理图

用的是 HRA、HRB 和 HRC。这三种洛氏硬度的压头、负荷及使用范围列于表 5-2。

表 5-2　洛氏硬度的试验范围

符号	压　　头	负荷(kfg)	硬度值有效范围	使 用 范 围
HBR	120° 金刚石圆锥	60	＞70	适用测量硬质合金、表面淬火层、渗碳层
HRB	$\frac{1}{16}''$钢球	100	25～100 (HB 60～230)	适用测量有色金属、退火及正火钢
HRC	120° 金刚石圆锥	150	20～67 (HB 230～700)	适用测量调质钢、淬火钢

洛氏硬度测定时,需要先后两次施加载荷(预载荷和主载荷),预加载荷的目的是使压头与试样表面接触良好,以保证测量结果准确。图 5-2 中 0-0 位置为未加载荷时的压头位置,1-1 位置为加上 10kgf 预加载荷后的位置,此时压入深度为 h_1,2-2 位置为加上主载荷后的位置,此时压入深度为 h_2,h_2 包括由加载所引起的弹性变形和塑性变形,卸除主载荷后,由于弹性变形恢复而稍提高到 3-3 位置,此时压头的实际压入深度为 h_3。洛氏硬度就是以主载荷所引起的残余压入深度($h=h_3-h_1$)来表示。

但这样直接以压入深度的大小表示硬度,将会出现硬的金属硬度值小,而软的金属硬度值大的现象,这与布氏硬度所标志的硬度值大小的概念相矛盾。为了与习惯上数值越大硬度越高的概念相一致,采用一常数(K)减去(h_3-h_1)的差值表示硬度值。为简便起见又规定每 0.002mm 压入深度作为一个硬度单位(即刻度盘上一小格)。

2. 测定洛氏硬度的技术要求

(1) 根据被测金属材料的硬度高低,按表 5-2 选定压头和载荷。

(2) 试样表面应平整光洁,不得有氧化皮或油污以及明显的加工痕迹。

(3) 试样厚度应不小于压入深度的 10 倍。

(4) 两相邻压痕及压痕离试样边缘的距离均不应小于 3mm。

(5) 加载时力的作用线,必须垂直于试样表面。

3. 洛氏硬度试验机的结构和操作

洛氏硬度试验机的操作按该仪器说明书来进行。

【实验方法指导】

1. 实验内容及步骤

(1) 分成两大组,分别进行布氏和洛氏硬度试验,并相互轮换。

(2) 在进行试验操作前必须事先阅读并弄清布氏和洛氏硬度试验机的结构及注意事项。

(3) 按照规定的操作顺序测定试样的硬度值(HB 和 HRC)。

2. 实验设备及材料

(1) HB-3000 型布氏硬度试验机;

(2) H-100 型洛氏硬度试验机;

(3) 读数放大镜;

(4) 试样为 $\phi20\times10$mm 45 钢和 T12 钢,正火及淬火状态。

3. 注意事项

（1）试样两端要平行，表面应平整，若有油污或氧化皮，可用砂纸打磨，以免影响测试。

（2）圆柱形试样应放在带有"扩"型槽的工作台上操作，以防试样滚动。

（3）加载时应细心操作，以免损坏压头。

（4）加预载荷（10kgf）时若发现阻力太大，应停止加载，立即报告，检查原因。

（5）测完硬度值，卸掉载荷后，必须使压头完全离开试样后再取下试样。

（6）金刚钻压头系贵重物件，质硬而脆，使用时要小心谨慎，严禁与试样或其他物件碰撞。

（7）应根据硬度试验机使用范围，按规定合理选用不同的载荷和压头，超过使用范围将不能获得准确的硬度值。

4. 实验报告要求

（1）简述布氏和洛氏硬度试验原理。

（2）测定 45 钢正火试样的布氏硬度值 HB（预期硬度 HB＞140），并填表 5-3。

表 5-3　布氏硬度实验结果

45 钢正火 $\phi20\times10mm$	钢球直径 D(mm)	载荷 P(kgf)	持续时间(s)	P/D^2
凹痕直径 d				
HB 值				

（3）测定 45 钢和 T12 钢正火及淬火的洛氏硬度值（HRC），并填写表 5-4。

表 5-4　洛氏硬度实验结果

试样材料	热处理	压头	载荷 P(kgf)	硬度值(HRC)
45 钢	正火			
	淬火			
T12 钢	正火			
	淬火			

实验 2　铁碳合金平衡组织分析

【实验目的】

（1）观察和研究铁碳合金在平衡状态下的显微组织。

（2）分析和研究碳的质量分数，在相形成过程中的影响，研究组织组成物的本质和特征。

（3）学会使用金相显微镜。

【概述】

碳素钢和铸铁材料，其显微组织与性能有密切的关系。

1. 碳素钢和白口铸铁的平衡组织

所谓平衡组织是指合金在极为缓慢的冷却条件下所得到的组织，在铁碳合金中，平衡组织是指碳素钢和白口铸铁的显微组织,这些组织在室温时,均由铁素体和渗碳体两相组成。由于碳的质量分数不同,造成铁素体和渗碳体这两个基本相的相对数量,析出条件以及分布情况均不同,呈现各种不同的组织形态。铁碳合金在室温下的显微组织,见表 5-5。

表 5-5　铁碳合金在室温下的显微组织

材料		$w_c(\%)$	显微组织
工业纯铁		<0.0218	F
碳钢	亚共析钢	0.0218~0.77	F+P
	共析钢	0.77	P
	过共析钢	0.77~2.11	$P+Fe_3C_{II}$
白口铸铁	亚共晶白口铸铁	2.11~4.3	$P+Fe_3C_{II}+L$
	共晶白口铸铁	4.3	L_d^I
	过共晶白口铸铁	4.3~6.69	Fe_3C_I+L

2. 各种相组成物和组织组成物特征

(1) 铁素体(F)是碳固溶于 α-Fe 中的固溶体,铁素体是体心立方晶格,有磁性,塑性好,硬度低。工业纯铁经过金相试样制备后,在金相显微镜下观察,可见多边形等轴晶粒。随着钢中碳的质量分数增加,铁素体减少,增加了新的组织(即珠光体 P),铁素体呈块状分布。当碳的质量分数接近共析成分时,铁素体呈断续的网状分布在珠光体周围。

(2) 渗碳体(Fe_3C),是碳与铁形成的化合物,其碳的质量分数为 6.69%,质硬而脆,耐腐蚀。用 4% 的硝酸酒精溶液浸蚀后,渗碳体呈亮白色。渗碳体有多种形态:一次渗碳体 Fe_3C_I 是直接从液相中析出来的,呈宽直白条状;二次渗碳体 Fe_3C_{II}。是由奥氏体(A)中析出的,常呈网状分布在珠光体的边界上。此外,还有球粒状,小条块等形态。渗碳体的硬度高,是硬而脆的相,强度和塑性差。

(3) 珠光体(P),是铁素体和渗碳体的机械混合物,即铁素体片与渗碳体片相互交替排列形成片层状组织。以不同的放大倍数显微镜进行金相观察,结果是:在 400 倍时,为宽白条的铁素体和细黑条的渗碳体,类似人的指纹纹路,见图 5-3 400× 下的珠光体。在高放大倍数时,为平行间的宽条铁素体和窄条渗碳体均为白色,边界为黑色,见图 5-4 2000× 下的珠光体。

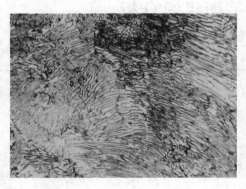

图 5-3　400× 下的珠光体

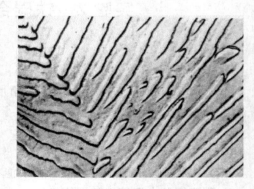

图 5-4　2000× 下的珠光体

（4）莱氏体（L_d'），在室温时是珠光体和渗碳体的机械混合物。渗碳体中包括共晶渗碳体和二次渗碳体，两者相连无界线，无法分辨。金相显微镜观察，莱氏体的组织特征是在亮白色的渗碳体的基体上分布着许多黑色点状或条状的珠光体。莱氏体硬度高，性脆。一般存在于碳的质量分数大于 2.11％的白口铸铁中，高合金钢的铸造组织中也会出现。在亚共晶白口铸铁中，莱氏体基体上分布着黑色树枝状和豆粒状的珠光体。其周围常有一圈白亮的二次渗碳体，但与 L_d' 中的渗碳体混为一体，分辨不清。

在过共晶白口铸铁中，莱氏体基体上，分布着宽直白条的一次渗碳体。

【实验内容及报告】

（1）学会金相显微镜的使用，通过金相显微镜，观察平衡组织试样，研究组织特征。

（2）在直径 36mm 圆内绘制观察到的金相组织图，需用细实线标明组织构成物，注明浸蚀剂，试样材料，放大倍数，见表 5-6。

表 5-6　铁碳合金平衡组织试样

编号	材　　　料	热处理	浸蚀剂
1	工业纯铁		
2	45		
3	T8	退火	
4	T12		4％硝酸酒精溶液
5	亚共晶白口铸铁		
6	共晶白口铸铁	铸态	
7	过共晶白口铸铁		

【注意事项】

（1）金相显微镜是精密光学仪器，操作要认真。

（2）绘图使用铅笔，不要将试样中杂质及划痕画出。

（3）不要触摸试样表面，如有模糊不清试样，请老师重新更换。

实验 3　碳素钢的热处理

【实验目的】

（1）了解碳素钢的基本热处理（退火、正火、淬火及回火）的工艺方法和主要设备。

（2）研究碳的质量分数、加热温度、冷却速度、回火温度对钢性能的影响。

（3）熟悉硬度计的使用。

【热处理工艺】

碳素钢热处理工艺主要有退火、正火、淬火及回火，加热温度、保温时间和冷却速度，是达到热处理良好效果的最重要工艺参数。

1. 加热温度

（1）退火，亚共析钢加热至 $Ac_3 +（30 \sim 50℃）$（完全退火）；共析钢，过共析钢加热至 $Ac_1 +（10 \sim 20℃）$（球化退火），得到粒状渗碳体，硬度降低，以利切削加工。

（2）正火，亚共析钢加热至 $Ac_3 +（30 \sim 50℃）$；过共析钢加热至 $Ac_{ccm} +（30 \sim 50℃）$，即加

热到奥氏体单相区。退火和正火的加热温度范围如图 5-5 所示。

(3) 淬火,亚共析钢加热至 Ac_3＋($30\sim50℃$);共析钢和过共析钢加热至 Ac_1＋($30\sim$ $50℃$),淬火的加热温度范围如图 5-6 所示。

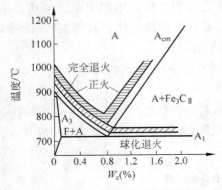

图 5-5　退火和正火的加热温度范围

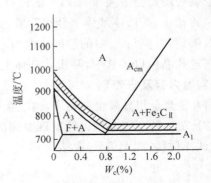

图 5-6　淬火的加热温度范围

钢的成分,原始组织及加热速度等皆影响临界点 Ac_1,Ac_3,$ Accm$ 的位置。热处理前需认真查阅有关的材料手册,按规范操作,否则,得不到预期的组织。若加热温度过高。晶粒容易长大,材料氧化,脱碳和变形而失去效能。几种碳素钢的临界点,见表 5-7。

表 5-7　几种碳素钢的临界点

W_c（%）	临界点℃			淬火温度℃
	Ac_1	Ac_3	$Accm$	
0.2		835＋ΔT		860～880
0.4		800＋ΔT		840～860
0.6	727	750＋ΔT		790～800
0.8		727＋ΔT		780～800
1.0			850＋ΔT	760～800
1.2			895＋ΔT	760～800

注：ΔT 为过热度,取决于加热速度,一般为 $5\sim15℃$。

(4) 回火,碳素钢淬火后需尽快回火,按加热温度的不同,可分为三种:

① 低温回火,加热温度 $150\sim250℃$,目的是得到回火马氏体。降低淬火应力,减少脆性并保持淬火碳素钢的高硬度。用于切削工具、冷作模具、滚动轴承等。

② 中温回火,加热温度 $350\sim500℃$,目的是得到回火托氏体,较多地降低淬火应力,有高的韧性和弹性极限。用于弹簧钢、热作磨具钢等热处理。

③ 高温回火,加热温度 $550\sim650℃$,目的是得到回火索氏体,消除淬火应力。强度、硬度、冲击韧度较好。淬火加上高温回火又称调质,用于要求具有良好综合力学性能的重要零件,如主轴,齿轮等。

2. 保温时间

为了保证工件内外均达到指定的温度,使碳化物溶解和奥氏体成分均匀化,工件升温和保温所需的加热时间要给予保证。保温的加热时间需考虑诸多因素,可参考有关手册数据。

空气介质炉中每毫米碳素钢需 1~1.5min；合金钢则需 2min 左右。利用盐浴炉加热，时间可减半。

3. 冷却速度

热处理时要充分注意不同的冷却方法，具体来说，退火一般采用随炉冷却；正火（又称常化）采用出炉置于空气中冷却，大件则常常还要加吹风。

淬火工艺则较复杂。一方面要求工件冷却大于临界冷却速度，目的是得到全部马氏体组织或下贝氏体组织；另一方面又要求工件减缓冷却速度，避免淬火应力过大，造成开裂和变形。理想的冷却是过冷奥氏体在最不稳定的温度范围内（550~650℃）尽快冷却，迅速渡过危险区域，而在马氏体转变温度（20~300℃）尽量降低冷却速度。淬火时的理想冷却曲线示意图，见图 5-7。

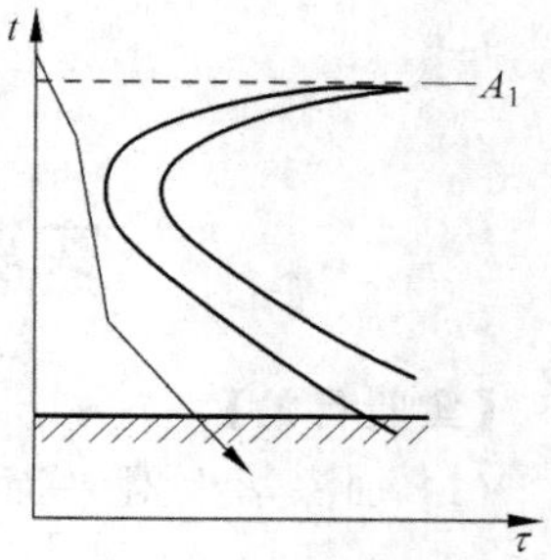

图 5-7　淬火时的理想冷却曲线示意图

【实验要求及报告】

每 6 人一组进行工艺实验，填好表 5-8。

表 5-8　碳素钢淬火＋回火工艺表

材料	45			T12		
淬前组织						
淬前硬度						
淬火温度						
加热时间						
淬火介质						
淬后硬度						
回火温度	200℃	400℃	600℃	200℃	400℃	600℃
保温时间						
回火后硬度						

第6章　机械基础实验

实验1　机构运动创新设计方案

【实验目的】

(1) 加深学生对平面机构的组成原理、结构组成的认识，了解平面机构组成及运动特点。

(2) 培养学生的机构综合设计能力、创新能力和实践动手能力。

【实验设备及工具】

(1) CQJP 机构运动穿心设计方案试验台。

(2) 齿轮、齿条、槽轮、主动轴、从动轴、铰链、连杆、链轮等。

【实验原理】

(1) 原理：任何平面机构都是由若干个基本杆组依次连接到原动件和机架上而构成的。

(2) 试验方法与步骤：

① 掌握平面机构组成原理。

② 熟悉本实验中的实验设备、各零部件功用和安装、拆卸工具。

③ 自拟平面机构运动方案，形成拼接实验内容。

④ 将自拟的平面机构运动方案正确拆分成基本杆组。

⑤ 正确拼接各基本杆组。

⑥ 将基本杆组按运动传递规律顺序连接到运动件和机架上。

【实验内容】

(1) 杆组的概念：自由度为零的构件组。

(2) 杆组的正确拆分：正确计算机构的自由度，从远离原动件的构件开始拆杆组，确定机构的级别。

(3) 可供拆分和组合实验的机构有内燃机机构、精压机机构、牛头刨床机构、凸轮连杆机构、凸轮五杆机构、筛料机构、插床机构、冲压机构等。

(4) 学生可由实验台架和各种零件自行创意设计各种机构。

【思考题】

(1) 机构的组成原理是什么？何为基本杆组？

(2) 将你所拆分的基本杆组，按照不同的拆分方式，可能组成的机构运动方案有哪些？画运动简图表示出来。

实验 2　PDC-B 智能型带传动

【概述】

带传动实验是高等院校机械（机电）类专业机械设计（机械设计基础）课程要求开设的一种实验，通过实验可以加深学生对带传动工作特性的认识，提高机械设计能力。

带传动用来传递运动和动力，它由固联于主动轴上的主动带轮、固联于从动轴上的从动带轮和紧套在两轮上的传动带所组成。当原动机驱动主动轮转动时，由于带和带轮间摩擦力的作用，便拖动从动轮一起转动，并传递一定的动力。

靠摩擦力传递动力或运动的摩擦型带传动（如平带、V 带等），由于中间元件传动带所具有的挠性，使带传动在工作中产生紧边拉力与松边拉力。由于紧边和松边的拉力不同，造成带的紧边和松边的拉伸变形不同，因而不可避免地会产生带的弹性滑动。由于弹性滑动的影响，从动轮的圆周速度低于主动轮的圆周速度。我们把传动速度降低的程度用滑动率来反映。滑动率的值与发生弹性滑动的强弱有关，也就是与工作载荷要求的有效圆周力有关。当工作载荷要求的有效圆周力超过带与带轮间的摩擦力极限值时，带开始在轮面上打滑，滑动率值急剧上升，带传动失效。

了解带传动的失效和传动效率，是带传动设计与使用的基础。

本实验台在满足教学要求的前提下，以最美观的外形设计，简单的实验操作，形象地获得滑动摩擦曲线及传动效率曲线。实验台由于采用直流电机作原动机和发电机，容易实现无级调速，可在任意条件下进行实验。实验台配置了单片机微机检测系统，有专门的测试软件，因此，实验台具有数据采集、数据处理、显示、保存、记忆等多种人工智能，并可与 PC 对接，可自动显示输出实验数据及实验曲线。实验台外形如图 6-1 所示。

图 6-1　PDC-B 智能型皮带传动实验台

【实验台功能与特性】

（1）PDC-B 智能型带传动实验台可以完成以下实验内容

① 皮带传动滑动曲线和效率曲线的测量绘制以及打滑对传动效率的影响；

② 皮带传动运动模拟：该实验装置配置的计算机软件，通过数模计算作出带传动运动

模拟,可清楚地观察皮带传动的弹性滑动和打滑现象;

③ 皮带在传动过程中的受力分析。

(2) PDC-B 智能型带传动实验台的性能特点

① 装有液压和气压加载皮带预紧装置,预紧力读数准确;

② 采用传感器和 A/D 采集并转换成主动带轮和从动带轮的驱动力矩和阻力矩数据,采用角位移传感器和 A/D 板采集并转换成主、从动带轮的转数,最后输入计算机进行处理作出滑动曲线和效率曲线;

③ 可通过计算机测试分析软件进行皮带传动的运动模拟,可观察弹性滑动及打滑现象;

④ 可对皮带进行受力分析;

⑤ 可更换不同直径的平皮带轮和三角带轮,做不同带传动的实验;

⑥ 计算机测试分析软件功能强大,可自动或人机结合进行测试分析、理论仿真、保存数据和提交实验报告。

【实验目的】

(1) 了解 PDC-B 带传动实验台的基本结构与设计原理;

(2) 观察带传动中的弹性滑动与打滑现象;

(3) 了解带传动在不同初拉力、不同转速下的负载与滑差率、负载与传动效率之间的关系;绘制滑动率曲线及效率曲线;

(4) 掌握应用计算机测试分析软件进行皮带传动的运动模拟与受力分析方法。

【实验原理】

带传动是一种应用广泛的机械传动,它是利用传动带作挠性拉拽元件的一种摩擦传动,特点是运转平稳,噪声小,并有吸振、缓冲作用,在过载时带与带轮之间会发生打滑而不致损坏其他零件,起到过载保护作用。

1. 带传动的弹性滑动、打滑与传动比

带属弹性体,受力后会发生弹性变形,且变形量随所受力的大小而变化。当工作时,由于紧边拉力 F_1 大于松边拉力 F_2,使带在紧边产生的弹性伸长量大于松边的弹性伸长量。如图 6-2 所示,当带由紧边 a 点进入主动轮 1 时,带速 v 与带轮 1 的圆周速度 v_1 随传动的进行,在带与带轮的接触点由轮 1 上的 a 点向 b 点运动过程中,带所承受的拉力由紧边拉力 F_1 逐渐降至松边拉力 F_2,带的弹性伸长量也随之减小,从而使带速 v 滞后于主动带轮圆周速度 v_1,造成带沿主动轮 1 表面产生微小滞后滑动。同理,带通过从动带轮 2 上的 c 点向 d 点运动过程中,也会出现带在轮 2 表面产生微小滑动现象,带所受的拉力由松边拉力 F_2 逐

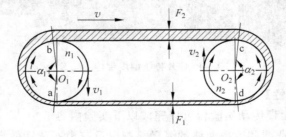

图 6-2　带传动弹性滑动原理图

渐增至紧边拉力 F_1，带的弹性伸长量逐渐增大，带速 v 超前于从动带轮圆周速度 v_2。这种由于带的弹性和拉力变化而引起的带在带轮表面滑动的现象，称弹性滑动。

弹性滑动是摩擦型带传动不可避免的一种现象，它会加剧带的磨损，降低带的使用寿命，并使从动带轮速度降低，影响带传动的传动比。弹性滑动对传动比的影响程度，用滑动率 ε 表示

$$\varepsilon = \frac{v_1 - v_2}{v_1} = \frac{\pi d_1 n_1 - \pi d_2 n_2}{\pi d_1 n_1}$$

由此得带传动传动比 τ 和从动带轮转速 n_2 分别为

$$\tau = \frac{n_1}{n_2} = \frac{d_2}{d_1(1-\varepsilon)}$$

$$n_2 = \frac{d_1}{d_2}(1-\varepsilon)n_1$$

式中，n_1、n_2 分别是主、从动带轮转速，r/min；v_1、v_2 分别是主、从动带轮圆周速度，m/s；d_1、d_2 分别是主、从动带轮基准尺寸，mm；滑差率 ε 随带所受载荷大小而变化，故带传动的传动比不能保持恒定。

带传动工作时，当载荷大到使弹性滑动扩大到整个带与轮的接触弧、主动轮转而从动轮不转（或主动轮与从动轮转速相差很大）时，造成效率急剧下降，轮与带的工作面急剧磨损，带的工作面由于摩擦而使温度升高，这种现象称为打滑。

2. 带传动的效率

带传动的效率 η 可用下式表示

$$\eta = \frac{T_o \times n_o}{T_i \times n_i} \times 100\%$$

式中 T_o、T_i 分别为输出、输入转矩，N·m；n_o、n_i 分别为输出、输入转速，r/min。

【实验台操作步骤】

（1）实验前，是否水平放好，检查各电器线路是否不影响实验；

（2）检查张力油缸是否能满足实验需要，适当应加入一定量的空气，其操作方法如下：

将气筒对准油缸进气管，如图 6-3 所示；逆时针拧松截止阀，如图 6-4 所示，打入适当的空气即可。

图　6-3

（3）用手轻轻推动发电机，检查滑板是否灵活；

（4）连接数据线与电源线，打开总电源，将控制面板调速器调到最低速，按下"电机总停"按钮，然后慢慢地将调速器的速度调到 1200r/min 左右；

（5）当转速达到实验所需转速（控制面板窗口显示 1200r/min）时，加载张力油缸，使皮带预紧，当加载到 30N 左右时即可，如图 6-4、图 6-5 所示。

图　6-4　　　　　　　　　　　　　　　　　　　图　6-5

（6）开启计算机，单击"皮带测试"进入宇航界面，单击"左键"进入皮带测试界面。

（7）单击"开始实验"，再单击"空载清零"，待皮带转速平稳后，在皮带传动实验界面上单击"稳定测试"，对带传动的主动轮、从动轮的转速以及主动轮、从动轮的转矩，进行第一个工况的数据采集和处理，并在皮带传动实验界面的虚拟仪表上显示。

（8）在实验台的操作面板上按动加载按钮 1～2 次，待皮带转速平稳后，在皮带传动实验界面上再次单击"稳定测试"，进行第二个工况的数据采集和处理。如此类推，直至皮带打滑。

（9）在皮带传动实验界面上单击"实测曲线"，在皮带传动实验界面上作出带传动的实测滑差-效率曲线图。

（10）若实验结果不够理想，在皮带传动实验界面上单击"重做实验"，清零，即可从第（3）步开始重做一次实验。

（11）在皮带传动实验界面上单击"运动模拟"，作出带传动运动模拟，可清楚观察皮带传动的弹性滑动和打滑现象。单击"受力分析"对实验结果进行分析。

（12）如果实验结束，单击"数据保存"并打印测试结果，单击"退出"按钮，返回 Windows 界面。

【整理数据并编写实验报告】

【注意事项】

（1）实验时必须注意安全。女生必须戴帽，将长发盘于帽中。操作者必须紧扣衣袖扣；工件在旋转过程中，不许用手触摸旋转部位。

（2）预紧装置预紧时，预紧力不得超过 10N，否则油缸活塞不回位。当活塞不回位时，需要在预紧装置单向节流阀处注入空气（用注射筒注射）。

【思考题】

（1）带传动效率与哪些因素有关？为什么？

（2）带传动中弹性滑动与打滑有何区别？它们对于带传动各有什么影响？

（3）试解释实验所得的效率和滑差曲线。

实验 3　机械传动方案设计及性能测试分析

【实验目的】

通过测试常见机械传动装置（如带传动、链传动、齿轮传动、蜗杆传动等）在传递运动与动力过程中的参数曲线（速度曲线、转矩曲线、传动比曲线、功率曲线及效率曲线等），加深对常见机械传动性能的认识和理解。

（1）通过测试由常见机械传动组成的不同传动系统的参数曲线，掌握机械传动合理布置的基本要求；

（2）通过实验认识智能化机械传动性能综合测试实验台的工作原理，掌握计算机辅助实验的新方法，培养进行设计性实验与创新性实验的能力。

【实验设备简介】

本实验在"机械传动性能综合测试实验台"上进行。本实验台采用模块化结构，由不同种类的机械传动装置、联轴器、变频电机、加载装置和工控机等模块组成，学生可以根据选择或设计的实验类型、方案和内容，自己动手进行传动连接、安装调试和测试，进行设计性实验、综合性实验或创新性实验。

机械传动性能综合测试实验台的工作原理如图 6-6 所示。

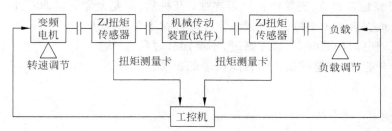

图 6-6　机械传动性能综合测试实验台的工作原理

【实验原理】

运用"机械传动性能综合测试实验台"能完成多类实验项目，教师可根据专业特点和实验教学改革需要指定，也可以让学生自主选择或设计实验类型与实验内容。

实验利用实验台的自动控制测试技术，能自动测试出机械传动的性能参数，如转速 n（r/min）、扭矩 M（N・m）、功率 N（kW）。并按照以下关系自动绘制参数曲线

传动比：$i = \dfrac{n_1}{n_2}$ 扭矩：$M = 9550\dfrac{N}{n}$（Nm）

传动效率：$\eta = \dfrac{N_2}{N_1} = \dfrac{M_1 n_1}{M_2 n_2}$

根据参数曲线可以对被测机械传动装置或传动系统的传动图。

【实验步骤】

参考图 6-7 所示实验步骤，用鼠标和键盘进行实验操作。

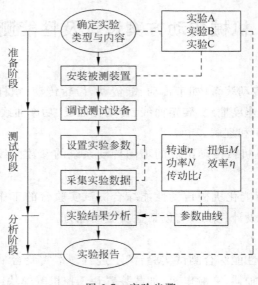

图 6-7　实验步骤

【注意事项】

（1）坚持安全第一的原则。装配机械零部件时一定要戴棉纱手套；开机运行前要仔细检查各部件安装是否到位、连接螺栓是否拧紧；开机后，不要太靠近运动零件。

（2）专人负责启动关闭按钮，遇紧急情况立即按下关闭按钮。

（3）用可调电源加载时，要循序渐进，不要加载过猛、过大。

（4）为安全起见，链轮链条传动只能用于低速端。

第二篇　机械工程实验

第7章 液压与气压传动实验

实验1 液压泵性能

【实验内容】

测试液压泵的下列特性：

（1）液压泵的压力脉动值；

（2）液压泵的流量-压力特性；

（3）液压泵的容积效率-压力特性；

（4）液压泵的总效率-压力特性。

【实验目的及要求】

深入理解定量叶片泵的静态特性，着重测试液压泵静态特性。分析液压泵的性能曲线，了解液压泵的工作特性。通过实验，学会小功率液压泵性能的测试方法和测试用实验仪器和设备。

【实验装置】

CQYZ-M/B2 实用液压传动测试综合实验台。

【实验方法】

液压泵把原动机输入机械能（T,n）转化为液压能（p,q_v）输出，送给液压执行机构。由于泵内存在泄漏（用容积效率 η_v 表示），摩擦损失（用机械效率 η_m 表示）和液压损失（此项损失较小，通常忽略），所以泵的输出功率必定小于输入功率，总效率为：$\eta = \eta_v \eta_m$；要直接测定 η_m 比较困难，一般测出 η_v 和 η，然后算出 η_m。

图 7-1 液压实验台为测试液压泵的液压系统原理图，图中测试液压泵进油口装有线隙式滤油器，出油口并联有溢流阀和压力表 P_6。液压泵输出的油液经节流阀和椭圆齿轮流量计流回油箱，用节流阀对液压泵加载。

1. 液压泵的压力脉动值

把液压泵的压力调到额定压力，观察记录其脉动值，看是否超过规定值，测时压力表 P_6 不能加接阻尼器。

2. 液压泵的流量-压力特性（q_v-p）

通过测定液压泵在不同工作压力下的实际流量，得出它的流量-压力特性曲线 $q_v = f(p)$。调

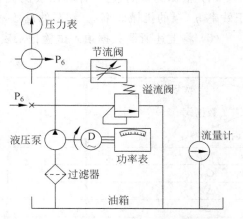

图 7-1　液压泵的特性实验液压系统原理图

节节流阀即得到液压泵的不同压力，可通过 P_6 观测，不同压力下的流量用流量计和秒表确定。

压力调节范围从零开始(此时对应的流量为空载流量)到被试泵额定压力的 1.1 倍为宜。

3. 液压泵的容积效率-压力特性(η_v-pp)

$$容积效率 = 满载排量(公称转速下) / 空载排量(公称转速下)$$
$$= 满载流量 \times 空载转速 / (空载流量 \times 满载转速)$$

若电动机的转速在液压泵处于额定工作压力及零压时基本上相等(则 $n_{额} = n_{空}$),则

$$\eta_v = q_v / q_{vt}$$

式中,q_v 为泵的额定流量(L/min);q_{vt} 为泵的理论流量(L/min)。

在实际生产中,泵的理论流量一般不用液压泵设计时的几何参数和运动参数计算,通常以空载流量代替理论流量。本实验中应在节流阀的通流截面积为最大的情况下测出泵的空载流量。

4. 液压泵总效率-压力特性(η-p)

$$\eta = P_o / P_i \quad 或 \quad P_o = P_i \cdot \eta = P_i \times \eta_v \times \eta_m$$

液压泵的输入功率 P_i

$$P_i = T \times n / 974 (\text{kW})$$

式中,T 为泵在额定压力下的输入转矩(kgf·m);n 为泵在额定压力下的转速(r/min)。

液压泵的输出功率 P_o

$$P_o = p \times q_v / 612 (\text{kW})$$

式中,p 为泵在额定压力下的输出压力(kgf/cm²);q_v 为泵在额定压力下的流量(L/min)。液压泵的总效率可用下式表示

$$\eta = P_o / P_i = 1.59 \times p \times q_v / (T \times n)$$

【实验步骤】

(1) 将卸荷阀的转阀,旋至 B 口,按回路图连接回路。

(2) 全开溢流阀,启动泵,关闭节流阀,将泵调整压力至额定压力(7MPa)。

(3) 接通 YA1 电磁换向阀,调节节流阀,开口逐渐大或开口逐渐小,观察并记录压力表 P_6 的压力读数,并且对应压力下的体积变化量(ΔV),时间量(Δt),电机的输入功率 $P_{电}$。

(4) 根据测得的数据,计算出实测流量 q,泵的输入功率 N_i,泵的输出功率 N_t,泵的容积效率 η_v,泵的机械效率 η_m 和泵的总效率 $\eta_总$。

(5) 将上述所测数据填入试验记录表 7-1。

表 7-1　试验记录表

数据内容 \ 次数	1	2	3	4	5	6
$P_泵$						
$Q_空$						
ΔV						
Δt						
q						
N_t						

续表

数据 内容 ＼次数	1	2	3	4	5	6
$N_电$						
N_i						
η_V						
η_m						
$\eta_总$						

【实验记录与要求】

(1) 填写液压泵技术性能指标；

(2) 填写试验记录表；

(3) 绘制液压泵工作特性曲线：用坐标纸绘制 q_v-p，η_v-p，η-p 三条曲线；

(4) 分析实验结果。

【思考题】

(1) 液压泵的工作压力大于额定压力时能否使用？为什么？

(2) 从 η-p 曲线中得到什么启发？（从泵的合理使用方面考虑）。

(3) 在液压泵特性实验液压系统中，溢流阀起什么作用？

(4) 节流阀为什么能够对被试泵加载？

实验 2　液压泵和液压马达拆装

【实验目的】

液压元件是液压系统的重要组成部分，通过对液压泵和液压马达的拆装，可加深对泵和马达结构及工作原理的了解。

【实验内容】

拆装：齿轮泵、单作用变量叶片泵、叶片马达。

【实验用工具及装置】

内六角扳手、固定扳手、螺丝刀、相关液压泵、液压马达。

【实验要求】

(1) 通过拆装，掌握液压泵和马达内每个零部件构造，了解其加工工艺要求。

(2) 分析影响液压泵和马达正常工作及容积效率的因素，了解易产生故障的部件并分析其原因。

(3) 如何解决液压泵的困油问题，从结构上加以分析。

(4) 通过实物分析液压泵的工作三要素（三个必需的条件）。

(5) 了解如何认识液压泵和马达的铭牌、型号等内容。

(6) 掌握液压泵和马达的职能符号（定量、动量、单向、双向）及选型要求等。

(7) 掌握拆装油泵和马达的方法和拆装要点。

【实验报告内容】

（1）在齿轮油泵、单作用叶片泵（变量）、叶片马达中选一种，画出工作原理简图，说明其主要结构组成及工作原理；

（2）叙述拆装的循序；

（3）拆装中主要使用的工具；

（4）拆装过程的感受。

【液压泵和马达结构】

（1）定量泵型号：CB-B 型齿轮泵，结构图见图 7-2 拆卸步骤：

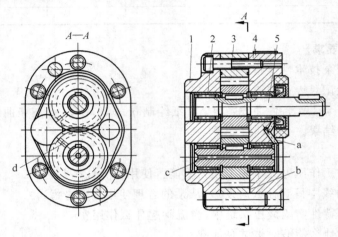

图 7-2   齿轮泵结构

① 松开 6 个紧固螺钉，分开端盖 1 和 4；从泵体 3 中取出主动齿轮及轴、从动齿轮及轴；

② 分解端盖与轴承、齿轮与轴、端盖与油封。此步可不做。

装配顺序与拆卸相反。

主要零件分析：

① 泵体 3   泵体的两端面开有封油槽，此槽与吸油口相通，用来防止泵内油液从泵体与泵盖接合面外泄，泵体与齿顶圆的径向间隙为 0.13～0.16mm。

② 端盖 1 与 4   前后端盖内侧开有卸荷槽（见图中虚线所示），用来消除困油。端盖 1 上吸油口大，压油口小，用来减小作用在轴和轴承上的径向不平衡力。

③ 齿轮 2   两个齿轮的齿数和模数都相等，齿轮与端盖间轴向间隙为 0.03～0.04mm，轴向间隙不可以调节。

（2）变量泵型号：YBN 型单作用变量叶片泵，结构图见图 7-3。

拆卸步骤：

① 松开固定螺钉，拆下弹簧压盖，取出弹簧 4 及弹簧座 5；

② 松开固定螺钉，拆下滑块压盖，取出支撑滑块等；

③ 松开固定螺钉，拆下传动轴左右端盖，取出定子、转子传动轴组件和配流盘；

④ 分解以上各部件。

拆卸后清洗、检验、分析，装配与拆卸顺序相反。

主要零件分析：

① 定子和转子   定子的内表面和转子的外表面是圆柱面，转子中心固定，定子中心可

以左右移动,定子径向开有 13 条槽可以安置叶片。

② 叶片　该泵共有 13 个叶片,流量脉动较偶数小,叶片后倾角为 240°,有利于叶片在惯性力的作用下向外伸出。

③ 配流盘　如图 7-3 所示,配流盘上有四个圆弧槽,其中一个为压油窗口 a,另为吸油窗口 c,其他两个 b、d 是通叶片底部的油槽。a 与 b 接通,c 与 d 接通。这样可以保证压油腔一侧的叶片底部油槽和压油腔相通,吸油腔一侧的叶片底部油槽与吸油腔相通,保持叶片的底部和顶部所受的液压力是平衡的。

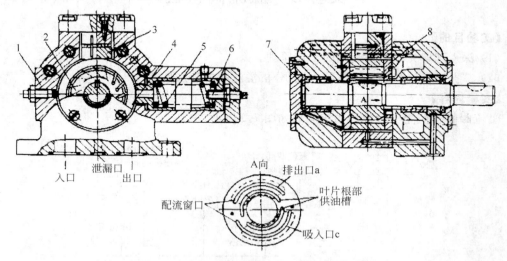

图 7-3　YBN 型内反馈限压式变量叶片泵结构图

1—流量调节螺栓　2—转子、叶片　3—支承滑块　4—定子　5—调压弹簧　6—压力调节螺栓　7—轴　8—配流盘

④ 滑块　支撑滑块 3 用来支持定子,并承受压力油对定子的作用力。

⑤ 压力调节装置　压力调节装置由调压弹簧 5、调压螺钉 6 和弹簧座组成,调节弹簧的预压缩量,可以改变泵的限定压力。

⑥ 最大流量调节装置　调节左侧螺钉可以改变定子 4 的原始位置,也改变了定子与转子的原始偏心量,从而改变泵的最大流量。

⑦ 压力反馈装置　泵的出口压力作用在活塞上,活塞对定子产生反馈力。

(3) 液压马达型号:YM 型叶片式液压马达,结构图见图 7-4。

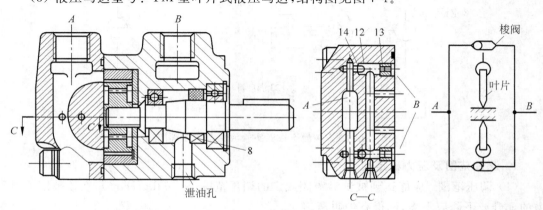

图 7-4　叶片式液压马达结构

【思考题】

（1）齿轮泵的卸荷槽的作用是什么？

（2）液压泵的密封工作区是指哪一部分？

（3）单作用变量叶片泵如何实现变量？

（4）叶片式液压马达结构与叶片泵有哪些不同之处？

实验 3　溢流阀特性

【实验目的】

（1）深入理解先导式溢流阀的工作原理。

（2）掌握溢流阀静态性能实验方法，分析溢流阀的静态性能。

【实验内容】

溢流阀静态性能实验液压系统原理如图 7-5 所示。

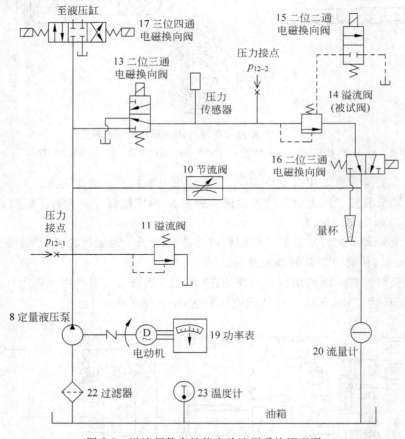

图 7-5　溢流阀静态性能实验液压系统原理图

1. 测试范围及压力稳定性

（1）调压范围：应能达到被试溢流阀规定的调压范围（5～63kgf/cm²），在该范围内，压力的上升或下降应平稳，不得有尖叫声。

（2）压力振摆值：是表示调至稳定的主要指标，应不超过规定值（±2kgf/cm²）。

（3）压力偏移值：指调压范围最高值时，一分钟内应不超过规定值（±2kgf/cm²）。

2. 卸荷压力及压力损失

（1）卸荷压力：被试阀远程控制口通过电磁换向阀 16，与油箱接通，阀即处于卸荷状态，这是该阀通过实验流量下的压力损失，称为卸荷压力。卸荷压力应不超过规定值（2kgf/cm²）。

（2）压力损失：被试阀的调压手轮至全开位置，在试验流量下被试阀的进出口压力差即为压力损失，其值应不超过规定值（2kgf/cm²）。

3. 起闭特性

（1）开启压力：被试阀调至调压范围最高值，且系统供油量为试验流量时，拧紧溢流阀 11 使被试阀前的压力逐渐升高，当通过被试阀的溢流量为试验流量 1％时的系统压力值称为被试阀的开启压力。压力级为 63kgf/cm² 的溢流阀，规定开启压力不得小于 53kgf/cm²。

（2）闭合压力：被试阀调至调压范围最高值，且系统供油压力为试验流量时，松开溢流阀 11 使被试阀前的压力逐渐降低，当通过被试阀的溢流量为试验流量 1％时的系统压力值称为被试阀的闭合压力。压力级为 0 的溢流阀，规定闭合压力不得小于 50kgf/cm²。

（3）根据测试开启特性与闭合特性的数据，画出被试阀的起闭特性曲线。

（4）实验中压力值由压力表测出，被试阀溢流量较大时用流量计测量，以上两种测量方法，由于测出的均是容积的变化量 ΔV，故还需要用秒表来测量对应于 ΔV 的时间，然后通过公式 $Q = \Delta V / t \times 60$（升/分）计算得出流量值。

【实验装置】

CQYZ-M/B2 实用液压传动测试综合实验台。

【实验方法与步骤】

1. 实验前的调试

首先检查节流阀 10 处于关闭状态，三位四通电磁换向阀 17 应处于中位。启动液压泵 18，让二位三通电磁换向阀 13 处于常态位置，将溢流阀 11 调至比被试阀 14 的最高调节压力高 10％，即 70kgf/cm²（观察压力表 p12-1）。然后使电磁换向阀 13 通电，将被试阀 14 的压力调至 63kgf/cm²（观察压力表 p12-2）。再通过流量计及秒表测出此时通过被试阀的流量，作为试验流量。

2. 试验内容

（1）调压范围及压力稳定性

① 逐步打开溢流阀 14 的调压手柄，通过压力表 p12-2 观察压力下降的情况，看是否均匀，是否有突变或滞后等现象，并读出调压范围最小值。再逐步拧紧调压手柄，观察压力的变化情况，读出调压范围最大值。反复实验不少于 3 次。

② 调节被压阀 14，在调压范围取 5 个压力值，（其中包括调压范围最高值 63kgf/cm²），每次用压力表 p12-2 分别测量各压力下的压力振摆值，并指出最大压力振摆值。

③ 调节被试阀 14 至调压范围最高值 63kgf/cm²，压力表 p12-2 测量 1 分钟内的压力偏移值。

（2）卸荷压力和压力损失

① 卸荷压力

将被试阀 14 的压力调至调压范围的最高值（63kgf/cm²），此时流过阀的溢流量为试验流量。然后将二位二通电磁换向阀 16 通电，被试阀的额卸荷口（远程控制口）即通油箱。用压力表 $p12\text{-}2$ 测量压力值，即为卸荷压力。

　　注意：当被试阀的压力调好之后应将 $p12\text{-}2$ 压力表开关转至 0 位，待 16 通电后，再将压力表开关转至压力接点读出卸荷压力值，这样可以保护压力表不被打坏。

　　② 压力损失

　　在实验流量下，调节被压阀 14 的调压手轮至全开位置，用压力表 $p12\text{-}2$，测量压力值。

　　（3）起闭特性

　　关闭溢流阀 11，调节被试阀 14 至调压范围的最高值 $63\mathrm{kgf/cm^2}$，并锁紧其调节手柄，使通过被试阀 14 的流量为试验流量。

　　① 闭合特性

　　慢慢松开溢流阀 11 的手柄，使系统压力分 10 挡逐渐降低，每次记录过被试阀 14 的流量，直到被试阀 14 的溢流量减少到额定流量的 1％（小流量时用量杯测量）。此时的压力为闭合压力（由压力表 $p12\text{-}2$ 读出）。继续松开溢流阀 11 的手柄，直到全部流量从溢流阀 11 流走。

　　② 开启特性

　　反向拧紧溢流阀 11 的手柄，从被试阀 14 不溢流开始，使系统压力逐渐升高，当被试阀 14 的溢流量达到实验流量的 1％时，此时的压力为开启压力，再继续拧紧溢流阀 11 的手柄，分 10 挡逐渐升压，一直升到被试阀 14 的调压范围最高值 $63\mathrm{kgf/cm^2}$。记下每次相应的压力和流量。

　　注意：为了减少测量误差，启闭特性实验中溢流阀 11 的调压手柄应始终向相应的方向旋转。

　　3. 实验结束

　　放松溢流阀 11 及 14 的调压手柄，并使二位三通电磁换向阀 13 处于常态位置，最后关闭液压泵。

　　【实验报告】

　　（1）实验数据记录至表 7-2 和表 7-3。

表 7-2　溢流阀调压特性数据

数据 项目	序号	1	2	3	4	5
调压范围	最小值（$\mathrm{kgf/cm^2}$）					
	最大值（$\mathrm{kgf/cm^2}$）					
调压值（$\mathrm{kgf/cm^2}$）		5	20	35	50	63
压力振摆值（$\mathrm{kgf/cm^2}$）						
压力偏移值（$\mathrm{kgf/cm^2}$）						
卸荷压力（$\mathrm{kgf/cm^2}$）						
压力损失（$\mathrm{kgf/cm^2}$）						

表 7-3　溢流阀启闭特性数据

项目	数据	序号 1	2	3	4	5	6	7	8	9	10
开启过程	压力(kgf/cm^2)										
	被试阀容积变化 Δv(L)										
	对应于 Δv 所需时间 t(s)										
	溢流量 Q(L/min)										
闭合过程	压力(kgf/cm^2)										
	被试阀容积变化 Δv(L)										
	对应于 Δv 所需时间 t(s)										
	溢流量 Q(L/min)										
开启压力(kgf/cm^2)											
闭合压力(kgf/cm^2)											

（2）绘制溢流阀的启闭特性曲线。

【思考题】

（1）实验油路中溢流阀起什么作用？

（2）当通过被试阀的试验流量不同时对被试阀的卸荷压力有什么影响？

（3）溢流阀的启闭特性有何意义？启闭特性好坏对使用性能有何影响？

实验 4　阀 的 拆 装

【实验目的】

掌握液压阀结构、性能、特点和工作原理。

【实验要求】

通过对各类阀的拆装，加深对阀的结构特点和工作原理的认识。

【实验内容】

压力控制阀拆装分析

1. 溢流阀拆装分析

P 型直动式中压溢流阀的组成见表 7-4，其拆装步骤为：

（1）先将 4 个六角螺母用工具分别拧下，使阀体与阀座分离，在阀体中拿出弹簧；

（2）使用工具将闷盖拧出，接着将阀芯拿出；

（3）在阀座部分中，将调节螺母从阀座上拧下，接着将阀套从阀座上拧下，将小螺母从调节螺母上拧出后，顶针自动从调节螺母中脱出。

表 7-4　P 型直动式中压溢流阀组成

序　号	名　　称	数　量
1	阀体	1
2	弹簧	1
3	阀座	1
4	闷盖	1
5	调节螺母	1
6	顶针	1
7	六角螺母	4
8	阀芯	1
9	阀套	1
10	小螺母	1
11	密封圈	2

2. 减压阀拆装分析

减压阀型号：J 型减压阀

写出拆卸步骤，并将其零部件名称填入表 7-5。

表 7-5　J 型减压阀组成

序　号	名　　称	数　量

3. 顺序阀拆装分析

顺序阀型号：X 型顺序阀

写出拆卸步骤，并将其各零部件填入表 7-6。

表 7-6　X 型顺序阀组成

序　号	名　　称	数　量

节流元件拆装分析

1. 节流阀拆装分析

节流阀型号：L 型节流阀

写出拆卸步骤，并将其各零部件填入表 7-7。

表 7-7　写出节流阀组成

序　号	名　称	数　量

2. 调速阀拆装分析

调速型号：Q 型调速阀

写出拆卸步骤，并将其各零部件填入表 7-8。

表 7-8　写出调速阀组成

序　号	名　称	数　量

【思考题】

试比较溢流阀、减压阀和顺序阀三者之间的异同点。

实验5　液压基本回路一：差动回路

【实验目的】

掌握差动回路特点和工作原理。

【实验要求】

(1) 画出差动回路原理图。

(2) 使液压缸在伸出时，有杆腔的油流直接流到无杆腔。

【实验装置】

(1) CQYZ-M/B2 实用液压传动测试综合实验台。

(2) 一个调速阀、一个二位四通换向阀、两个压力表、一个分配接头、两个压力软管、两个测量软管、压力软管若干。

【实验内容】

1. 回路连接

(1) 关掉液压泵，使系统不带压力。

(2) 将所需要的液压元件安装在实验台上。

(3) 根据液压回路图，使用压力软管连接各个元件。

(4) 确保重物已被从液压缸上卸下。

(5) 根据电路图连接电路。

2. 实验步骤

(1) 检查所连接的回路。

（2）确保元件与软管连接正确。

（3）启动液压泵。

【实验练习】

（1）将调速阀的调节手柄转到开口位置 1 上。

（2）测量并记录下液压缸伸出运动过程和伸出到头时的压力 P_{e1} 和 P_{e2}。

（3）测量并记录下液压缸伸出时所用的时间。

（4）测量并记录下液压缸返回运动过程和返回到头时的压力 P_{e1} 和 P_{e2}。

（5）测量并记录下液压缸返回时所用的时间。

（6）在调速阀分别为 1.2、1.4、1.6、1.8 和 2 的开口位置上，重复步骤（2）到（5）。

【数值计算、画速度特性曲线】

将实验数据记录至表 7-9，并根据结果绘制速度特性曲线。

表 7-9　实验数据

调速阀的开口位置	液压缸	P_{e1} 运动过程	P_{e2} 运动过程	P_{e1} 停止	P_{e2} 停止	工作时间 t (s)	速度 v (cm/s)
1	伸出						
	返回						
1.2	伸出						
	返回						
1.4	伸出						
	返回						
1.6	伸出						
	返回						
1.8	伸出						
	返回						
2	伸出						
	返回						

实验 6　液压基本回路二：快进-工进回路

【实验目的】

掌握快进-工进回路特点和工作原理。

【实验要求】

（1）画出快进-工进回路原理图。

（2）使液压缸在伸出的过程中具有两个不同的工作速度，液压缸返回时快速退回。

【实验装置】

（1）CQYZ-M/B2 实用液压传动测试综合实验台。

（2）一个调速阀、两个二位四通换向阀、两个压力表、一个单向阀、两个分配接头、两个压力软管、两个测量软管、两个电感式限位开关、压力软管若干。

【实验内容】

1. 回路连接

(1) 关掉液压泵,使系统不带压力。

(2) 所需要的液压元件安装在实验台上。

(3) 根据液压回路图,使用压力软管连接各个元件。

(4) 确保重物已被从液压缸上卸下。

(5) 检查传感器的位置,如果液压缸碰撞到传感器的话,液压缸的有机玻璃罩和传感器都可能会被损坏。

2. 实验步骤

(1) 检查所连接的回路。

(2) 确保元件与软管连接正确。

(3) 启动液压泵。

(4) 将两通调速阀的开口位置设置在 1.0 上。

(5) 使液压缸伸出,记录并将液压缸快速运动和工进运动的时间以及压力 P_{e1} 和 P_{e2} 填入到数据表 7-10 中。

(6) 使液压缸返回,记录并将液压缸返回运动的时间以及压力 P_{e1} 和 P_{e2} 填入到数据表中。

(7) 调速阀的开口位置设置在 1.5 上,重复步骤(5)到(6)。

(8) 关掉液压泵。

【数值计算】

将实验结果记录在表 7-10 中。

表 7-10　实验数据

液压缸		调速阀(开口位置)	
		1.0	1.5
快进	P_{e1}(Pa)		
	P_{e2}(Pa)		
	时间(s)		
工进	P_{e1}(Pa)		
	P_{e2}(Pa)		
	时间(s)		
快退	P_{e1}(Pa)		
	P_{e2}(Pa)		
	时间(s)		

实验 7　液压基本回路三:卸荷回路

【实验目的】

掌握卸荷回路特点和工作原理。

【实验要求】

画出卸荷回路原理图,使其避免形成压力,让液压泵提供的油液直接流回油箱。

【实验装置】

(1) CQYZ-M/B2 实用液压传动测试综合实验台。

(2) 一个三位四通换向阀、一个二位四通换向阀、两个压力表、一个压力软管、两个测量软管、压力软管若干。

【实验内容】

1. 回路连接

(1) 关掉液压泵,使系统不带压力。

(2) 将所需要的液压元件安装在实验台上。

(3) 根据液压回路图,使用压力软管连接各个元件。

(4) 确保重物已被从液压缸上卸下。

(5) 将三位四通换向阀的 T 口连接到量筒的接口上,借此可以看出是否有油液流到系统中去。

2. 实验步骤

(1) 检查所连接的回路。

(2) 确保元件与软管连接正确。

(3) 启动液压泵。

(4) 当操纵三位四通换向阀时,记录液压缸运动到各直终点位置时的作用压力 P_{e1}。

(5) 记录三位四通换向阀在中位时的压力 P_{e1}。

(6) 关掉液压泵。

实验 8　调速回路性能试验一: 采用节流阀的节流调速回路

【实验目的】

(1) 了解进口、回口和旁油路节流调速回路的组成及性能;

(2) 绘制进口、回口和旁油路节流调速回路调速特性曲线;

(3) 对进口、回口和旁油路节流调速回路的调速特性进行比较。

【实验设备】

CQYZ-M/B2 实用液压传动测试综合实验台。

【实验内容】

进油口节流调速回路

1. 实验过程

(1) 进油口节流调速回路的搭建;

(2) 进油口节流调速回路的速度-负载特性。

2. 实验原理图

实验原理图如图 7-6 所示。

3. 实验步骤

(1) 按照实验回路图的要求,选取所需的液压元件并检查性能是否完好。

(2) 将检验好的液压元件安装在插件板的适当位置,通过快速接头和软管按回路要求连接,然后把相应的电磁换向阀插头插到输出孔中。

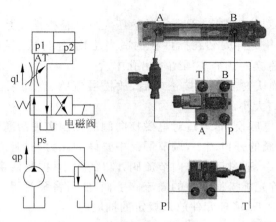

图 7-6　进油口节流调速回路原理图

（3）依照回路图，确认安装和连接正确，放松溢流阀、启动泵、调节溢流阀的压力，调节单向节流阀开口大小。

（4）电磁换向阀通电换向，通过对电磁换向阀的控制，实现活塞的伸出和缩回。

（5）通过调节溢液阀的压力大小，控制回路中的整体压力，进而调节活塞的运动速度。

（6）在运行的过程中通过调节单向节流阀开口的大小，控制活塞运动的快慢。

（7）实验完毕后，首先旋松回路中的溢液阀手柄，然后将泵关闭。确认回路中压力为零后，方可将胶管和元件取下，清理元件放入规定的抽屉内。

回油口节流调速回路

1. 实验内容

（1）回油口节流调速回路的搭建；

（2）回油口节流调速回路的速度-负载特性。

2. 实验原理图

回油口节流调速回路原理图如图 7-7 所示。

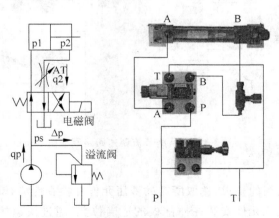

图 7-7　回油口节流调速回路原理图

3. 实验步骤

（1）按照实验回路图的要求，选取所需的液压元件并检查性能是否完好。

（2）将检验好的液压元件安装在插件板的适当位置，通过快速接头和软管按回路要求连接，然后把相应的电磁换向阀插头插到输出孔中。

（3）依照回路图，确认安装和连接正确后，放松溢流阀、启动泵、调节溢流阀的开口大小，调节单向节流阀开口大小。

（4）电磁换向阀通电后换向，通过对电磁换向阀的控制实现活塞的伸出和缩回。

（5）通过调节节流阀的开口大小，调节回路中整体的压力，同时调节活塞的运动速度。

（6）在运行的过程中，通过调节单向节流阀开口的大小，控制活塞运动的快慢。

（7）实验完毕后，首先旋松回路中的溢流阀手柄，然后将泵关闭。确认回路中压力为零后，方可将胶管和元件取下，清理元件放入规定的抽屉内。

注：使用单向节流阀做回油口节流调速回路实验时，需将阀接到油缸回油口处。本实验也可采用其他的换向阀及溢流阀进行实验。

以上两个实验说明，进油、回油节流调速回路结构简单，价格低廉，但是效率低，只适宜负载变化不大、低速、小功率的场合。

旁油路节流调速

1. 实验内容

（1）旁油口节流调速回路的搭建；

（2）旁油口节流调速回路的速度-负载特性。

2. 实验原理图

旁油路节流调速回路原理图如图 7-8 所示。

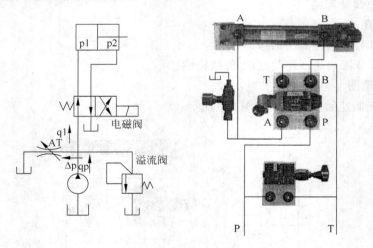

图 7-8　旁油路节流调速回路原理图

3. 实验步骤

（1）按照实验回路图的要求，选取所需的液压元件并检查性能是否完好。

（2）将检验好的液压元件安装在插件板的适当位置，通过快速接头和软管按回路要求连接。

（3）依照回路图,确认安装和连接正确,放松溢流阀、启动泵、调节溢流阀的压力,调节单向节流阀开口大小。

（4）通过对手动控制换向阀的控制,实现活塞的伸出和缩回。

（5）通过调节溢液阀的开口大小,调节回路中整体的压力;同时调节活塞的运动速度。

（6）在运行的过程中通过调节单向节流阀开口的大小,控制活塞运动的快慢。

（7）旁路节流调速回路中,由于溢流功能由节流阀来完成,故工作时溢流阀处于关闭状态,溢流阀起安全作用,其调定压力为最大负载压力的 1.1 到 1.2 倍,液压泵的供油压力取决于负载。

（8）实验完毕后,首先旋松回路中的溢液阀手柄,然后将泵关闭。确认回路中压力为零后,方可将胶管和元件取下,清理元件放入规定的抽屉内。

注: 使用单向节流阀做进油实验时,需将阀接到换向阀出口处,本实验也可采用其他的换向阀及溢流阀进行实验。

实验 9　调速回路性能试验二:采用调速阀的节流调速回路

【实验目的】

（1）了解进口、回口和旁油路节流调速回路的组成及性能;

（2）绘制进口、回口和旁油路节流调速回路调速特性曲线;

（3）对进口、回口和旁油路节流调速回路的调速特性进行比较。

【实验仪器设备】

CQYZ-M/B2 实用液压传动测试综合实验台。

【实验内容及步骤】

进油口节流调速回路

1. 实验内容

（1）进油口节流调速回路的搭建;

（2）进油口节流调速回路的速度-负载特性。

2. 实验原理图

实验原理图如图 7-9 所示。

3. 实验步骤

（1）按照实验回路图的要求,选取所需的液压元件并检查性能是否完好。

（2）将检验好的液压元件安装在插件板的适当位置,通过快速接头和软管按回路要求连接。

（3）依照回路图,确认安装和连接正确,放松溢流阀、启动泵、调节溢流阀的压力,调节调速阀的开口。

（4）通过手动控制换向阀可以实现活塞的伸出和缩回。

（5）通过调节溢流阀开口的大小,调节整体回路压力的大小,同时调节活塞的运动速度。

（6）在运行的过程中通过调节调速阀开口的大小,控制活塞运动的快慢。

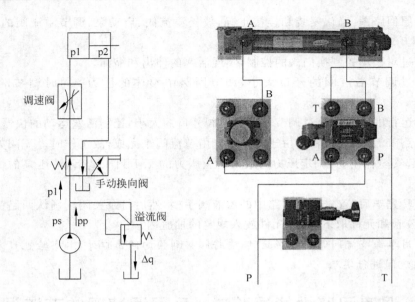

图 7-9　进油口节流调速回路原理图

（7）实验完毕后，首先旋松回路中的溢流阀手柄，然后将泵关闭。确认回路中压力为零后，方可将胶管和元件取下，清理元件放入规定的抽屉内。

实验结论：此回路的构成、工作原理同进油节流调速回路基本一样，只是调速阀能在负载变化的条件下保证节流阀两端的压差基本不变，因而回路的刚性大为提高。

回油节流调速

1．实验内容

（1）回油口节流调速回路的搭建；

（2）回油口节流调速回路的速度-负载特性。

2．实验原理图

实验原理图如图 7-10 所示。

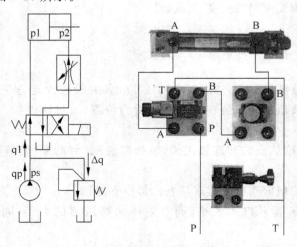

图 7-10　回油口节流调速回路原理图

3．实验步骤

（1）按照实验回路图的要求,选取所需的液压元件并检查性能是否完好。

（2）将检验好的液压元件安装在插件板的适当位置,通过快速接头和软管按回路要求连接,然后把相应的电磁换向阀插头插到输出孔内。

（3）依照回路图,确认安装和连接正确;放松溢流阀、启动泵、调节先导式溢流阀的压力,调节调速阀的开口。

（4）电磁换向阀通电换向,通过对电磁换向阀的控制实现活塞的伸出和缩回。

（5）通过调节溢流阀开口的大小,调节回路中整体压力的大小;同时调节活塞的运动速度。

（6）在运行的过程中,通过调节调速阀压力的大小,控制活塞运动的快慢。

（7）实验完毕后,首先旋松回路中的溢流阀手柄,然后将泵关闭。确认回路中压力为零后,方可将胶管和元件取下,清理元件放入规定的抽屉内。

实验结论:此回路的构成、工作原理同进油节流调速回路基本一样,只是调速阀能在负载变化的条件下保证节流阀两端的压差基本不变,因而回路的刚性大为提高。

旁路节流调速

1．实验内容

（1）旁油路节流调速回路的搭建;

（2）旁油路节流调速回路的速度-负载特性。

2．实验原理图

实验原理图如图 7-11 所示。

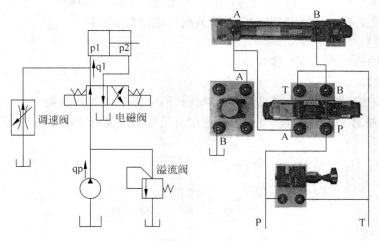

图 7-11　旁油路节流调速回路原理图

3．实验步骤

（1）按照实验回路图的要求,选取所需的液压元件并检查性能是否完好。

（2）将检验好的液压元件安装在插件板的适当位置,通过快速接头和软管按回路要求连接;然后把相应的电磁换向阀插头插到输出孔内。

（3）依照回路图,确认安装和连接正确;放松溢流阀、启动泵、调节先导式溢流阀的压力,调节调速阀的开口。

（4）电磁换向阀通电换向,通过对电磁换向阀的控制实现活塞的伸出和缩回。

（5）通过调节溢流阀开口的大小，调节回路中整体的压力大小；同时调节活塞的运动速度。

（6）在运行的过程中，通过调节调速阀压力的大小，控制活塞运动的快慢。

（7）实验完毕后，首先旋松回路中的溢流阀手柄，然后将泵关闭。确认回路中压力为零后，方可将胶管和元件取下，清理元件放入规定的抽屉内。

实验结论：旁通型调速阀只能用于进油节流调速回路中，液压泵的供油压力随负载而变化，因此回路的功率损失较小，效率较采用调速阀时高。旁通型调速阀的流量稳定性比调速阀差，在小流量时尤为明显，故不宜用在对低速稳定性要求较高的精密机床调速系统中。

【思考题】

（1）该回路是否可使用不带单向阀的调速阀（节流阀）？

（2）单向调速阀进口调速为什么能保证工作缸速度基本不变？

（3）由实验可知，当负载压力上升到接近于系统压力时，为什么缸速度开始变慢？

实验 10　气动元件认识和气动回路实验

【实验目的】

（1）掌握气压元件在气动控制回路中的应用。

（2）通过装拆气压回路了解调速回路和手动循环控制回路的组成及性能。

（3）能利用现有气压元件拟订其他方案，并进行比较。

【实验内容】

（1）认识气动元件，组装具有调速功能的手动循环控制气动回路。

（2）认识气动元件，组装逻辑"与"功能的间接控制气动回路。

【实验装置】

长庆公司的机电液气综合实验台。

【实验原理】

见系统原理图，图 7-12 为用二位五通双气控换向阀 1V3 控制气缸 1A1 运动，手动换向阀 1S1 和 1S2 控制 1V3 阀换位，气缸运动速度可用单向节流阀 1V1 和 1V2 调节。

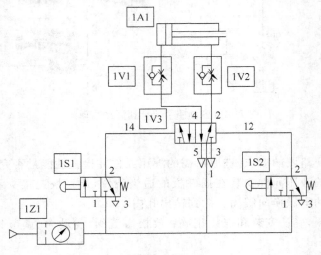

图　7-12

　　图 7-13 为用二位五通单气控换向阀 1V1 控制气缸 1A1 运动,手动换向阀 1S1 和机动换向阀 1S2 同时动作时控制 1V1 阀换位,双压阀 1V2 用于与逻辑运算。

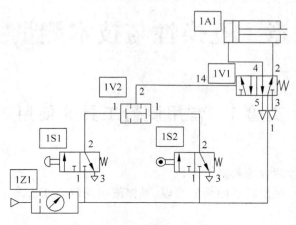

图　7-13

【实验步骤】

（1）按需要选择气压元件。

（2）根据系统原理图连接管道。

（3）接通压缩空气源。

（4）实现所要求的调速功能和循环动作。

（5）拆卸,并将元件放好。

【实验报告】

（1）画出回路图。

（2）叙述实验所用气动元件的功能特点。

（3）叙述气动回路的工作原理。

（4）回答思考题。

【思考题】

（1）气动系统中为何要有三联件?

（2）单向节流阀在气路中如何安装?

（3）用单气控换向阀与双气控换向阀控制双作用气缸有什么不同特点?

第8章 互换性与技术测量实验

实验1 常用测量工具的使用

【实验目的】

（1）掌握内外尺寸测量的测量方法。

（2）掌握常用尺寸测量仪器的测量原理、操作使用及数据处理。

【实验内容概述】

机械零件的尺寸测量是一项很重要的技术指标，因此，尺寸的测量在技术测量中占有非常重要的地位。尺寸的测量可分为绝对测量和相对测量，绝对测量是指从测量器具的读数装置上可直接读得被测量的尺寸数值，例如用外径千分尺、游标卡尺和测长仪等测量长度尺寸；相对测量是指从测量器具的读数装置上得到的是被测量相对标准量的偏差值，例如用内径百分表测量内孔的直径、用立式光学计测量轴的直径。

本实验是采用相对测量原理，用立式光学计测量外径；用内径百分表测量内径。

【实验设备及其测量原理】

立式光学计

立式光学计又称立式光学比较仪，它是一种精度较高、结构较简单的常用光学仪器。投影立式光学计除具有一般立式光学计的优点外，还具有操作简单，读数方便的优点，是一种工作效率较高的测量仪器，它利用标准量块与被测零件相比较的方法来测量零件外形的微差尺寸，它可以检定五等（或三级）量块及高精度的圆柱形塞规，对于圆柱形、球形等工件的直径或样板工件的厚度以及外螺纹的大径、中径均能作比较测量。若将投影光学计从仪器上取下，适当地安装在精密机床或其他设备上，可直接控制零件的加工尺寸。

1. 立式光学计的结构

图 8-1 所示是 JD3 型投影立式光学计，它的基本度量指标有：分度值为 0.001mm，示值范围为 ±0.1mm，测量范围为 0～180mm，它主要由光学计管、投影灯、工作台等几部分组成。

投影光学计管是立式光学计的最主要部分，它由壳体及测量管 14 两部分组成。壳体内装有隔热玻璃分划板、反射棱镜、投影物镜、直角棱镜、反光镜、投影屏及放大镜等光

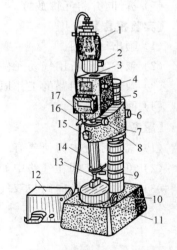

图 8-1 投影立式光学计

1—投影灯 2—螺钉 3—支柱

4—零位微动螺钉 5—主柱

6—横臂固定螺钉 7—横臂

8—微动偏心手轮 9—测帽提升器

10—工作台调整螺钉 11—工作台

12—变压器 13—测帽 14—光管

15—微动托圈固定螺钉

16—光管定位螺钉 17—微动托圈

学零件,在壳体的右侧装有零位微动螺钉 4,转动它可使分划板得到一个微小的移动,而使投影屏上的刻线迅速地对准零位。

测量管 14 插入仪器主体横臂 7 内,测量管内装有准直物镜、平面反光镜及光学杠杆放大系统的测量杆,测帽 13 装在测量杆上,测量杆上、下移动时,使其上端的钢珠顶起平面反光镜倾斜一个 ϕ 角,其平面反光镜与测量杆由两个抗拉弹簧牵制,对被测件有一定的压力。测量杆的上下升降是借助于测帽提升器 9 的杠杆作用而实现的,测帽提升器 9 上有一个滚花螺钉,可调节其上升的距离,以便将工件方便地推入测帽下端,并靠两个抗拉弹簧的压力使测帽与被测件良好地接触。

投影灯 1 安装在光学计管顶端的支柱上,并用固定螺钉固紧,其电源线接在 6V 的低压变压器上,照明灯的功率是 15W,投影灯下端装有滤色片组,也可根据需要将滤色片组拧下来获得白光照明。工作台在形状上有大小和平面与带筋面之分,在应用时又有固定式与调整式之分,在测量前应根据被测件的表面形状对工作台进行选择,使测量的接触面最小。对于可调整的工作台还应对其进行校对,使工作台平面与测帽平面保持平行。

2. 立式光学计的测量原理

投影立式光学计的测量原理如图 8-2 所示。由白炽灯泡 1 发出的光线经聚光镜 2 和滤色片 6,再通过隔热玻璃 7 照明分划板 8 的刻线面,再通过反射棱镜 9 后射向准直物镜 12。由于分划板 8 的刻线面置于准直物镜 12 的聚焦平面上,所以成像光束通过准直物镜 12 后成为一束平行光入射到平面反光镜 13 上,根据自准直原理,分划板刻线的像被平面反光镜 13 反射后,再经准直物镜 12 被反射棱镜 9 反射成像在投影物镜 4 的物平面上,然后通过投影物镜 4、直角棱镜 3 和反光镜 5 成像在投影屏 10 上,通过读数放大镜 11 观察投影屏 10 上的刻线像。

所谓自准直原理如图 8-3 所示。在图 8-3(a)中,位于物镜焦点上的物体(目标)C 发出的光线经物镜折射后成为一束平行于主光轴(一条没有经过折射的光线称主光轴)的平行光束。光线前进若遇到一块与主光轴相垂直的平面反射镜,则仍按原路反射回来,经物镜后光线仍会聚在焦点上,并造成目标的实像 C' 与目标 C 完全重合。若使平面反射镜对主光轴

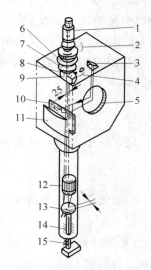

图 8-2　投影立式光学计的
　　　　　光学系统图

偏转一个微小角度 α(如图 8-3(b)所示)则平面反射镜镜面的法线也转过 α 角,所以反射光线就转过 2α 角。反射光线经物镜后,会聚于焦平面上的 C'' 点,C'' 点是目标 C 的像,与 C 点的距离为 L,从图 8-3(b)可知

$$L = f \cdot \tan 2\alpha$$

式中,f 为物镜的焦距。

平面反射镜偏转角度 α 愈大,则像 C'' 偏离目标 C 的距离 L 也愈大,这样,可用目标像 C'' 的位置偏离值来确定平面反射镜的偏转角度 α,这就是自准直原理。

若在主光轴的轴线上安装一个活动的测量杆,如图 8-3(b)所示,测量杆 2 的一端与平面反射镜 1 接触,同时平面反射镜可绕支轴 M 摆动。如果测量杆 2 发生移动,就推动了平

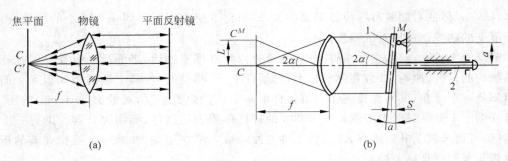

图 8-3   自准直原理

面反射镜 1 围绕支轴 M 摆动,测量杆 2 的移动量 S 与平面反射镜 1 的摆动偏转角 α 的关系是正切关系,由图可知

$$S = a\tan\alpha$$

式中,a 为测量杆至支轴 M 的距离,称为臂长。

通过一块平面反射镜把正切杠杆机构与自准直系统联系在一起,这样,测量杆 1 作微量位移 S,推动了平面反射镜 2 偏转 α 角,于是目标像 C'' 移动了距离 l。只要把 l 测量出来,就可以求出测量杆 1 的移动量 S,这就是光学计管的工作原理。

目标像的移动量 L 与测量杆的移动量 S 的比值叫做光学计管的光学杠杆放大比,用 K 表示,则

$$K = \frac{L}{S} = \frac{f\tan 2\alpha}{a\tan\alpha}$$

当 α 很小,可取 $\tan 2\alpha \approx 2\alpha$,$\tan\alpha \approx \alpha$,简化而得

$$K = \frac{2f}{a}$$

一般光学计管的物镜焦距 $f = 200\text{mm}$,臂长 $a = 5\text{mm}$,代入上式得

$$K = 2 \times 200/5 = 80$$

因此,光学计的光学杠杆放大比为 80 倍,当测量杆移动 $1\mu\text{m}$ 时,目标像就移动了 $80\mu\text{m}$。为了测出目标像 C'' 的移动量,将目标 C 做成分度尺形式。分度尺的分度值为 0.001mm,因此它的刻度间隔为

$$0.001 \times K = 0.001 \times 80 = 0.08\text{mm}$$

分度尺共有 ± 100 个刻度,其示值范围为 $\pm 0.1\text{mm}$。

分度尺的像通过一个目镜来观察,目镜的放大倍数为 12 倍。这样,光学计管的总放大倍数为 $12K = 960$ 倍。也就是说当测量杆位移 $1\mu\text{m}$ 时,经过 960 倍的放大,相当在明视距离下看到的刻线移动了将近 1mm。

3. 测量方法

(1) 投影灯的调整(见图 8-1)。将电源接在 6V 低压变压器 12 上,使投影灯转向工作台面,调节灯丝的轴向位置,在工作台上放一张白纸,使灯丝像很清楚地投在白纸上,再将灯泡位置固定,然后将投影灯 1 转动至壳体入射窗的正中央,再将胶木螺钉 2 固紧,然后再调节投影灯上端的两只调节螺钉,使投影屏上获得均匀照明。

　　（2）选择测帽。选择测帽的原则是使被测工件与测帽的接触面最小，接近于点或线接触，以减少测量误差。因此，测平面用球形测帽，测圆柱面用刃形测帽，测球形工件用平面测帽。测帽选好后，应将其套在光学计管下端的测量杆上，并用螺钉固紧。

　　（3）调整零位。按被测工件的尺寸组合量块组，并将其放在工作台上。松开横臂固定螺钉 6，旋转横臂升降螺母进行粗调，使横臂 7 连同光学计管缓慢移至测帽 13 与量块中心位置处接触，直至投影屏上出现分划板的刻线像时（根据经验，一般粗调至刻线尺寸为＋60μm 附近），将横臂固定螺钉 6 拧紧。松开螺钉 15，转动微动偏心手轮 8 进行微调，使刻线零位与指示线相重合后，拧紧螺钉 15。此时，零位会有所偏移，再通过零位微动螺钉 4 调节，使之准确重合对零，并多次拨动测帽提升器 9，使刻线零位与指示线多次严格重合。

　　（4）进行测量。按下测帽提升器 9，取下量块组，将被测工件放在工作台上，并在测帽下面来回移动（注意：一定要使被测轴的母线与工作台接触，不得有任何跳动和倾斜），记下标尺读数的最大值（即转折点的值），即为读数值。在图 8-4 所示轴的三个横截面上，相隔 60°径向位置的三个方向上测取若干个实际偏差值，并由此计算其实际尺寸，按轴的验收极限尺寸判断其轴径的合格性。

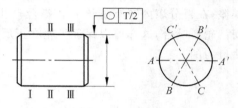

图 8-4　轴径测量位置示意图

内径百分表

　　内径百分表是用相对测量法测量孔径的常用量仪，内径百分表由百分表和装有杠杆系统的测量装置表架组成，它可测量 6～1000mm 内的内尺寸，特别适于测量深孔。

1. 内径百分表的结构

　　图 8-5 是内径百分表的结构图，百分表是其主要部件，百分表是借助于齿轮齿条传动或杠杆齿轮传动机构将测杆的线位移转变为指针回转运动的指示量仪。

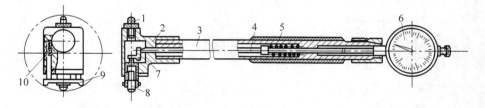

图 8-5　内径百分表

1—可换测量头　2—壳体　3—套筒　4—传动杆　5—弹簧　6—百分表　7—杠杆

8—活动测量头　9—定位装置　10—弹簧

　　表架壳体 2 上一端安装可换测量头 1，它可以根据被测孔的尺寸大小更换，另一端安装活动测量头 8，百分表 6 的测量杆与传动杆 4 始终接触，弹簧 5 是控制测量力的，并经传动杆 4、杠杆 7 向外顶着活动测量头 8。测量时，活动测量头 8 的移动使杠杆 7 回转，通过传动杆推动百分表 6 的测量杆，使百分表指针偏转。由于杠杆 7 是等臂的，当活动测量头移动 1mm 时，传动杆也移动 1mm，推动百分表指针回转一圈，所以活动测量头的移动量可在百分表上读出来。

　　定位装置 9 起找正直径位置的作用，因为可换测量头 1 和活动测量头 8 的轴线为定位装置的中垂线,此定位装置保证了可换测量头和活动测量头的轴线位于被测孔的直径位置上。内径百分表活动测量头允许的移动量很小,它的测量范围是由更换或调整可换测量头的长度来达到的。

量头在孔的纵断面上也可能倾斜,如图 8-6 虚线所示。所以在测量时应将量杆左右摆动,以百分表指针所指的最小值作为实际尺寸。

2. 百分表的测量原理

百分表的测量原理如图 8-7 所示,当具有齿条的测量杆 5 上下移动时,经齿轮 1、2 传给中间齿轮 3 及与齿轮 3 同轴的指针 8,由指针在刻度盘 9 上指示出相应的示值。

测量杆移动 1mm,指针转动一圈,刻度盘沿圆周刻有 100 条等分刻度,因此测量杆上、下移动 0.01mm,指针转一格,即分度值为 0.01mm。这样通过齿轮传动系统,将测量杆的微小位移经放大转变为指针的偏转。为了消除齿轮传动系统中由于齿侧间隙而引起的测量误差,在百分表内装有游丝 7,由游丝产生的扭转力矩作用在大齿轮 6 上,大齿轮 6 也与中间齿轮 3 啮合,这样可以保证齿轮在正反转时都在同一齿侧面啮合。弹簧 4 是控制百分表测量力的。

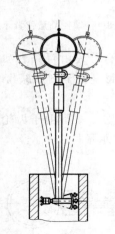

图 8-6　用内径百分表测
取读数

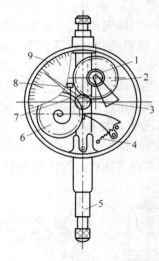

图 8-7　百分表传动机构
1、2—齿轮　3—中间齿轮
4—弹簧　5—测量杆　6—大齿轮
7—游丝　8—指针　9—刻度盘

3. 测量方法

(1) 根据被测内孔的基本尺寸,选择相应的可换测量头,旋入量杆头部,并用锁紧圈固定。

(2) 按内孔的基本尺寸选择量块,组合于量块夹中(或按基本尺寸调整好外径千分尺两测砧之间的距离)。

(3) 调整零位。用手握着隔热手柄,先将活动测量头压靠在量块夹的一端(或外径千分尺的一个测砧上),使活动测头内缩,以保证放入固定测头时不与量块夹的另一端(或外径千分尺的另一测砧)摩擦,然后放入固定测头使之与另一端接触。按图 8-8 所示方法反复摆动百分表量杆,找出指针偏转的转折点,旋转表盘,使百分表零刻线正好对准指针转折点,如此反复几次检验零位的正确性,记住百分表短针的读数,即调好零位。然后用手轻压定位板使活动测头内缩,当固定测头脱离接触时,再将内径百分表缓慢地从量块夹(或千分尺测砧)内取出。

（4）进行测量。按调零时的方法,将内径百分表两测头插入被测孔中,在图 8-9 所示的三个截面三个方向上进行测量,测量时将内径百分表左右摆动,指针所指的最小值即为被测孔径相对于基本尺寸的实际偏差值(注意:"＋""－",顺时针为负,逆时针为正),由各测得的实际偏差值计算孔的实际尺寸值,按孔的验收极限尺寸判断其尺寸的合格性。

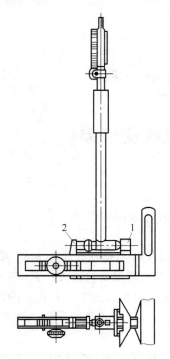

图 8-8　内径百分表零位调整

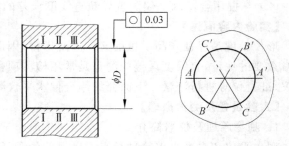

图 8-9　内孔测量位置示意图

【实验方法及数据记录】

图 8-10 为一塞规零件图,图 8-11 为一套孔零件图,要求通过实验选择合适的测量器具分别将零件图中标注的塞规直径和内孔径(注:每组零件的基本尺寸与极限偏差均不同,应以指导教师给出的基本尺寸与极限偏差为准)进行测量。

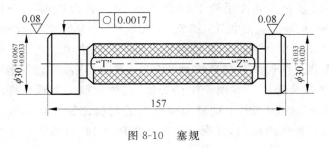

图 8-10　塞规

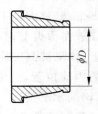

图 8-11　套孔

1．实验步骤

（1）参阅前述介绍，根据零件的尺寸及极限偏差选择长度尺寸的测量仪器。

（2）对照各实际测量仪器认识其主要部件及其作用，掌握各测量仪器的工作原理及测量使用方法。

（3）分别对零件轴径和孔径进行测量，并将测量数据记录、整理和进行处理。

（4）将测量结果与图样上的技术要求进行比较，判断其合格与否。

（5）写出实验报告。

2．注意事项

（1）实验前一定要预习实验指导书，拟定实验方案与测量步骤，经指导老师检查认可，方可进行测量实验。

（2）使用各测量仪器要严格遵守仪器的操作规程。

【实验报告内容及要求】

（1）实验预习报告：实验前预习实验指导书，初步拟定实验方案。

（2）记录实验数据，绘制测量示意图，进行数据分析处理。

实验 2　合像水平仪测量直线度误差

【实验目的】

（1）掌握合像水平仪的基本结构及工作原理；

（2）掌握用合像水平仪测量导轨直线度误差的测量方法与数据处理。

【实验内容概述】

形位精度是保证产品质量的又一重要指标，因此形位误差的测量在技术测量中也占有非常重要的地位，直线度误差的测量是常用检测项目之一，直线度误差可用刀口尺、钢丝、水平仪、准直仪等进行测量。下面介绍用合像水平仪测量直线度误差的方法及其误差的评定。

【实验设备及测量原理】

1．测量原理及仪器简介

用水平仪和自准直仪等进行直线度误差的测量，其共同特点是测量实际要素的微小角度的变化。由于被测实际要素存在着直线度误差，将计量器具置于不同的被测部位上，其倾斜角度就要发生相应的变化，节距（相邻两测点的距离）一经确定，这个变化的微小倾斜角与被测相邻两点的高低差就有确切的对应关系。通过对逐个节距的测量，得出变化的角度，用作图或计算的方法，就可求出被测实际要素的直线度误差值。由于合像水平仪的测量准确度高，示值范围大（$\pm 10\text{mm/m}$），测量效率高，价格便宜，携带方便等优点，故得到广泛的应用。

合像水平仪的结构如图 8-12 所示。它由手轮 1、丝杆 2、齿轮 3、读数机构 4、十进位机构 5、两棱镜 6、放大镜 7、气泡 8、水准器 9、底板 10、弹簧 11 和楔块 12 等组成，使用时，将合像水平仪放在桥板上相对不动（如图 8-13 所示），再将桥板由两个等高垫块支承置于被测实际要素上，如果被测实际要素无直线度误差并与自然水平面基准平行，水准器的气泡则位于两棱镜的中间位置，气泡边缘通过合像棱镜 6 所产生的影像，在放大镜 7 中观察将出现如图 8-14（b）所示的情况。但在实际测量中，由于被测实际要素的安放位置与自然水平面不平行和被测实际要素本身不直，导致气泡移动，其视场情况将如图 8-14（a）所示。此时可转动手轮 1，使楔块推动水准器转过一角度，当水准器转到与自然水平面平行时，则气泡返回合像棱镜组 6 的中间位置，图 8-14(a)中两影像的错移 Δ 消失而恢复成如图 8-14(b)中所示的一个光滑的半圆头。由于水准器所转过的角度与丝杆的移动量成正比，所以读数装置所转过的格数 a 可反映水准器转角的大小，则被测实际要素相邻两点的高低差 h 和 a 有如下关系

$$h = 0.01 a L$$

式中，a 为读数装置所转过的格数；L 为桥板的节距。

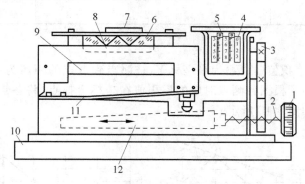

图 8-12　合像水平仪的结构

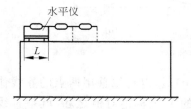

图 8-13　用水平仪测量导轨的
直线度误差

图 8-14　合像水平仪气泡图像

2. 测量方法

(1) 用钢皮尺量出被测实际要素的总长，划分节距 L，并作分段记号。

(2) 按图 8-13 将仪器置于第一个节距上，转动水平手轮 1，使气泡合像成如图 8-14(b)所示的情况，记下第一个读数值后，再依次测量各节距，记下各读数值。注意移动节距时，应将前一节距的后支点作为后一节距的前支点，新的支承升高或降低就引起气泡的相对移动（一般应顺测、回测各一次，取两次读数的平均值作为测量结果）。

(3) 求出各测量点的相对值和累积值（格数），并记入实验报告中。

(4) 用作图法在坐标纸上绘制误差折线，用最小包容区域法和两端点连线法分别求出直线度误差值 f（格）。

(5) 将误差值格数 f 按下式折算成线性值 f_

$$f_- = 0.01 L f (\mu m)$$

3. 误差值的评定

用合像水平仪测量一窄长平面的直线度误差，仪器的分度值为 0.01mm/m，选用的桥

板节距 $L=165\text{mm}$，测量记录数据如表 8-1 所示，要求用作图法求被测平面的直线度误差。表中相对值为 a^0-a^i，a^0 可取任意数，但要有利于数字的简化，以便作图，本例取 $a^0=497$ 格，累积值为将各点相对值顺序累加。

表 8-1　测量读数值

测点序号	0	1	2	3	4	5
读数值（格）	—	497	495	496	495	499
相对值（格）	0	0	+2	+1	+2	−2
累积值（格）	0	0	+2	+3	+5	+3

作图方法如下：

以 0 点为原点，累积值（格数）为纵坐标 Y，被测点到 0 点的距离为横坐标 X，按适当的比例建立直角坐标系。根据各测点对应的累积值在坐标上描点，将各点依次用直线连接起来，即得误差折线，如图 8-15 所示。

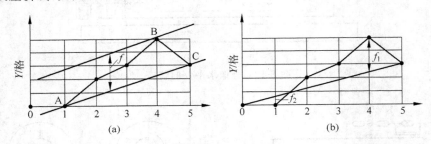

图 8-15　直线度误差的评定

（1）用两端点的连线法评定误差值（见图 8-15（b））。以折线首尾两点的连线作为评定基准（理想要素），折线上最高点和最低点到该连线的 Y 坐标绝对值之和，就是直线度误差的格数。即

$$f_{端} = (f_1+f_2)\times 0.01\times L = (2.5+0.6)\times 0.01\times 165 = 5.115\mu m$$

（2）用最小包容区域法评定误差值（见图 8-15（a））。若两平行包容直线与误差图形的接触状态符合相间准则（即符合"两高夹一低"或"两低夹一高"的判断准则）时，此两平行包容直线沿纵坐标方向的距离为直线度误差格数。显然，在图 8-15（a）中，A、C 属最低点，B 为夹在 A、C 间的最高点，故 AC 连线和过 B 点且平行于 AC 连线的直线是符合相间准则的两平行包容直线，两平行线沿纵坐标方向的距离为 2.8 格，故按最小包容区域法评定的直线度误差为

$$f_{包} = 2.8\times 0.01\times 165 = 4.62\mu m$$

一般情况下，两端点连线法的评定结果大于最小包容区域法，即 $f_{端}>f_{包}$，只有当误差图形位于两端点连线的一侧时，两种方法的评定结果才相同，但按 GB 1958—1980 的规定，有时允许用两端点连线法来评定直线度误差，如果发生争议，则以最小包容区域法来仲裁。

【实验方法及数据记录】

1. 实验步骤

（1）了解合像水平仪的构造和测量原理，对照实际测量仪器认识其主要部件及其作用。

（2）划分节距 L，并作分段记号。

（3）将仪器置于依次置于各个节距上，测量采集读数值。

（4）求出各测量点的相对值和累积值（格数），用作图法在坐标纸上绘制误差折线。

（5）用最小包容区域法和两端点连线法分别求出直线度误差值。

（6）写出实验报告。

2. 注意事项

（1）实验前一定要预习实验指导书，拟定实验方案与测量步骤，经指导老师检查认可，方可进行测量实验。

（2）使用各测量仪器要严格遵守仪器的操作规程。

【实验报告及要求】

（1）实验预习报告：实验前预习实验指导书，初步拟定实验方案。

（2）记录实验数据，绘制测量示意图，进行数据分析处理。

第9章 金属切削实验

实验1 车刀几何角度测量

【实验目的】

(1) 了解车刀各几何角度的定义及其在图纸上的标注方法。

(2) 了解万能车刀量角台的结构,掌握其正确使用方法。

(3) 学会使用万能车刀量角台测量车刀几何角度,巩固和深化基本概念。

【实验设备和工具】

(1) 万能车刀量角台;

(2) 外圆车刀和切槽刀;

(3) 格尺、笔、草稿纸、橡皮等(自带)。

【仪器简介】

万能车刀量角台是测量车刀标注角度的专用仪器,其形式很多,常用的车刀量角台如图 9-1 所示。它不仅能测量主剖面参考系的基本角度,而且也能很容易地测量主法剖面参考系的角度。它主要由底座、立柱、测量台、定位块、大小刻度盘、大小指度片、螺母等组成。在圆形底盘的周边上刻有从 0°向左、右各 100°的刻度,其中底座和立柱是支撑整个仪器的主体。测量时,刀具放在测量台上,靠紧定位块,可随测量台一起顺时针或逆时针方向旋转,并能在测量台上沿定位块前后移动和随定位块左右移动。旋转大螺母可使滑体上下移动,从而使两刻度盘及指度片达到需要的高度。使用时,可通过旋转测量台或大指度片,使大指度片的前面或底面或侧面与刀具被测要素紧密贴合,即可从底座或刻度盘上读出被测角度数值。

【实验步骤】

(1) 原始位置调整。将量角台的大小指度片及测量台指度片全部调到零位,并把刀具放在测量台上,使车刀贴紧定位块、刀尖贴紧大指度片的大面。此时,大指度片的底面与基面平行,刀杆的轴线与大指度片的大面垂直,如图 9-2 所示。

(2) 在基面 P_r 内测量主偏角 K_r、副偏角 K_r'。旋转测量台,使主刀刃与大指度片的大面贴合,如图 9-3 所示,根据主偏角定义,即可直接在底座上读出主偏角 K_r 的数值。同理,旋转测量台,使副刀刃与大指度片的大面贴合,即可直接在底座上读出副偏角 K_r' 的数值。

(3) 在切削平面 P_s 内测量刃倾角入 s。旋转测量台,使主刀刃与大指度片的大面贴合,此时,大指度片与车刀主刀刃的切削平面重合。再根据刃倾角的定义,使大指度片底面与主刀刃贴合,如图 9-4 所示,即可在大刻度盘上读出刃倾角入 s 的数值(注意入 s 的正负)。

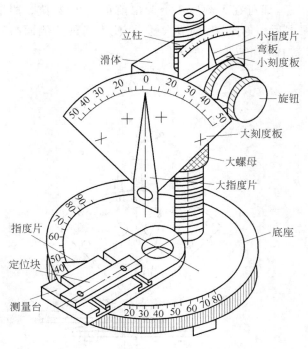

图 9-1　万能车刀量角台

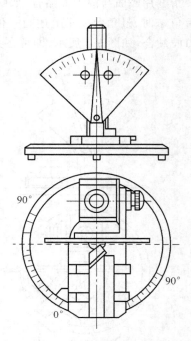

图 9-2　原始位置调整

立柱

滑体

小指度片
弯板
小刻度板

旋钮

大刻度板

大螺母

大指度片

指度片

定位块

测量台

底座

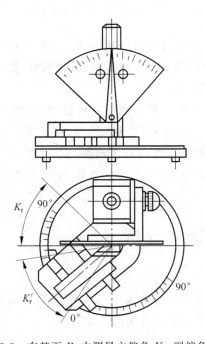

图 9-3　在基面 P_r 内测量主偏角 K_r、副偏角 K'_r

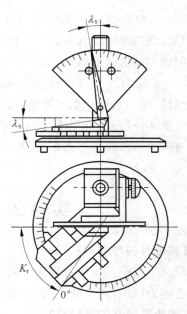

图 9-4　在切削平面 P_s 内测量刃倾角 λ_s

（4）在主剖面 P_o 内测量前角 γ_o、后角 α_o。将测量台从原始位置逆时针旋（$90° - K_r$），此时大指度片所在的平面即为车刀主切削刃上的主剖面。根据前角的定义，调节大螺母，使大指度片底面与前刀面贴合,如图 9-5 所示,即可在大刻度盘上读出前角 γ_o 的数值。测量后角 α_o 时,量角台处于上述同一位置,根据后角的定义,调节大螺母,使大指度片侧面与后刀面贴合,如图 9-6 所示,即可在大刻度盘上读出后角 α_o 的数值。

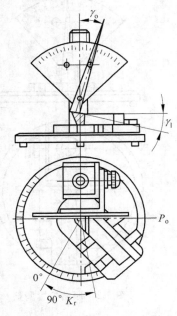

图 9-5　在主剖面 P_o 内测量前角 γ_o

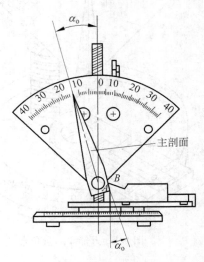

图 9-6　在主剖面 P_o 内测量前角 α_o

(5) 在副剖面 P_o' 内测量副后角 α_o'：将测量台从原始位置顺时针旋转$(90°-K_r')$,此时大指度片所在的平面即为车刀副切削刃上的副剖面。根据副后角的定义,调节大螺母,使大指度片侧面与副后刀面贴合,即可在大刻度盘上读出副后角 α_o' 的数值。

(6) 在法剖面 P_n 内测量法向前角 γ_n、法向后角 α_n：将测量台逆时针转过$(90°-K_r)$,松开小螺母,使小指度片在刻度盘上转过入 s,旋向根据入 s 值的正负确定。若入 s 值为正,则逆时针旋转;若入 s 值为负,则顺时针旋转。此时大指度片所在的平面即为法向剖面。根据法向前角和法向后角的定义,按照测量 γ_o、α_o 相同的方法,即为测出法向前角 γ_n 和法向后角 α_n 的数值。

实验 2　　加工精度统计分析

【实验目的与要求】

学习加工误差统计分析法的基本理论,掌握分布曲线图的作法,学会计算分布曲线参数和工艺能力评价,学会分布曲线图的分析并能提出解决加工误差问题的措施。

【实验装置及工具材料】

(1) 小轴尺寸 $\phi 14^{-012}_{-018}$　　小轴数量：100 根

(2) 游标卡尺　　　　　测量范围：0～125/150mm

游标读数值：0.02mm

【加工误差统计分析法概述】

在实际机械加工过程中,影响加工精度的因素往往是错综复杂的,不可能用单因素的方法一一分析计算,通常要用统计分析法来分析和解决加工精度问题。所谓加工误差统计分析法,就是在加工一大批零件中抽检一定数量的零件,并运用数理统计的方法对检查测量结果,进行数据处理与分析,从中找出规律及产生加工误差的原因、误差的性质,从而找到解决加工精度问题的途径。

【测量方法与步骤】

(1) 游标卡尺的使用方法:量具使用是否合理,不但影响量具本身的精度,且直接影响零件尺寸的测量精度,甚至发生质量事故。所以,必须重视量具的正确使用,对测量技术精益求精,以使获得正确的测量结果。在使用游标卡尺测量小轴直径尺寸时,必须注意以下几点:

① 测量前应把卡尺擦干净,把两个量爪密贴合时,无明显的间隙,同时游标和主尺的零位刻线要相互对准。

② 移动尺框时,活动要自如,不应有过紧或过松。用固定螺钉固定尺框时,卡尺的读数不应有所改变。

③ 测量小轴直径尺寸时,先把卡尺的活动量爪张开,把小轴贴靠在固定量爪上,然后移动尺框,用轻微的压力使活动量爪接触小轴表面,不允许过分地施加压力。卡尺两测量面的连线应垂直于被测量表面,不能歪斜,测量时可以轻轻摇动卡尺,放正垂直位置。同时,应当用量爪的平面测量刃进行测量,尽量避免用端部测量刃和刀口形量爪去测量外尺寸。

④ 在游标卡尺上读数时,首先要看游标零线的左边,读出主尺上尺寸的整数是多少毫米,其次是找出游标上那一根刻线与主尺刻线对准,该游标刻线的次序数乘以游标读数值,就是尺寸的小数部分,整数和小数相加的总值,即是被测小轴尺寸的数值。读数时应把卡尺水平地拿着,使人的视线和卡尺的刻线表面垂直,以免由于视线的歪斜造成读数误差。

⑤ 为了获得正确的测量结果,应在小轴的不同截面和同一截面的不同方向进行测量,取得平均值。

(2) 测量小轴 100 根,并将每一根小轴的测量结果,填入实验报告"小轴直径测量值"表 9-1 中。

表 9-1　小轴直径测量值　　　　　　　　　　单位:mm

【分布曲线图的绘制】

（1）从小轴直径实测值（100 个数据）中，找出最大值 x_{max} 和最小值 x_{min} 并在表中画上记号。

（2）计算组距 h：关于分组数的确定见表 9-2。

表 9-2　分组数的确定

抽查零件数 n	分组数 k	一般使用组数
50～100	6～10	10
100～250	7～12	10
250 以上	10～20	10

实践证明，组数太少会掩盖组内数据的变动情况，组数太多会使各组的高度参差不齐，从而看不出变化规律。通常确定的组数要使每组平均至少分摊到 4～5 个数据。根据表 9-2 可求得组距：

$$组距 \ h = (x_{max} - x_{min})/k$$

（3）计算第一组的上下界限值：

$$x_{min} \pm \frac{h}{2}$$

（4）计算其余各组的上下界限值。第一组的上界限值就是第二组的下界限值。第二组的下界限值加上组距就是第二组的上界限值，其余类推。并将每组小轴尺寸范围，填入实验报告"小轴频数分布表"。

（5）计算各组的中心值 x_i：

$$x_i = \frac{某组上限值 + 某组下限值}{2}$$

（6）统计各组的小轴频数 m，计算各组频率 $m/n(n=100)$。

（7）以频数或频率为纵坐标，组距为横坐标，画出一系列直方形，即直方图。通过直方图能够更形象、更清楚地反映出小轴尺寸分散的规律性。如果将各矩形顶端的中心点连成曲线，就可绘出一条中间凸起两边逐渐低的频率分布曲线。

【分布曲线参数计算及工艺能力评价】

实际分布曲线能表示加工尺寸的分布规律，但不能进行具体计算，因为曲线方程未知。所以在用统计分析法研究加工误差问题时，常常应用数理统计学中的一些理论分布曲线来近似代替实际分布曲线，以使分析问题的方法简化。其中应用最广的便是"正态分布曲线"。

分布曲线参数计算。

① 零件平均尺寸 x：

$$x = \frac{x_1 + x_2 + \cdots + x_n}{n}$$

② 均方根误差 σ：

$$\sigma = \sqrt{\frac{(x_1 - x) + (x_2 - x)^2 + \cdots (x_n - x)^2}{n}}$$

x、σ 是曲线的两个特性参数。x 确定零件尺寸分散范围中心的位置，即确定曲线位置；σ 表示零件尺寸分散范围的大小，即决定曲线形状。

③ 公差带中心值：

小轴 14^{-012}_{018} mm $= 13.97 \pm 0.15$ mm　　$x' = 13.97$ mm

④ 中心偏移值：

$$\Delta = x - x'$$

⑤ 合格率：

$$X = \frac{T}{2} - \Delta$$

分布曲线也是加工精度的客观标志。抽查部分零件,如果加工尺寸服从正态分布,则尺寸分散范围 6σ($\pm 3\sigma$,99.73% 的概率)也就代表了这种加工方法的平均经济加工精度。

若零件加工公差带为 T,则工艺能力系数为 $C_p = \dfrac{T}{6\sigma}$。

根据工艺能力系数大小,可将工艺能力分为 5 级,见表 9-3。

表 9-3　工艺能力系数等级

工艺等级	特级	一级	二级	三级	四级
C_p	$C_p \geqslant 1.67$	$1.67 > C_p \geqslant 1.33$	$1.33 > C_p \geqslant 1.00$	$1.00 > C_p \geqslant 0.67$	$0.67 > C_p$
能力判断	很充分	充分	不够充分	明显不足	非常不足

对于 $C_p \leqslant 1$ 的工艺应采取措施,提高工艺能力系数,以保证产品的加工质量。

【分布曲线图的观察分析】

作分布曲线图的目的,是通过观察图的形状,判断生产过程是否稳定,预测生产过程的加工质量。然后和零件尺寸公差比较,即可确定有无废品。根据分布曲线还可以看出影响加工精度的误差性质,从而分析原因,找出解决加工误差问题的途径。一般来说,系统误差规律性比较强,这类因素比较容易被识别,并且可通过调整等法将其减小或消除。但随机性误差产生的因素比较复杂,且又是难以查找,必要时可将各种可能产生的因素一一分析,最终查明原因,提出解决措施。

观察分析分布曲线图时,应着眼于图形的整个形状,常见的有以下几种图形：

① 锯齿形：此种情况多因测量方法或读数有问题,也可能是数据分组不当引起的。

② 对称形：分布曲线图以中间为顶峰,左右基本对称分布,正常状况大多数是这样分布。

③ 左偏/右偏形：曲线图的顶峰偏向一侧,有时像端跳、径跳等形位误差的分布也可能因加工习惯造成,如试切法的孔加工直径往往偏小,而轴加工直径又往往偏大。

④ 孤岛形：在远离主分部中心地方又出现小的分布群,这表示有某种异常情况,如加工条件有变动等。

⑤ 双峰形：这种情况是两批不同的分布混在一起所致。

⑥ 平顶形：这往往是由于生产过程中某种缓慢的变动倾向在起作用所造成,如工具的磨损或操作者的疲劳等。

实验 3　切削力的测定

【实验目的】

(1) 掌握切削力的测量方法；

(2) 研究切削用量对切削力的影响；

（3）求出切削力经验公式。

【实验条件】

普通车床，超精密车铣磨测力仪，动态应变仪，计算机，打印机。

【实验内容及步骤】

在切削过程中，切削力直接决定着切削热的产生，并影响刀具磨损、破损、使用寿命、加工精度和加工表面质量。在生产中，切削力又是计算切削功率，制定切削用量，监控切削状态、设计和使用机床、刀具、夹具的必要依据。因此，研究切削力的规律和计算方法将有利于分析切削机理，并对生产实际有重要的实用意义。切削力来源于两个方面，一是切削层金属、切屑与工件表面的弹性变形、塑性变形所产生的抗力；二是刀具与切屑、工件表面间的摩擦阻力。为便于测量及应用，可将合力 F 分解为 F_C 和 F_D，F_D 又可分解为 F_p 和 F_f。因此

$$F = \sqrt{F_C^2 + F_D^2} = \sqrt{F_C^2 + F_p^2 + F_f^2}$$
$$F_p = F_D \cos\kappa_r; \qquad F_f = F_D \sin\kappa_r$$

F_C 是计算切削功率和设计机床的主要依据。在切削外圆时，F_p 不作功，但能使工件变形或造成振动，对加工精度和已加工表面质量影响较大。F_f 作用在机床进给机构上，常根据其设计机床进给机构或校核强度。

1. 标定方法

从"数据采集"菜单中选择"标定"，在对话框左下方的编辑框中设置各分力与 A/D 卡各通道之间的对应关系；单击左上方的单选按钮选择当前标定的测力仪通道，并设置标定过程中将加载的次数以及每次加载的力值（单位为 kg）。在对话框中设置测力仪的序号为"1"，以便以后添加测力仪。

（1）设置好后单击"开始标定"按钮，弹出标定窗口：

屏幕左边较大的一个窗口用来显示当前选定通道的标定曲线；

屏幕右边最上方的一个窗口用于显示当前通道的标定系数，标定系数在最后一次加载时才显示；

屏幕右边有三个窗口，靠下方的两个窗口分别显示标定过程中将加载的次数以及每次加载的值，并显示当前加载状态。次数显示的是"0 次加载"；

窗口右下方有四个按钮，即"加载"、"卸载"、"结束"和"打印"；

（2）测力仪上不加载，将应变仪调平衡后，单击"加载"按钮，此时操作状态窗口显示"第一次加载"，指示接下来的将是第一次加载。标定曲线窗口中画出刻度，其横坐标为加载的力值，纵坐标为电压值；

（3）给测力仪加载，单击"加载"按钮并重复该操作直到达到预先设定的加载次数；

（4）给测力仪卸载，每卸载一次单击一次"卸载"按钮，直到完全卸载。卸载结束之后将在右边第一个窗口中显示标定系数；

（5）打印标定曲线及参数。

2. 选项

（1）单击"选项"，将弹出对话框。

（2）设置预计采集点数。

（3）设置使用的测力仪号。

（4）设置打印倍数、数据存储方式。

（5）选择显示模式。

（6）选择采集模式（选非测力仪模式），设置好后，单击"确定"按钮，其设置成为系统的默认设置。

3. 采集数据

（1）从系统主菜单选择"数据采集"，系统提示用户等待，准备工作结束后，弹出对话框。对该对话框左边的五个列表进行选择，输入最长八个字符的文件名。

（2）设置好各项选择后，单击"开始采集"按钮，开始采集数据。主窗口中显示各通道的数据波形，左下方的小窗口中显示已经采集的点数。

（3）单击"停止采集"按钮，保存数据。

（4）开始新的一次采集。

（5）数据回放（"数据波形"静态框左边显示通道指示，刻度值指示的是第二格的刻度，坐标轴线用红线标出，刻度用蓝线标出，使用按钮移动波形），存盘或打印。

（6）求平均值（N 值可达到滤波的作用，$N=1$ 时为原始波形，$N=8$ 时已达到滤波的作用）。

（7）结束，单击"退出"按钮。

＊系统对采集的数据采用二进制方式保存，格式为 $D_1 \cdots D_n$，其中 D_1 为采样频率，处理采集数据时必须先删除 D_1。

4. 经验公式的建立

本实验采用单因素法测量数据，数据处理采用图解法。建立经验公式

$$F_c = c_{F_c} a_p^{x_{Fc}} f^{y_{Fc}} \tag{9-1}$$

（1）改变背吃刀量。在双对数坐标纸上画出 $F_c - a_p$ 线，得到表达背吃刀量的单项切削力指数公式

$$F_c = C_{a_p} a_p^{X_{Fc}} \tag{9-2}$$

（2）改变进给量。实验参数 $n=$ ；$a_p=$ ；$f=$ ；$d=$ ；$\gamma_0=$ 。

在双对数坐标纸上画出 $F_c - f$ 线，得到表达进给量的单项切削力指数公式

$$F_c = C_f f^{x_{Fc}} \tag{9-3}$$

（3）数据处理。分别将式（9-1）、式（9-2）等号两边取对数得到

$$\lg F_c = \lg C_{a_p} + x_{Fc} \lg a_p \tag{9-4}$$

$$\lg F_c = \lg C_f + y_{Fc} \lg f \tag{9-5}$$

根据式（9-4）、式（9-5）可以看出 $F_c - a_p$ 线和 $F_c - f$ 线在双对数坐标纸上均为直线。其中

C_{a_p} 为 $F_c\text{-}a_p$ 线在 $a_p = 1\text{mm}$ 处对数坐标上的 F_c 值

C_f 为 $F_c\text{-}f$ 线在 $f = 1\dfrac{\text{mm}}{r}$ 处对数坐标上的 F_c 值

指数 x_{F_c}、y_{f_c} 分别 $F_c - a_p$ 线和 $F_c - f$ 线的斜率，有

$$x_{Fc} = \tan a_1 = \frac{a_1}{b_1} \quad y_{Fc} = \tan a_2 = \frac{a_2}{b_2}$$

$$c_{F_{c1}} = \frac{c_{a_p}}{f^{y_{F_c}}} \qquad c_{F_{c2}} = \frac{c_f}{a_p^{x_{F_c}}}$$

取平均数有

$$c_{F_c} = \frac{c_{F_{c1}} + c_{F_{c2}}}{2}$$

将 x_{F_c}、y_{F_c}、c_{F_c} 代入切削力 F_c 的经验公式(9-5)即可得到切削力 F_c 的指数式。同理可求切削力 F_f，F_p 的经验公式。

实验 4　工艺系统静刚度的测定

【实验目的】

(1) 了解机床刚度的测定方法之一——静载法。

(2) 比较机床各部件刚度的大小,分析影响机床刚度的各个因素。

(3) 巩固和验证机制工艺学中有关系统刚度的概念,通过实验加深对工艺系统刚度等概念的理解,分析工艺系统刚度对加工精度的影响。

【实验设备】

弓形加载器,标准测力环,百分表,模拟车刀,机床。

【实验内容及步骤】

用实验的方法测定机床各部位的静刚度参数值,从而找出其中比较薄弱的环节或者零部件,然后通过改进它们的外形结构和装配连接方式,来提高工艺系统中机床各环节的刚度,以便于在加工过程中减小其加工误差,使工件的加工精度得到进一步的提高。

车床的受力变形为

$$y_{车床} = y_x + y_{刀架}$$

按刚度定义

$$y_主 = \frac{F_主}{k_主}; \qquad y_尾 = \frac{F_尾}{k_尾}; \qquad y_{刀架} = \frac{F_y}{k_{刀架}}$$

$$F_主 = F_y \frac{l-x}{l}; \qquad F_尾 = F_y \frac{x}{l}$$

其中,l 为工件两支点的距离,x 为刀具作用点到主轴前支点的距离。

1. 加载装置及加载方法

加载装置采用弓形加载器,加载器平面可以绕前后顶尖轴线摆动,并能固定于任一位置,加载器上各加载螺钉孔间夹角为 $150°$(如图 9-7 所示),这样就可以在一定范围内选取最切合实际的加载方向。在加载杆与模拟刀尖的压力用标定好的测力环测定,模拟刀尖应调整在车床前后顶尖的连线上。

根据实验,当 $\kappa_r = 45°$,$\lambda_s = 0°$,$\gamma_0 \approx 15°$ 时

$$F_y = (0.4 \sim 0.5)F_z; \qquad F_x = (0.3 \sim 0.4)F_z; \qquad F = (1.12 \sim 1.18)F_z$$

根据比例确定 α 角及 β 角的大小($F_y = F\cos\alpha\sin\beta$)。

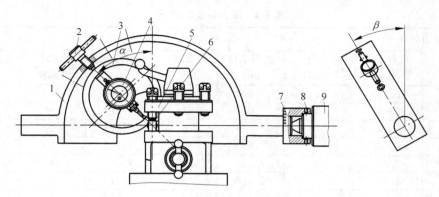

图 9-7　三向加载测定车床部件刚度

1—弓形加载器　2—加载螺杆　3—测力环　4—百分表　5—刀台
6—模拟车刀　7—定位套　8—锁紧螺钉　9—尾座

2. 实验内容

用静载法测定车床刚度,着重测量记录车床主轴端部、刀架及尾架套筒头部在受力后的位移,以便计算其各部件刚度及机床刚度。

机床测试点布置通常由于床身变形很小,故一般都将床身看作是绝对刚体,在测试所有部件位移时都以床身作为测量基准,然而床身实际上也是一个变形零件,当为了测定床身刚度对综合刚度的影响时,测量基准必须选在平板或者地面上。

本实验测量仍选床身为基准,测点选机床主轴端部、尾架套筒头部及刀架共三处。

3. 实验步骤

(1) 将弓形加载器顶尖孔擦净,并装于机床顶尖间,保证后顶尖伸出长度 $L=30$ 左右,根据要求的角度进行调整和安装加力螺钉。

(2) 安装模拟刀具在刀架上并使作用点与顶尖等高,夹紧它。

(3) 将测力仪如图 9-7 所示,通过两钢珠装于加力螺钉与模拟刀具之间(在正式测量开始时测力仪上不应有与加载荷)。

(4) 在各测点位置上,分别安装相应的千分表(并调整指示值为零)。

(5) 转动加载螺钉,加载从 50kg～600kg,然后卸载至零,每次增加 50kg,间隔时间为 2～3 分钟。

(6) 记录各次不同载荷时各测点千分表的读数,将测量结果填入表 9-4 中(主轴箱、尾座、刀架的变形 $y_主$、$y_尾$、$y_{刀架}$)。

(7) 测量机床各测试截面间的距离。

(8) 卸下各仪表及工具,擦拭处理。

4. 标准测力环使用须知

(1) 仪器上零件(包括百分表)不准更换,拆卸;

(2) 使用时,在最大载荷下压三次;

(3) 应先将百分表压缩 5.2mm 后大指针对零;

(4) 读数前轻敲百分表中部。

表 9-4　测力环校准结果

测力环 0		A		B		C	
载荷 10kN	进程示值 mm	载荷 10kN	进程示值 mm	载荷 10kN	进程示值 mm	载荷 10kN	进程示值 mm
0	5.000	0	7.000	0	7.000	0	7.000
1	5.098	1	7.082	1	7.082	1	7.082
2	5.193	2	7.166	2	7.165	2	7.164
3	5.289	3	7.249	3	7.250	3	7.246
4	5.387	4	7.333	4	7.337	4	7.328
5	5.483	5	7.417	5	7.422	5	7.409
6	5.580	6	7.500	6	7.506	6	7.492
7	5.678	7	7.586	7	7.590	7	7.577
8	5.777	8	7.672	8	7.673	8	7.661
9	5.877	9	7.757	9	7.757	9	7.743
10	5.976	10	7.841	10	7.843	10	7.827

第10章 机械原理实验

实验1 机构认知

【实验目的】

（1）配合课堂教学及课程进度，为学生展示大量丰富的实际机械、机构模型、机电一体化设备及创新设计实例，使学生对实际机械系统增加感性认识，加深理解所学知识。

（2）开阔眼界，拓宽思路，启迪学生的创造性思维并激发创新的欲望，培养学生最基本的观察能力、动手能力和创造能力。

【实验内容】

机器和仪器都是由机构组成的，其中具有确定运动的各工作构件产生或影响机器和仪器的工作过程。同时，在机器和仪器的制造以及其他众多技术设备也都是由机构组成。而且，随着生产过程的自动化以及向着高精度、高速度、高效率的发展趋势，要求设计出更多的新机构与之相适应。本实验中展示的经典机构有平面铰链连杆机构、常用机构、凸轮机构、齿轮机构、涡轮蜗杆机构、机构的组合、棘轮机构及槽轮机构等间歇机构、空间机构等。

【注意事项】

（1）注意人身安全，不要在实验室内跑动或打闹，以免被设备碰伤；特别应注意摇动设备时不要压轧着自己或别人的手。

（2）爱护设备，摇动设备动作要轻，以免损坏设备；一般不要从设备或展台上拿下零件，若拿出零件，看完后应按原样复原，避免零件丢失。

（3）不要随便移动设备，以免受伤或损坏设备。

（4）注意卫生，禁止随地吐痰和乱扔杂物，禁止脚踩桌椅板凳。

（5）完成实验后，学生应将实验教室打扫干净，将桌椅物品摆放整齐。

【思考题】

什么是机器？什么是机构？两者有何区别？

实验2 齿轮范成原理

【实验目的】

（1）掌握范成法切制渐开线齿轮的原理，观察齿廓形成的过程。

（2）了解渐开线齿轮产生根切的原因、现象和避免根切的方法。

（3）分析比较标准齿轮和变位齿轮的异同点。

【设备及工具】

(1) 齿轮范成仪;

(2) 工具:剪刀;

(3) 自带工具:圆规、三角尺、铅笔(HB)、橡皮、裁好直径230mm圆形图纸一张。

【原理和方法】

1. 原理

范成法是利用一对齿轮相互啮合时,齿轮齿廓互为包络线的原理来加工轮齿的。加工时,其中一轮为刀具,另一轮为轮坯,它们仍能保持固定的角速比转动,完全和一对真正的齿轮互相啮合传动一样,同时刀具还沿轮坯的轴向作切削运动。这样切制得到的齿轮齿廓就是刀具刀刃在各位置的包络线。今若用渐开线作为刀具齿廓,则其包络线也必为渐开线。由于实际加工时,看不到刀刃在各个位置形成包络线的过程,所以在实验中用齿轮范成仪来实现轮坯与刀具间的传动过程并用铅笔将其记录在纸上,这样能清楚地观察到齿轮范成的过程。

2. 齿轮范成仪(见图10-1)

圆盘1绕底座5的轴线回转,齿条纵拖板2与齿轮圆盘3做纯滚动。

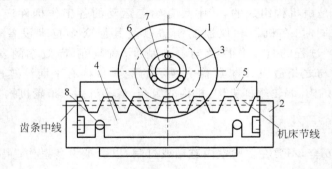

图 10-1　齿轮范成仪示意图

1—圆盘　2—齿条纵拖板　3—齿轮分度圆　4—齿条刀具　5—底座　6—螺钉

7—压环　8—调节螺钉

圆盘与纵拖板为齿轮齿条传动,因此两者之间为无滑动的纯滚动,圆盘上放纸相当于轮坯。齿条刀具由两个螺钉8与纵拖板相连接,可以使齿条刀具的中心线移近或远离轮坯的中心。如果当刀具4上的刻度对准"0"时,即齿条刀具的中心线对准机床节线并与分度圆相切时,为切制标准齿轮时刀具的位置;当刀具的中心线远离轮坯中心,即使中线以上的任一分度线与机床节线对准并与轮坯分度圆相切作纯滚动时,为切制正变位齿轮时刀具的位置;反之则为切制负变位齿轮时的位置。

3. 齿轮范成仪参数

刀具:$m=20\text{mm}$,$\alpha=20°$,$h_a^*=1$,$c^*=0.25$。

轮坯:分度圆直径 $d=160\text{mm}$,故齿数 $z=\dfrac{d}{m}=8$。

【实验内容】

绘制:(1) 标准齿轮(根切齿轮),(2) 修正齿轮(正变位齿轮)。

【实验步骤】

1. 预备工作

（1）计算。根据下面公式及上面规定的参数算出标准齿轮及正变位齿轮的 d、d_a、d_f。变位齿轮参数计算公式如下

$$d_f = d - (2.5 - 2x)m$$

$$d_a = d + (2 + 2x)m$$

当计算标准齿轮尺寸时，可取上式中 $x = 0$，当切制正变位齿轮时 x 的取值为

$$x_{min} = \frac{(17 - z)}{17}$$

要想使被切齿轮不发生根切，理论上必须取 $x \geqslant x_{min}$。由于所切齿数越少时，x 取值越大，被切的齿轮齿顶越尖，以致无法使用，故规定 x 取值为 $x_{max} \geqslant x_{min}$（$z = 8$ 时，齿顶变尖的 $x_{max} = 0.565$）。

（2）绘图。将所带的图纸从中间画上中心线分成两部分。然后将计算的标准及变位齿轮的 d、d_a、d_f 分别画在各半边图纸上。

（3）裁剪。用剪刀沿着齿顶圆将外围剪去，在图纸上只剩下两个画出 r、r_a、r_f 的半圆，如图 10-2 所示。

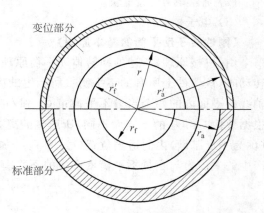

图 10-2　图纸裁剪及辅助线绘制示意图

2. 绘制标准齿轮

（1）将剪好的图纸压紧在圆环下，注意图纸中心与圆盘中心对正，并将所画图的标准齿轮半圆部分对准刀具。

（2）松开螺钉 8 使刀具上刻度线对准两侧"0"刻度。

（3）将纵拖板 2 拖到左边或右边的极端位置，用削尖的铅笔沿齿条刀具齿廓画下该齿廓在图纸上的投影线，然后转动圆盘使齿条移动一个单位距离（以钢珠响一次为一单位），再用铅笔描下刀具齿廓的投影线，继续重复下去，直至在图纸上形成 2 至 3 个完整的齿形为止。轮坯上的包络线就是被根切齿轮的齿廓。

3. 绘制修正齿轮

（1）将图纸取下转动一个角度，按标准齿轮方法将变位齿轮部分图纸装好。

（2）将齿条刀具远离中心方向移动，使两刻度线对准所移动的移距即可（x 与 m 的乘积为移距）。

（3）制齿步骤同标准齿轮。

【分析与讨论】

（1）齿条刀具的齿顶高和齿根高为什么都等于 $(h_a^* + c^*)m$？

（2）在绘制标准齿轮时会发生什么现象？这是为什么？怎样避免？在图中画出根切部分。

（3）比较用同一齿条加工的标准齿轮与变位齿轮的几何参数：m、α、r、r_b、h_a、h_f、s、s_b、s_a、s_f 哪些变了？哪些没变？为什么？

实验 3　动平衡实验

【实验目的】

(1) 了解动平衡机的工作原理；

(2) 掌握用动平衡机进行刚性转子动平衡的原理与方法。

【实验设备及工具】

(1) YYQ-50 型、YYW-160 型硬支承工业动平衡机。

(2) 各类转子、加重块。

(3) 电子秤。

【刚性转子动平衡的基本原理】

由《机械原理》所述的回转体动平衡原理知：一个动不平衡的刚性回转体绕其回转轴线转动时，该构件上所有的不平衡重所产生的离心惯性力，可以转化为任选的两个垂直于回转轴线的平面内的两个当量不平衡重 G_1 和 G_2（它们的质心位置分别为 r_1 和 r_2；半径大小可根据数值 G_1、G_2 的不同而不同）所产生的离心力。动平衡的任务就是在这两个任选的平面（称为平衡基面）内的适当位置（$r_{1平}$ 和 $r_{2平}$）加上两个适当大小的平衡重 $G_{1平}$ 和 $G_{2平}$，使它们产生的平衡力与当量不平衡重产生的不平衡力大小相等，而方向相反，即

$$-G_1 r_1 \omega^2 = G_{1平} r_{1平} \omega^2$$
$$-G_2 r_2 \omega^2 = G_{2平} r_{2平} \omega^2$$

半径 $r_平$ 越大，则所需的 $G_平$ 就越小。此时，$\sum P = 0$ 且 $\sum M = 0$，该回转体达到动平衡。

【动平衡试验机的测试原理】

如图 10-3 所示，在主机的左、右支承架上各装有一对滚轮，由于支承实验转子，滚轮架可以作升降调节。两支承架的左右两侧分别装有限位支架，用于调节限位的位置，防止转子的轴向窜动。

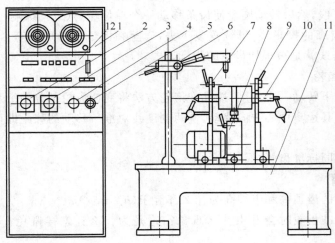

图 10-3　硬支承动平衡机

1—电测箱　2—总电源开关　3—转速选择开关　4—停机按钮　5—开机按钮　6—光电头支架

7—左支承架　8—圈带转动装置　9—右支承架　10—校验转子　11—机座　12—不平衡量显示器

在支承架中部装有压电式传感器,它是一种可逆性换能器,既可以将机械能转化为电能,又可以将电能转化为机械能,这种性能用于力、压力或速度方面的测量。

在硬支承动平衡机中,轴承支架的刚度较高。不平衡量所产生的离心惯性力,不能使轴承支架产生摆动,因此,工件与轴承支架几乎不产生振动偏移,这样,"不平衡力"即可以被认为是作用在简支梁上的"静力",这样就可以用静力学的原理来近似分析工作的平衡条件。

根据刚性转子的平衡原理,一个动不平衡的刚性转子,总可以在与旋转轴垂直而不与转子重心相重合的两个校正平面上减去或加上适当的质量来达到平衡,转子旋转时,支撑架上的轴承受到"不平衡"的交变压力(包含"不平衡"的大小和相位)这一非电量通过压电式传感器转换成电量,然后送入电测箱中的 MCB-20 型微机测试系统处理和显示。

整个微机测试系统是通过电荷放大器、一次积分、二次积分、电容开关滤波器、射级跟随器、程控放大器,最后通过模/数转换器,将一个模拟的信号转变成等价的数字信号,然后送入计算机,将不平衡量的大小,相位显示在屏幕上。

动平衡型号 YYQ-50:第一个 Y 表示动平衡实验机,第二个 Y 表示硬支撑,Q 表示圈带式,50 表示最大工件质量为 50kg。

动平衡型号 YYW-160:W 表示万向节连接,160 表示工件质量范围 5～160kg。

【实验前的准备】

(1) 接通电源,打开总电源开关;

(2) 根据转子的形状及结构,选择支承形式,调整左右支撑架的位置,并紧固好,将被测转子放在支架上;

(3) 根据转子的轴颈尺寸及轴线的水平状态,调节好支撑架上滚轮的高度,使转子的轴线保持水平,在旋转时不致窜动;

(4) 转子安放后,支承处应加少许润滑油,特别是轴颈和滚轮的表面,应做好清洁工作;

(5) 调整好支承架上的限位架及安全架,防止转子轴向窜动,以免发生事故;

(6) 根据被校验转子的质量、外径、初始不平衡量及驱动功率,来选择平衡转速;

(7) 根据转子的情况,在转子端面或外圆上用特种铅笔或胶纸做上黑色或白色标记,调好光电头的位置,以便于显示出转子不平衡量的相位;

(8) 测量出左校正平面至支承轴承中心间的距离 a,右校正平面至右支承轴承中心间的距离 c,左、右校正平面至间的距离 b,左校正平面的平衡半径 r_1,右校正平面的平等半径 r_2;初步确定转速,根据转子的具体情况确定采用加重法或是去重法;

(9) 为了避免产生共振,减少电测箱矢量表的光点晃动或数字跳动,保持读数的正确性,转子轴颈的尺寸与支承架滚轮的尺寸尽可能不相同。

【实验步骤】

(1) 接通电源,系统进行一次程序测试及系统调零。

(2) 参数设置。系统能长期保存所存储的转子数据、定标参数等其他数据,并不受关机的影响。调出转子数据和转子支承参数如图 10-4 所示,步骤如下:

① 按 $\boxed{\begin{array}{c} D \\ 参数 \end{array}}$ 键,进入 D0 页,输入工件号,如图 10-5 所示。

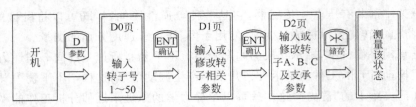

图 10-4 转子参数输入操作流程图

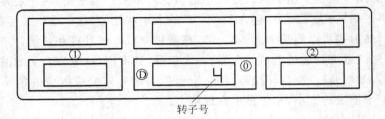

图 10-5 D0 页参数

② 按 [ENT 确认] 键,进入 D1 页,调出该转子的相关数据,将 A,B,C,D,E 区所对应的窗口内容输入完成,如图 10-6 所示。

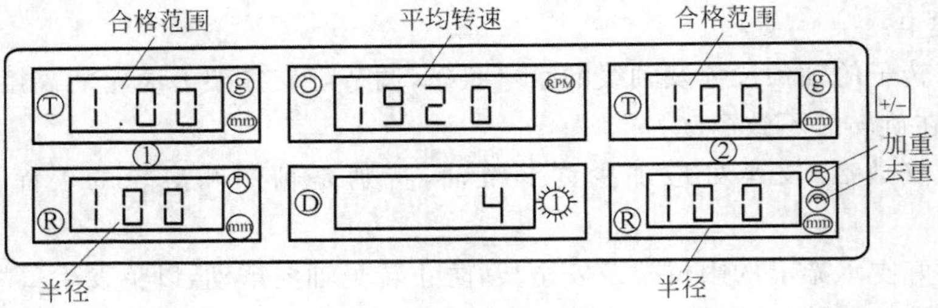

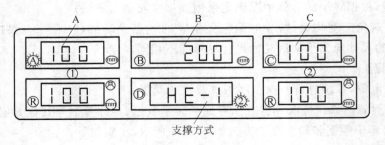

图 10-6 D1 页参数

③ 按 [ENT 确认] 键,进入 D2 页,将 A,B,C,E 取所对应的窗口内容输入完成,如图 10-7 所示。

图 10-7 D2 页参数

④ 按 　键,该工件参数输入完成。

（3）测量。参数设置完成后,系统进入测量状态。测量状态下显示特征:E 区左侧 T 亮,如图 10-8 所示。

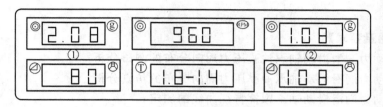

图 10-8　测量状态

【注意事项】

（1）严格按照实验操作规程进行操作,注意人身设备安全;

（2）准确确定 a、b、c、r_1、r_2 的数据;

（3）滚轮表面应保持清洁,不准黏附铁屑、灰尘杂物,每次工作前后揩净滚轮和转子轴颈,加上少许润滑油;

（4）电测箱是平衡机的重要部件,防止振动和受潮,工作完毕后应关掉电测箱电源开关;

（5）电测箱面板上所有旋钮与开关不得任意拨动,以免损坏元器件和带来测量误差。

【思考讨论题】

（1）刚性转子进行动平衡试验的目的是什么?

（2）同一转子在不同的动平衡试验机上测得的不平衡质量是否会完全相同,为什么?

（3）作往复移动或平面运动的构件,能否用动平衡试验机将其惯性力平衡? 为什么?

（4）设所测试转子为家用电风扇的扇轮,是否可用同样的方法对其平衡? 如何进行?

第 11 章　机械设计实验——滑动轴承

【实验目的及要求】

(1) 液体动力润滑滑动轴承油膜压力周向分布的测试分析；

(2) 液体动力润滑滑动轴承油膜压力周向分布的仿真分析；

(3) 液体动力润滑滑动轴承摩擦特征曲线的测定；

(4) 液体动力润滑滑动轴承实验的其他重要参数测定：如轴承平均压力值、轴承 PV 值、偏心率、最小油膜厚度等。

【实验基本原理】　滑动轴承实验台的构造如图 11-1 所示。

图 11-1　滑动轴承实验台

(1) 实验台的传动装置。由直流电动机通过 V 带传动驱动轴沿顺时针（面对实验台面板）方向转动，由无级调速器实现轴的无级调速，由软件界面内的读数窗口读出。

(2) 轴与轴瓦间的油膜压力测量装置。轴的材料为 45 号钢，经表面油淬火、磨光，由滚动轴承支承在箱体上，轴的下半部浸泡在润滑油中，本实验台采用的润滑油的牌号为 0.34PaS。轴瓦的材料为铸锡铅青铜，牌号为 ZCuSn5Pb5Zn5（即旧牌号和 ZQSn6-6-3）。在轴瓦的一个径向平面内沿圆周钻有 7 个小孔，每个小孔沿圆周相隔 20°，每个小孔连接一个压力表，用来测量该径向平面内相应点的油膜压力，由此可绘制出径向油膜压力分布曲线。沿轴瓦的一个轴向剖面装有两个压力表，用来观察有限长滑动轴承沿轴向的油膜压力情况。

(3) 加载装置。油膜的径向压力分布曲线是在一定的载荷和一定的转速下绘制的，当载荷改变或轴的转速改变时抽测出的压力值是不同的，所绘出的压力分布曲线的形状也是不同的。转速的改变方法于前所述。本实验台采用螺旋加载，转动螺旋即可改变载荷的大小,所加载荷之值通过传感器数字显示,直接在测控箱面板右显示窗口上读出(取中间值)。这种加载方式的主要优点是结构简单、可靠,使用方便,载荷的大小可任意调节。

(4) 摩擦系数 f 测量装置。径向滑动轴承的摩擦系数 f 随轴承的特性系数值 $\lambda = \eta n / p$ 的改变而改变(η 为油的动力黏度,n 为轴的转速,p 为压力;$p = W/Bd$,W 为轴上的载荷,B 为轴瓦的宽度,d 为轴的直径)。在边界摩擦时,f 随 λ 的增大而变化很小(由于 n 值很小,建议用手慢慢转动轴),进入混合摩擦后,λ 的改变引起 f 的急剧变化,在刚形成液体摩擦时 f 达到最小值,此后,随 λ 的增大油膜厚度亦随之增大,因而 f 亦有所增大。摩擦系数 f 之值可通过测量轴承的摩擦力矩而得到。轴转动时,轴对轴瓦产生周向摩擦力 F,其摩擦力矩为 $Fd/2$,它供轴瓦翻转,轴瓦上测力压头将力传递至压力传感器,压力传感器的检测值乘以力臂长 L,就可以得到摩擦力矩值,经计算就可得到摩擦系数 f 之值。根据力矩平衡条件得 $Fd/2 = LQ$。L 是测力杆的长度(本实验台 $L = 120\text{mm}$),Q 是作用在 A 处的反力。设作用在轴上的外载荷 W,则 $f = F/W = 2LQ/Wd \cdot Mf = LQ$ 的值可直接读到,$f = 2Mf/Wd$,其中面板上 81PP 为油膜压力,负 P 为加载力,fM 为摩擦力矩,T 为油温,n 为转速。

(5) 实验系统主要技术参数。实验轴瓦的内径 $d = 70\text{mm}$,长度 $L = 125\text{mm}$,加载范围为 $0 \sim 1000\text{N}$(100kg),摩擦力传感器量程为 50N,压力传感器量程为 $0 \sim 1.0\text{MPa}$,加载传感器量程为 $0 \sim 2000\text{N}$,直流电动机功率为 355W,主轴调速范围为 $2 \sim 500\text{r/min}$。

【实验仪器设备】　ZCS-Ⅱ型液体动压轴承实验台。

【实验内容、步骤】

1. 准备工作

(1) 将光电传感器接至测控箱背板的数字通道 1 上,从左到右依次将管路压力传感器接至控制箱上的模拟通道 $1 \sim 7$ 上,将轴上的管路压力传感器接至模拟通道 8 上,摩擦力矩检测传感器接至模拟通道 9,负载荷重压力传感器接至模拟通道 10 上。

(2) 将控制箱的电机电源线与电机相连,同时连接控制箱电源。

(3) 如果使用计算机测量,将计算机与控制箱用串口线相连。

2. 实验机构操作

(1) 在开电机转动之前请确认载荷为空,即要求先开电机转速再加载,转速慢慢加到 200r/min 待稳定后,旋动加载螺纹加载约 400N(转速和加载值在测控箱面板的右显示窗口显示)。

(2) 在一次实验结束后马上又要重新开始实验时,请用轴瓦上端的螺栓旋入顶起轴瓦将油膜先放干净,同时在软件中要重新"复位",这样确保下一次实验的数据准确。

(3) 由于油膜形成需要一小段时间,所以在开机实验或在变化载荷或在变化转速后请待其稳定后(一般等待 $5 \sim 10\text{s}$ 即可)再采集数据。

(4) 长期使用过程中请确保实验油的足量、清洁,油量不够和不干净都会影响实验数据的准确性。

(5) 进入实验主窗体 1,选择通信口 COM1 或者 COM2,在开始加载和电机转动之前先单击"复位"按钮以便让软件进入试验台的初始状态,保证实验数据的准确。

在确定机构工作稳定后单击"数据采集",将数据采集进来(共 12 个数据,它们是 7 个油膜压力值、1 个外加载荷值、1 个转速值、1 个计算摩擦力矩的压力值……)。当数据采集完成后就可进行油膜压力分析了,单击"实测曲线"作出测得的 7 个压力值曲线,单击"理论曲线"作出理论压力曲线,可对两者进行比较,同时也可手动改变 7 个点的压力值的大小或载荷、转速值再观察曲线的变化。单击"结果显示"会将相应的结果显示在结果显示框中。

3. 摩擦性能仿真与测试

（1）进入主窗体,同样首先选择通信串口 COM1 或 COM2,选择摩擦特性实验,在实验模式（"理论模拟"和"实测实验"）中选择相应的状态,"实测实验"将从试验台采集的数据发送到软件数据显示列表中,单击"实测曲线"作出摩擦系数实测曲线。

（2）在曲线显示窗口中,纵坐标显示的为摩擦系数,横坐标由操作模式决定（操作模式有"载荷固定"和"速度固定"）,相应的横坐标为转速和载荷。

（3）待各压力表的压力值稳定后,由左至右依次记录各压力表的压力值（转速不变）。

（4）调节转速并逐次记录有关数据（保持加载力不变）5,卸载、关机。

【实验报告内容】

1. 实验目的

2. 实验数据记录表（见表 11-1～表 11-3）

（1）油膜压力实验　工作参数：转速 $n=200\text{r/min}$；载荷 $F=800\text{N}$

表 11-1　实验油膜 7 点压力值

压力点	1	2	3	4	5	6	7
压力值（MPa）							

油膜平均压力：　　　　许用压力：pV 值：　　　　　　许用 pV 值：

最小油膜厚度：

（2）摩擦性能实验

表 11-2　速度固定下的实测摩擦力矩（速度为　　　）

序号	载荷	摩擦力矩	实际摩擦	理论摩擦
1				
2				
3				
4				
5				
6				
7				

表 11-3　载荷固定下的实测摩擦力矩（载荷为　　　）

序号	转速	摩擦力矩	实际摩擦	理论摩擦
1				
2				
3				
4				
5				
6				
7				

3. 实验结果分析

（1）绘制 $n=500\text{r/min}$ 时油膜压力分布曲线（径向、轴向两种）。

（2）绘制 $n=500\text{r/min}$ 时径向油膜承载能力的计算。

（3）绘制速度一定时，摩擦系数的实测和理论曲线。

（4）绘制载荷一定时，摩擦系数的实测和理论曲线。

【思考题】

（1）径向滑动轴承形成液体动压润滑的条件是什么？

（2）滑动轴承与滚动轴承比较有哪些独特优点？为什么？

（3）径向滑动轴承的轴颈与轴承孔间的摩擦状态如何？

（4）影响轴承承载量的因素是什么？

（5）常用的轴瓦材料有哪些？轴瓦材料除应满足摩擦系数小和磨损少以外，还应满足什么要求？

第 12 章　数控机床与编程实验

实验 1　数控车床的调整、手工编程

【实验目的】

（1）了解数控车床的结构组成及工作原理。

（2）了解数控车床的基本运动、加工对象及其用途。

（3）了解数控车床操作面板各按键（CNC 界面）的功用。

（4）掌握数控车床的调整及加工前的准备工作。

（5）掌握手工编程的指令及编程方法，并能够对给出的零件图形进行编程。

（6）掌握 CNC 系统的运行过程，加工出零件图形中指定的零件。

【实验原理】

数控加工在制造业中占有非常重要的地位，数控机床是一种高效的自动化设备，它可以按照预先编制好的零件数控加工程序自动地对工件进行加工。理想的加工程序不仅应能加工出符合图纸要求的合格零件，同时还应使数控机床的功能得到合理的应用与充分的发挥，以使数控机床安全可靠且高效地工作。程序编制是数控加工的重要组成部分，加工的零件形状简单时，可以直接根据图纸用手工编写程序；如果零件形状复杂和三坐标以上切削加工时就需要采用应用计算机的自动编程手法。本实验通过数控车床 GTC2E 数控系统，用手工编程的方法对零件进行编程，调整 GTC2E 系统及机床，达到加工出所给零件图形的零件目的。

【实验仪器】

CK6132 数控车床 4 台，80KBEPROM 和 80KBSRAM，320X240LCD 液晶显示器，微机一台。

卡尺等测量工具、零件毛坯。

【实验内容及步骤】

本数控车床主要由 FANUC 系统及机床的控制面板的手动部分来操纵。

（1）熟悉系统的界面和操作面板以及相关的功能按键。

（2）输入编写好的零件加工程序。

（3）进行系统的参数设置。

（4）模拟仿真加工过程。

（5）毛坯安装。

（6）对刀。

（7）加工。加工和检验零件的精度。

【实验报告思考题】

（1）数控机床与普通机床在性能上有什么不同？

（2）数控机床为了保证达到高性能在结构上采取了哪些措施？

（3）数控机床与普通机床相比较机构上有哪些不同？

（4）数控车床传动系统与普通车床有什么区别？

（5）数控机床适合加工什么样的工件和多大的批量？

（6）数控机床开启后为什么要进行回参考点操作？

（7）数控车床的加工精度是由哪些因素决定的？

（8）机床上工件的实际坐标系与程序中的坐标系是如何有机地联系起来的？

（9）G00 与 G01 指令有何不同？

（10）数控系统编程时应注意哪些问题？

（11）自己编一零件加工程序并画出工件坐标及刀路图。

实验 2　数控铣床的调整、手工编程

【实验目的】

（1）了解数控铣床的组成、基本结构。

（2）了解数控铣床的基本运动、加工对象及其用途。

（3）了解数控铣床操作面板各按键（CNC 界面）的功用。

（4）掌握数控铣床的调整及加工前的准备工作。

（5）掌握手工编程的指令及编程方法，并能够对给出的零件图形进行编程。

（6）掌握 CNC 系统的运行过程，加工出零件图形中指定的零件。

【实验原理】

数控加工在制造业中占有非常重要的地位，数控机床是一种高效的自动化设备，它可以按照预先编制好的零件数控加工程序自动地对工件进行加工。理想的加工程序不仅应能加工出符合图纸要求的合格零件，同时还应使数控机床的功能得到合理的应用与充分的发挥，以使数控机床安全可靠且高效地工作。程序编制是数控加工的重要组成部分，加工的零件形状简单时，可以直接根据图纸用手工编写程序。本实验通过数控铣床 GTX3E/GTX4E 数控系统，用手工编程的方法对零件进行编程，调整 GTX3E/GTX4E 系统及机床，达到加工出所给零件图形的零件目的。

【实验仪器】

XK6132 数控车床 2 台，80KBEPROM 和 80KBSRAM，320X240LCD 液晶显示器，微机一台、测量工具、零件毛坯。

【实验内容及步骤】

本数控铣床主要由 FANUC 系统及机床的控制面板的手动部分来操纵。

（1）熟悉系统的界面和操作面板以及相关的功能按键。

（2）输入编写好的零件加工程序。

（3）进行系统的参数设置。

（4）模拟仿真加工过程。

（5）毛坯安装。

（6）对刀。

（7）加工。

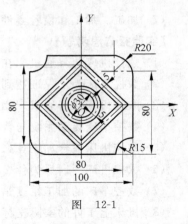

图　12-1

【实验报告】

用直径为 5mm 的立铣刀，加工如图 12-1 所示零件，其中方槽的深度为 5mm，圆槽的深度为 4mm，外轮廓厚度为 10mm。试编写图示零件的数控加工程序。

实验 3　数控铣、加工中心刀具

【实验目的与要求】

通过具体数控铣、加工中心刀具的观察与拆装，了解常用数控铣、加工中心刀具的结构特点，了解数控铣、加工中心加工所用刀具的名称及功用。

【实验装置及工量具】

（1）普通铣床常用刀具及刀柄：高速钢铣刀、机夹式可转位硬质合金铣刀等刀具、刀柄；

（2）数控铣、加工中心常用刀具及刀柄：整体式硬质合金铣刀、数控镗刀、国产机夹式可转位硬质合金数控铣刀、山特维克硬质合金铣刀等刀具刀柄。

工量具：常用工具、量具一套。

【实验内容】

认识各种常用刀具，观察各种刀具及刀柄的结构，认识其组成元件、刀片定位夹紧机构特点，了解它们的功用。掌握各种铣床刀具的用途，观察各种铣床刀具切削刃形状特征、刀片的主要几何角度，将数控铣、加工中心常用刀具与普通铣床常用刀具的特点进行对比，掌握数控铣、加工中心刀具的特点。

【实验步骤】

（1）根据图 12-2～图 12-6 和对应刀具实物认识刀具。

（2）分别观察各种刀具、刀柄的外形结构特点，拆卸刀具刀片夹紧机构及刀柄。

（3）复位安装刀片夹紧机构及刀柄。

（4）仔细观察刀具切削刃、断屑槽及主要角度的特点。

（5）仔细观察刀柄的结构特点。

（6）清理实验设备、工量具及实验台。

【实验报告】

课后每位同学按照要求完成实验报告。

【实验注意事项】

（1）刀具刀片夹紧机构、刀柄的拆装必须使用专用工具并参照结构原理图，实验前、后按结构原理图及零件清单检查零件数量。

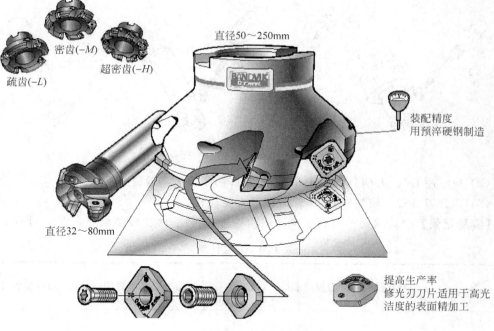

密齿(-M)

超密齿(-H)

疏齿(-L)

直径50～250mm

装配精度
用预淬硬钢制造

直径32～80mm

提高生产率
修光刃刀片适用于高光
洁度的表面精加工

图 12-2　山特维克硬质合金铣刀

图 12-3　整体式刀柄

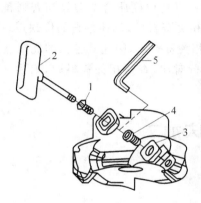

图 12-4　面铣刀安装图

图 12-5　镗刀安装图

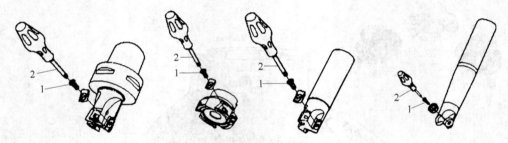

图 12-6　常用刀具安装图

（2）展示用刀具、刀柄只能用于观察，不允许用于拆装实验。

（3）部分刀具刃口较为锋利，实验时注意安全操作。

【实验记录】　（要求每类刀具至少选取两种进行对比，将比较结果填在表 12-1 中）

表 12-1　比较结果

名称 ＼ 项目	刀具材质	切削刃形（2：1 绘图）	刀片夹紧系统简图	刀柄的种类
普通铣刀				
数控铣加工中心刀具				

【思考题】

（1）对比实验中数控铣、加工中心常用机夹式可转位硬质合金刀具与普通铣床常用机夹式可转位硬质合金刀具的材质区别，分析数控加工刀具选材的特点。

（2）分析对比实验中数控铣、加工中心常用机夹式可转位硬质合金刀具与普通铣床常用机夹式可转位硬质合金刀具的刀片夹紧机构，查阅相关资料后，阐述各自的优缺点。

（3）每类选取两种刀具进行切削刃形对比，查阅相关资料后，阐述其各自的优缺点。

（4）将常用数控铣、加工中心和普通铣床刀柄进行对比，查阅相关资料后，阐述其各自的优缺点。

实验4　数控铣床加工

【实验目的】

（1）了解数控铣床组成及其工作原理。

（2）了解零件数控加工的手工编程和自动编程方法。

（3）掌握用数控铣床加工零件的工艺过程。

【实验内容及安排】

（1）实验前仔细阅读本实验指导书的内容。

（2）教师讲解数控铣床的组成及其工作原理，演示数控铣床操作过程。

（3）学生进行程序传输和机床操作，完成零件加工。

【实验设备】

（1）数控铣床。

（2）由 10 台计算机组成的局域网。

（3）与机床通讯用计算机 5 台。

【数控铣床的组成】

数控铣床的基本组成见图 12-7，它由床身、立柱、主轴箱、工作台、滑鞍、滚珠丝杠、伺服电机、伺服装置、数控系统等组成，床身用于支撑和连接机床各部件，主轴箱用于安装主轴，主轴下端的锥孔用于安装铣刀，当主轴箱内的主轴电机驱动主轴旋转时，铣刀能够切削工件；主轴箱还可沿立柱上的导轨在 Z 向移动，使刀具上升或下降。工作台用于安装工件或夹具，工作台可沿滑鞍上的导轨在 X 向移动，滑鞍可沿床身上的导轨在 Y 向移动，从而实现工件在 X 和 Y 向的移动。无论是 X、Y 向，还是 Z 向的移动都是靠伺服电机驱动滚珠丝杠来实现。伺服装置用于驱动伺服电机，控制器用于输入零件加工程序和控制机床工作状态，控制电源用于向伺服装置和控制器供电。

【数控铣床加工说明】

1. 机床手动操作及手轮操作

（1）手动。选择手动功能键（FANUC 系统为功能旋钮"手动"挡），然后按动方向按键 $+X$，$+Y$，$+Z$，$-X$，$-Y$，$-Z$，使机床刀具相对于工作台向坐标轴某一个方向运动。

（2）手轮。选择手轮（单步）功能键（FANUC 系统为功能旋钮"手轮"挡），然后选择运动方向，KND 系统为 X Y Z 方向按键，FANUC 系统为方向旋钮。

2. 回零操作

（1）零前准备。用手轮方式将工作台，尤其是刀轴移动至中间部位（Z 向行程较小，只有 100mm，多加注意）。

（2）零操作。选择回零按键（FANUC 系统为功能旋钮指向回零），点动 $+X$ $+Y$ $+Z$ 按键（FANUC 系统为按住 $+X$ $+Y$ $+Z$ 按键），等待系统自动回零。

3. 程序传输 FANUC 系统

（1）功能旋钮指向"编辑"功能，单击 PROG 按键。

（2）依次选择屏幕下方"操作"、READ、EXEC 软键，等待程序输入。

（3）计算机传输系统启动，设置好参数，加载所需程序，单击"传输"即可。

4. G54 设置

（1）手轮对刀方法，找到并计算出工件上所需坐标点位置。

（2）设置 G54。FANUC 系统

① 功能旋钮指向"编辑"功能，单击 OFFSET 按键。

② 选择屏幕下方"坐标"软键，用箭头键将光标位置放置在 G54 处。

③ 输入相应坐标值即可。

5．程序加工

选择循环启动键。

注意：加工时不要离开机床！启动前找到急停按钮的位置！

【实验报告】

课后每位同学按要求完成实验报告，内容包括实验中数控铣床的结构特点、功用，以及调整、加工方法和过程。

【实验注意事项】

（1）认真学习设备的安全操作规程和使用说明。

（2）了解并掌握设备紧急停机的方法。

（3）正确着装，不得戴手套操作机床。

（4）按要求做好设备的保养。

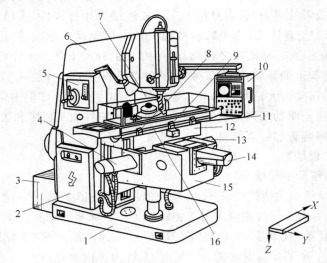

图 12-7　XK5040A 型数控铣床的布局图

1—底座　2—强电柜　3—变压器箱　4—垂直升降进给伺服电动机
5—主轴变速手柄和按钮板　6—床身　7—数控柜　8—保护开关
9—挡铁　10—操纵台　11—保护开关　12—横向溜板　13—纵向进给伺服电动机
14—横向进给伺服电动机　15—升降台　16—纵向工作台

实验 5　数控线切割加工

【实验目的】

（1）了解数控线切割机床的结构、工作原理及操作方法。

（2）掌握数控编程的基本方法，并在线切割机床上验证所编零件线切割加工程序是否正确。

（3）了解工件的装夹过程及找正方法。

（4）了解线切割加工工件的工艺性。

【实验设备、工具及毛坯】

（1）DK7763/40 型数控线切割机床各一台。

（2）活扳手、游标卡尺各一把。

（3）毛坯一块。

【实验内容及步骤】

首先由实验教师介绍数控线切割机床的主要部件的结构及作用,机床各按键和旋钮的功用,工件的装夹方法以及加工的操作过程。然后在实验教师的指导下,学生按下列步骤进行实验:

（1）接通电源、给控制柜和机床供电;把工件放到机床工作台上,找正加工位置,并将其夹紧;装好电极丝(钼丝)。

（2）将预先编好的工件线切割加工程序输入。

（3）根据加工工件的材料、结构特点及技术要求,预选一组电规准(工作电压、脉冲电流、脉冲宽度、脉冲频率等),并调好相应按钮的挡位。

（4）起动走丝电动机,接通脉冲电源,找正钼丝起切点的位置,然后记下滑板进给(X、Y方向)手柄上刻度的初始值。

（5）开动切削液泵,按下执行键,开始切割加工。加工时,要注意观察各项电参数是否正常,并通过相应的调整旋钮进行调节,使加工过程趋于稳定,但要防止调节量过大,以免造成断丝。对于切割中途需要换丝或装丝时(当断丝或改变起切点位置时)不要用手动进给方式移动工作台,而应采用程序控制的机动快速进给来完成,以保持切割程序运行的连续性。

（6）切割完毕,按操作要求关闭机床。

（7）检测工件。

（8）整理实验现场,填写实验报告。

【实验报告】

（1）工件图。

（2）加工条件记录。

工件材料:　　　　　　　　　　　　坯料尺寸:

钼丝直径:　　　　　　　　　　　　单边放电间隙:

电规准:

工作电压:　　　　　　　　　　　　工作电流:

脉冲宽度:　　　　　　　　　　　　脉冲频率:

（3）编写线切割加工程序,并填入表 12-2 中(学生应在实验前完成编程工作)。

表 12-2　线切割程序单

序号	线段	各线段对应的程序	备注
1			
2			
3			
4			
5			
6			
7			
8			

序号	线段	各线段对应的程序	备注
9			
10			
11			
12			
13			
14			
15			
16			
17			
18			

实验 6　电火花成型加工

【实验目的】

(1) 了解电火花成型机床的组成、工作原理及操作方法。

(2) 验证极性效应特性。

(3) 了解轴向放电间隙的控制方法。

(4) 了解电参数变化对加工质量及加工速度的影响。

(5) 了解不同电极材料的电火花加工工艺性。

【实验设备及工具】

(1) 电火花成型机床一台。

(2) 工具电极(尺寸为 ϕ10mm×100mm 的紫铜电极、石墨电极、钢电极)各一根。

(3) 加工试件(材料为 C_r12,尺寸为 90mm×30mm×10mm 上、下平面的表面粗糙度 R_a 为 3.2μm)一块。

(4) 游标卡尺和活动扳手各一把。

【实验内容及步骤】

首先由实验教师介绍电火花加工机床的主要构成,机床和控制柜上各旋钮及按键的功用,工件的装夹,平动量的调节以及加工的操作过程。然后由学生在实验教师的指导下,按下列步骤进行实验。

(1) 将试件和工具电极分别安装在工作台和主轴头上,按要求找正它们之间的位置关系,再将控制柜的两脉冲电源分别接到试件和工具电极上(或接到与它们相连的其他导电零件上)。

(2) 起动介质循环系统,使介质液面高于加工面,达到规定高度(按机床说明书规定),然后开启脉冲电源,根据加工条件选择电规准,并调整好相应旋钮的挡位,按下加工执行键,用手动缓慢下移工具电极,使之进入加工区,待发现有火花出现时转入电极进给的自动控制,加工即可开始。加工时注意观察主轴头、加工区和控制柜上各显示仪表的工作情况及彼此之间变化的关系,记下加工参数,填入表 12-3 中。

（3）三根直径相同但材料不同的工具电极在同样的电规准条件下，对同一块钢板的三处依次进行电火花加工，主轴垂直进给距离均为 5mm（以工具电极端面刚与工件表面接触开始，用百分表读数）。观察它们的加工状况有何不同，待加工结束之后，分别观察三个工具电极的耗损情况及表面粗糙度的变化情况，并测量试件的型孔直径和深度，将观察和测量的结果记入表 12-3 中。

（4）用一根石墨电极，在粗、中、精三种不同电标准的加工条件下，分别在同一块试件上进行三处电火花加工，主轴垂直进给距离为 5mm，待加工完后，分别观察粗、中、精加工试件表面粗糙度并测量其尺寸，记入表 12-4 中。

（5）关闭机床，清理实验现场，整理实验记录，填写实验报告。

【实验报告】

（1）在同一电标准条件下，不同电极材料电加工性能的测试记录见表 12-3。

表 12-3 试件及工具电极电加工表面及尺寸测量

工作电压 U/V				工作电流 I/A			
脉冲宽度 $t/\mu s$				工作频率 f/Hz			
测试电极	电极测量		工件测量		表面粗糙度	加工时间
	直径 d/mm	高度 h/mm	直径 d_1/mm	高度 h_1/mm	（大、中、小）	t/min
钢						
紫铜						
石墨						

（2）同一电极材料在不同电标准条件下的电火花加工性能测试记录见表 12-4。

表 12-4 试件电加工表面及尺寸测试

标准	工作压力 U/V	工作电流 I/A	脉冲宽度 $t/\mu s$	工作频率 f/Hz	试件测量		表面粗糙度
					直径 d_1/mm	高度 h_1/mm	大、中、小
粗							
中							
精							

第三篇　电气工程实验

第 13 章 电气控制及 PLC

实验 1 PLC 认知

【实验目的】

(1) 了解 PLC 软硬件结构及系统组成。

(2) 掌握 PLC 外围直流控制及负载线路的接法及上位计算机与 PLC 通信参数的设置。

【实验设备】

实验设备见表 13-1。

表 13-1 实验设备

序号	名　　称	型号与规格	数量	备注
1	可编程控制器实验装置	THPFSM-1/2	1	
2	实验导线	3 号	若干	
3	PC/PPI 通信电缆		1	西门子
4	计算机		1	自备

【PLC 外形图】

S7-200PLC 主机的外形如图 13-1 所示。

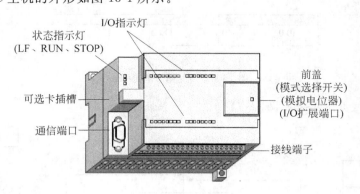

图 13-1 S7-200PLC 外形图

【控制要求】

(1) 认知西门子 S7-200 系列 PLC 的硬件结构,详细记录其各硬件部件的结构及作用。

(2) 打开编程软件,编译基本的与、或、非程序段,并下载至 PLC 中。

(3) 能正确完成 PLC 端子与开关、指示灯接线端子之间的连接操作。

(4) 拨动 K_0、K_1,指示灯能正确显示。

【功能指令使用及程序流程图】

常用位逻辑指令使用

标准触点：常开触点指令（LD、A 和 O）与常闭触点（LDN、AN、ON）从存储器或过程映像寄存器中得到参考值。当该位为 1 时，常开触点闭合；当该位为 0 时，常闭触点为 1。

输出：输出指令（＝）将新值写入输出点的过程映像寄存器。当输出指令执行时，S7-200 将输出过程映像寄存器中的位接通或断开。

与逻辑：如图 13-2 所示：I0.0、I0.1 状态均为 1 时，Q0.0 有输出；当 I0.0、I0.1 两者有任何一个状态为 0，Q0.0 输出即为 0。

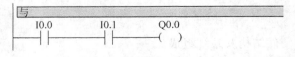

图 13-2　与指令梯形图

或逻辑：如图 13-3 所示：I0.0、I0.1 状态有任意一个为 1 时，Q0.1 即有输出；当 I0.0、I0.1 状态均为 0，Q0.1 输出为 0。

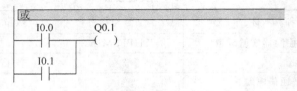

图 13-3　或指令梯形图

与非逻辑：如图 13-4 所示：I0.0、I0.1 状态均为 0 时，Q0.2 有输出；当 I0.0、I0.1 两者有任何一个状态为 1，Q0.2 输出即为 0。

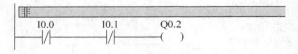

图 13-4　与非指令梯形图

程序流程图（见图 13-5～图 13-7）

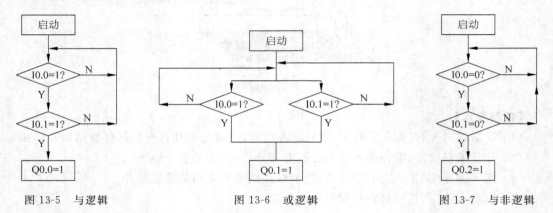

图 13-5　与逻辑　　　　　　图 13-6　或逻辑　　　　　　图 13-7　与非逻辑

【端口分配及接线图】

1. I/O 端口分配功能表（见表 13-2）

表 13-2　端口分配及接线图

序号	PLC 地址（PLC 端子）	电气符号（面板端子）	功 能 说 明
1	I0.0	K_0	常开触点 01
2	I0.1	K_1	常开触点 02
3	Q0.0	L0	"与"逻辑输出指示
4	Q0.1	L1	"或"逻辑输出指示
5	Q0.2	L2	"与非"逻辑输出指示
6	主机 1M、面板 V＋接电源＋24V		电源正端
7	主机 1L、2L、3L、面板 COM 接电源 GND		电源地端

2. 控制接线图

控制接线图如图 13-8 所示。

【操作步骤】

（1）按图 13-9 连接上位计算机与 PLC。

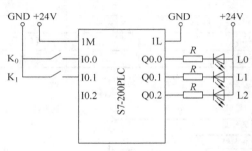

图 13-8　控制接线图

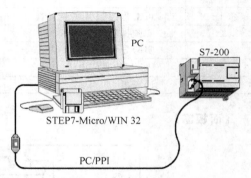

图 13-9　上位计算机与 PLC

（2）按"控制接线图"连接 PLC 外围电路，打开软件，单击 ，在弹出的对话框中选择"PC/PPI 通信方式"，单击 [属性(R)...]，设置 PC/PPI 属性，如图 13-10 所示。

（3）单击 ，在弹出的对话框中，双击图标 ，搜寻 PLC，寻找到 PLC 后，选择该 PLC；至此，PLC 与上位计算机通信参数设置完成，如图 13-11 所示。

图 13-10　设置 PC/PPI 属性

图 13-11　设置完成

（4）编译实验程序，确认无误后，单击 ，将程序下载至 PLC 中，下载完毕后，将 PLC 模式选择开关拨至 RUN 状态。

（5）将 K_0、K_1 均拨至 OFF 状态，观察记录 L0 指示灯点亮状态。

（6）将 K_0 拨至 ON 状态，将 K_1 拨至 OFF 状态，观察记录 L1 指示灯点亮状态。

（7）将 K_0、K_1 均拨至 ON 状态，观察记录 L2 指示灯点亮状态。

实验 2　抢答器程序设计

【实验目的】

（1）熟悉起保停编程方法。

（2）掌握抢答器控制系统的接线、调试、操作方法。

【实验设备】

表 13-3　实验设备

序号	名　　称	型号与规格	数量	备注
1	可编程控制器实验装置	THPFSM-1/2	1	
2	实验挂箱	A10	1	
3	实验导线	3 号	若干	
4	PC/PPI 通信电缆		1	西门子
5	计算机		1	自备

【面板图】

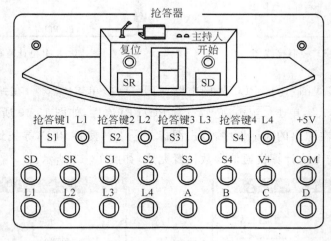

图 13-12　面板图

【控制要求】

（1）系统初始上电后，主控人员在总控制台上单击"开始"按键后，允许各队人员开始抢答，即各队抢答按键有效。

（2）抢答过程中，1～4 队中的任何一队抢先按下各自的抢答按键（S1、S2、S3、S4）后，该队指示灯（L1、L2、L3、L4）点亮，LED 数码显示系统显示当前的队号，并且其他队的人员继续抢答无效。

（3）主控人员对抢答状态确认后，单击"复位"按键，系统又继续允许各队人员开始抢答；直至又有一队抢先按下各自的抢答按键。

【控制接线图】

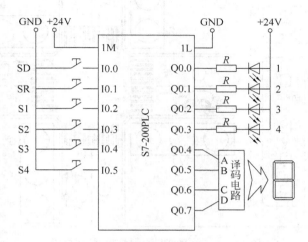

图 13-13　控制接线图

【操作步骤】

（1）按控制接线图 13-13 连接控制回路。

（2）将编译无误的控制程序下载至 PLC 中，并将模式选择开关拨至 RUN 状态。

（3）按下"开始"开关，允许 1～4 队抢答。分别以点动方式按下 S1～S4 按钮，模拟四个队进行抢答，观察并记录系统响应情况。

（4）尝试编译新的控制程序，实现不同于示例程序的控制效果。

【实验总结】

尝试分析某队抢答后是如何将其他队的抢答动作进行屏蔽的。

实验 3　十字路口交通灯程序设计

【实验目的】

（1）熟练掌握 STEP7 软件的基本使用方法。

（2）进一步巩固对常规指令的正确理解和使用。

（3）根据实验设备，熟练掌握 PLC 的外围 I/O 设备接线方法。

（4）能根据"系统工艺及控制要求"和"设计要求"进行程序设计和程序调试，养成良好的设计习惯，培养基本的设计能力，学会逐步优化程序算法和积累编程技巧。

（5）拟用 PLC 设计十字路口交通灯控制系统，了解十字路口交通灯系统的常规控制方法。

【实验设备】

本实验在"S7-200 模拟实验挂箱"中完成，该实验挂箱"十字路口交通灯控制"面板图如图 13-14 所示。

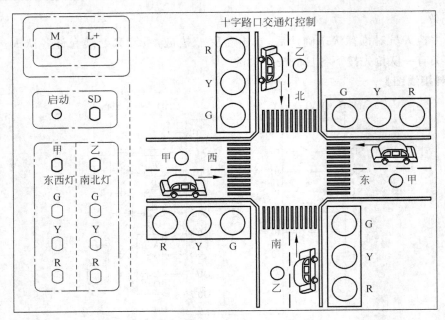

图 13-14 "十字路口交通灯控制"面板图

十字路口分为东西向和南北向两个方向,面板中的四组"R、Y、G"指示灯用以模拟东西向和南北向的"红、黄、绿"三种颜色的交通指示灯,公路上的"甲、乙"指示灯用以模拟东西向和南北向的车辆正在驶过十字路口。

【控制要求】

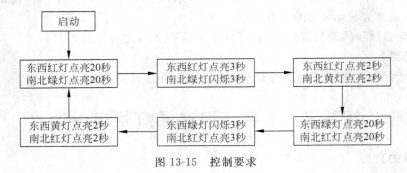

图 13-15 控制要求

【设计要求】

(1) 进行 I/O 地址分配并绘制"I/O 分配表"。

(2) 绘制"I/O 接线示意图"(与"I/O 分配表"相对应)。

(3) 进行程序设计。

实验 4　自动配料装车控制系统

【实验目的】

(1) 熟练掌握 STEP7 软件的基本使用方法。

（2）进一步巩固对常规指令的正确理解和使用。

（3）根据实验设备,熟练掌握 PLC 的外围 I/O 设备接线方法。

（4）能根据"系统工艺及控制要求"和"设计要求"进行程序设计和程序调试,养成良好的设计习惯,培养基本的设计能力,学会逐步优化程序算法和积累编程技巧。

（5）了解工厂自动化中,类似的"自动配料/皮带传送系统"的常规工艺、控制要求及主要程序的一般设计方法。

【实验设备】

本实验在"S7-200 模拟实验挂箱"中完成,该实验挂箱"自动配料/四节传送带"面板如图 13-16 所示。

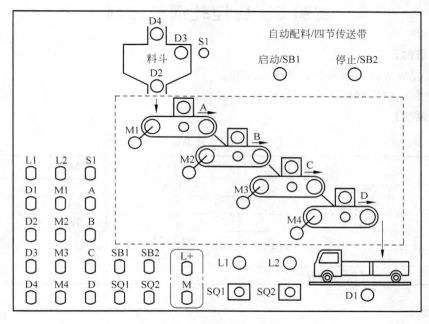

图 13-16　"自动配料/四节传送带"面板图

【系统控制要求】

（1）总体控制要求:如图 13-16 所示,系统由料斗、传送带、检测系统组成。配料装置能自动识别货车到位情况及对货车进行自动配料,当车装满时,配料系统自动停止配料;料斗物料不足时停止配料并自动进料。

（2）闭合"启动"开关,红灯 L2 灭,绿灯 L1 亮,表明允许汽车开进装料。料斗出料口 D2 关闭,若物料检测传感器 S1 置为 OFF（料斗中的物料不满）,进料阀开启进料（D4 亮）。当 S1 置为 ON（料斗中的物料已满）,则停止进料（D4 灭）。电动机 M1、M2、M3 和 M4 均为 OFF。

（3）当汽车开进装车位置时,限位开关 SQ1 置为 ON,红灯信号灯 L2 亮,绿灯 L1 灭;同时启动电机 M4,经过 1s 后,再启动 M3,再经过 2s 启动 M2,再经过 1s 最后启动 M1,再经过 1s 后才打开出料阀（D2 亮）,物料经料斗出料。

（4）当车装满时,限位开关 SQ2 为 ON,料斗关闭,1s 后 M1 停止,M2 在 M1 停止 1s 后停止,M3 在 M2 停止 1s 后停止,M4 在 M3 停止 1s 后最后停止。同时红灯 L2 灭,绿灯 L1 亮,表明汽车可以开走。

（5）关闭"启动"开关,自动配料装车的整个系统停止运行。

【设计要求】

根据"系统工艺及控制要求"：

（1）进行 I/O 地址分配并绘制"I/O 分配表"。

（2）绘制"I/O 接线示意图"（与"I/O 分配表"相对应）。

（3）进行系统 I/O 接线。

（4）进行程序设计。

（5）进行程序调试、运行,并能进行基本的硬件、软件故障分析与排除。

实验 5　自控轧钢机控制

【实验目的】

（1）掌握加法计数器指令的使用及编程。

（2）掌握自控轧钢机系统的接线、调试、操作。

【实验设备】

表 13-4　实验设备

序号	名　称	型号与规格	数量	备注
1	实验装置	THPFSM-1/2	1	
2	实验挂箱	A16	1	
3	导线	3 号	若干	
4	通信编程电缆	PC/PPI	1	西门子
5	实验指导书	THPFSM-1/2	1	
6	计算机（带编程软件）		1	自备

【面板图】

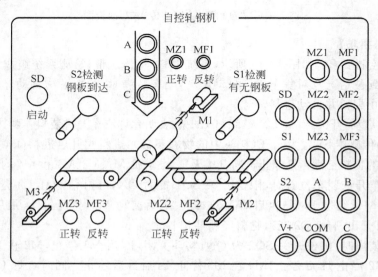

图 13-17　面板图

【控制要求】

（1）总体控制要求：如图 13-17 所示，钢板从右侧送入，在 M2、M1、M3 电机的带动下，经过三次轧压后从左侧送出。

（2）打开"SD"启动开关，系统开始运行，钢板从右侧送入，打开"S1"开关，模拟钢板被检测到，MZ1、MZ2、MZ3 点亮，表示电机 M1、M2、M3 正转，将钢板自右向左传送，进行第一次轧压。同时指示灯"A"点亮，表示此时只有下压量 A 作用。

（3）钢板经过轧压后，超出"S1"传感器检测范围，电机"M2"停止转动。

（4）钢板在电机的带动下，被传送到左侧，被"S2"传感器检测到后，MF1、MF2、MF3 点亮，表示电机 M1、M2、M3 反转，将钢板自左向右传送，进行第二次轧压。同时指示灯"A"、"B"点亮，表示此时有下压量 A、B 一起作用。

（5）钢板在电机的带动下，被传送到右侧，被"S1"传感器检测到后，MZ1、MZ2、MZ3 点亮，表示电机 M1、M2、M3 正转，将钢板自左向右传送进行第三次轧压。同时指示灯"A"、"B"、"C"点亮，表示此时有下压量 A、B、C 一起作用。

（6）钢板经过轧压后，超出"S1"传感器检测范围，电机"M2"停止转动。

（7）钢板传送到左侧，被"S2"传感器检测到后，电机"M1"停止转动。

（8）钢板从左侧送出后，超出"S2"传感器检测范围，电机"M3"停止转动。

（9）"S1"传感器再次检测到钢板后，根据（2）～（8）的步骤完成对钢板的轧压。

（10）在运行时，断开"SD"开关，系统完成后一个工作周期后停止运行。

【PLC 外部接线图】

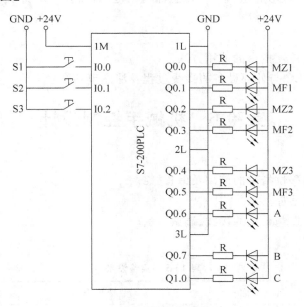

图 13-18　PLC 外部接线图

【操作步骤】

（1）检查实验设备中器材及调试程序。

（2）按照 PLC 外部接线图（见图 13-18）完成 PLC 与实验模块之间的接线，认真检查，确保正确无误。

（3）打开示例程序或用户自己编写的控制程序，进行编译，有错误时根据提示信息修改，直至无误，用 PC/PPI 通讯编程电缆连接计算机串口与 PLC 通讯口，打开 PLC 主机电源开关，下载程序至 PLC 中，下载完毕后将 PLC 的"RUN/STOP"开关拨至"RUN"状态。

（4）先将"S1"、"S2"开关断开，再打开"SD"启动开关，系统开始运行，钢板从右侧送入，此时将"S1"开关打开，模拟钢板被检测到。MZ1、MZ2、MZ3 点亮，表示电机 M1、M2、M3 正转，带动传送带将钢板自右向左传送。同时下压指示灯"A"点亮，表示此时只有下压量 A 作用。

（5）钢板向左传送并经过第一次轧压后，断开"S1"开关，表示钢板超出"S1"传感器的检测范围，MZ2 指示灯熄灭，电机 M2 停止转动。

（6）钢板在电机的带动下，被传送到左侧，打开"S2"开关，表示钢板被"S2"传感器检测到，MZ1、MZ3 指示灯熄灭，MF1、MF2、MF3 指示灯点亮，表示电机 M1、M2、M3 反转，将钢板自左向右传送。同时"A"、"B"指示灯点亮，表示此时有下压量 A、B 一起作用。

（7）钢板在电机的带动下，经过第二次轧压后被传送到右侧，被"S1"传感器检测到后，MZ1、MZ2、MZ3 指示灯点亮，表示电机 M1、M2、M3 正转，将钢板自右向左传送。同时"A"、"B"、"C"指示灯点亮，表示此时有下压量 A、B、C 一起作用。

（8）钢板经过第三轧压后超出"S1"传感器检测范围，断开"S1"开关，MZ2 指示灯熄灭，电机"M2"停止转动。

（9）钢板传送到左侧被"S2"传感器检测到，打开"S2"开关，MZ1 指示灯熄灭，电机"M1"停止转动。

（10）钢板从左侧送出后超出"S2"传感器检测范围，断开"S2"开关，MZ3 指示灯熄灭电机"M3"停止转动。

【实验总结】

（1）总结移位寄传器指令的使用方法。

（2）总结记录 PLC 与外部设备的接线过程及注意事项。

实验 6 机械手控制设计

【实验目的】

（1）掌握寄存器移位指令的使用及编程。

（2）熟悉功能图编程。

（3）掌握机械手控制系统的接线、调试、操作。

【实验设备】

表 13-5 实验设备

序号	名　称	型号与规格	数量	备注
1	实验装置	THPFSM-1/2	1	
2	实验挂箱	A17	1	
3	导线	3 号	若干	
4	通讯编程电缆	PC/PPI	1	西门子
5	实验指导书	THPFSM-1/2	1	
6	计算机（带编程软件）		1	自备

【控制要求】

(1) 总体控制要求：工件在 A 处被机械手抓取并放到 B 处。

(2) 机械手回到初始状态，SQ4＝SQ2＝1，SQ3＝SQ1＝0，原位指示灯 HL 点亮，按下"SB1"启动开关，下降指示灯 YV1 点亮，机械手下降，(SQ2＝0)下降到 A 处后(SQ1＝1)夹紧工件，夹紧指示灯 YV2 点亮。

(3) 夹紧工件后，机械手上升(SQ1＝0)，上升指示灯 YV3 点亮，上升到位后(SQ2＝1)，机械手右移(SQ4＝0)，右移指示灯 YV4 点亮。

(4) 机械手右移到位后(SQ3＝1)下降指示灯 YV1 点亮，机械手下降。

(5) 机械手下降到位后(SQ1＝1)夹紧指示灯 YV2 熄灭，机械手放松。

(6) 机械手放松后上升，上升指示灯 YV3 点亮。

(7) 机械手上升到位(SQ2＝1)后左移，左移指示灯 YV5 点亮。

(8) 机械手回到原点后再次运行。

【外部接线图】

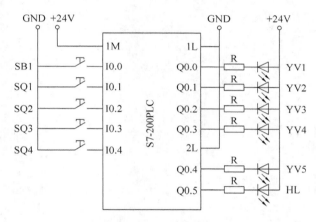

图 13-19　PLC 外部接线图

【操作步骤】

(1) 按照图 13-19 所示的 PLC 接线图完成 PLC 与实验模块之间的接线，认真检查，确保正确无误。

(2) 打开示例程序或用户自己编写的控制程序，进行编译，有错误时根据提示信息修改，直至无误，用 PC/PPI 通讯编程电缆连接计算机串口与 PLC 通讯口，打开 PLC 主机电源开关，下载程序至 PLC 中，下载完毕后将 PLC 的"RUN/STOP"开关拨至"RUN"状态。

(3) 将左限位开关 SQ4、右限位开关 SQ3 打向左、上限位开关 SQ2、下限位开关 SQ1 打向上，机械手回到初始状态，原位指示灯 HL 点亮。

(4) 打上"SB1"启动开关，下降指示灯 YV1 点亮，模拟机械手下降，上限位开关 SQ2 打下，下降到 A 处后次下限位开关 SQ1 打下，开始夹紧工件，夹紧指示灯 YV2 点亮。

(5) 夹紧工件后，机械手上升，上升指示灯 YV3 点亮，将下限位开关 SQ1 打上，机械手上升到位后，上限位开关 SQ2 打上。

(6) 右移指示灯 YV4 点亮，机械手开始右移，左限位开关 SQ4 打向右。

(7) 机械手右移到位后，右限位开关 SQ3 打向右，下降指示灯 YV1 点亮，机械手下降，上限位开关 SQ2 打下。

（8）机械手下降到位后，下限位开关 SQ1 打下，夹紧指示灯 YV2 熄灭，机械手放松。

（9）机械手放松后上升，上升指示灯 YV3 点亮，下限位开关 SQ1 打上，机械手上升到位后，上限位开关 SQ2 打上。

（10）机械手上升到位后左移指示灯 YV5 点亮，右限位开关 SQ3 打向左。

（11）机械手左移到位后，左限位开关 SQ4 打向左，机械手完成一个动作周期。

【实验总结】

（1）总结移位寄存器指令的使用方法。

（2）总结记录 PLC 与外部设备的接线过程及注意事项。

第 14 章　单片机实验

实验 1　流水灯实验

【实验目的】

（1）掌握 P1 口简单使用。

（2）熟悉编程软件。

【实验内容】

P1 口做输出口，编写程序，使 P1 口接的 8 个发光二极管 L1～L8 按一定规律循环点亮。

【实验器材】

单片机实验板、导线若干。

【实验步骤】

（1）P1.0～P1.7 用插针连至 L1～L8。

（2）编制流水灯程序。

（3）建立计算机和单片机的通信连接，编译下载程序至单片机系统，查看实验现象。

实验 2　汽车转向灯控制

【实验目的】

（1）掌握多分支程序的设计方法。

（2）熟悉汽车灯控制。

【实验内容】

P1 口做输出口控制汽车转向信号灯，P3 口做输入口接五只控制开关，设计一个汽车转向信号灯控制系统。设计要求如下：

（1）正常驾驶时，接通左转弯开关，左转弯灯、左头灯、左尾灯同时闪烁；接通右转弯开关，右转弯灯、右头灯、右尾灯同时闪烁，闪烁频率为 1Hz。

（2）刹车时，接通刹车开关，左尾灯、右尾灯同时亮。

（3）停靠站时，接通停靠开关，左头灯、右头灯、左尾灯和右尾灯同时闪烁，闪烁频率为 1Hz。

（4）出现紧急情况时，接通紧急开关，左转弯灯、右转弯灯、左头灯、右头灯、左尾灯和右尾灯同时闪烁，闪烁频率为 5Hz。

【实验原理图】

实验原理图如图 14-1 所示。

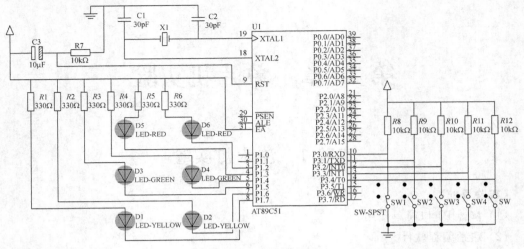

图 14-1　实验原理图

【实验步骤】

(1) P3.0 连 K_1，P3.1 连 K_2，P3.2 连 K_3，P3.3 连 K_4，P3.4 连 K_5，P1.2～P1.7 分别连到 L1～L6。

(2) 分别拨动几个控制开关，检查汽车灯亮灭情况。

实验 3　步进电机熟悉实验

【实验目的】

(1) 了解步进电机的基本原理。

(2) 掌握控制步进电机的基本方法。

(3) 熟悉步进电机的线路连接方法。

【实验内容】

P1 口做输出口控制四相步进电机的四相绕组，编写程序，控制步进电机每 50ms 正向转动一步。

【实验原理图】

实验原理图如图 14-2 所示。

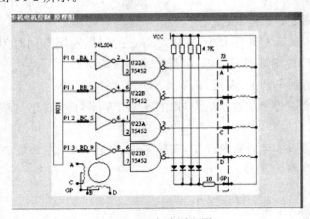

图 14-2　实验原理图

【实验步骤】

（1）连接步进电机。

（2）修改延时时间观察电动机转速情况。

【实验分析与总结】

分析脉冲转速与脉冲频率的关系。

实验 4　工业顺序控制

【实验目的】

（1）熟悉工业顺序控制程序的简单编程。

（2）掌握中断的使用方法。

【实验预备知识】

在工业控制中，像冲压、注塑、轻纺、制瓶等生产过程，都是一些断续生产过程，按某种程序有规律地完成预定的动作，对这类断续生产过程的控制称顺序控制，例如注塑机工艺过程大致按"合模→注射→延时→开模→产伸→产退"顺序动作，用单片机最易实现。

【实验内容】

89C51 的 P1.0～P1.6 控制注塑机的七道工序，现模拟控制七只发光二极管的点亮，高电平有效，设定每道工序时间转换为延时，P3.4 为开工启动开关，低电平启动。P3.3 为外故障输入模拟开关，P3.3 为 0 时不断告警，P1.7 为报警声音输出，设定 7 道工序只有一位输出。

【实验程序框图】

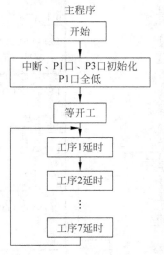

图 14-3　实验程序框图

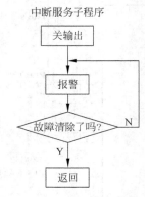

图 14-4　实验程序框图

【实验步骤】

（1）P3.4 连 K_1，P3.3 连 K_2，P1.0～P1.6 分别连到 L1～L7，P1.7 连 SIN（电子音响输入端）。

（2）K_1 开关拨在上面，K_2 拨在上面。

（3）K_1 拨至下面（显低电平），各道工序应正常运行。

（4）K_2 拨至下面（低电平），应有声音报警（人为设置故障）。

（5）K_2 拨至上面（高电平），即排除故障，程序应从刚才报警的那道工序继续执行。

实验5　中断嵌套实验

【实验目的】

(1) 掌握用外部中断方式实现控制的方法。

(2) 熟悉中断优先级的使用方法。

【实验内容】

正常工作时 P1 口做输出口控制 8 只发光二极管依次循环点亮,利用按钮产生外部中断信号,改变 8 只发光二极管的控制规律。晶振频率 6MHz。控制要求如下:

(1) 外部中断 0 实现从右向左循环点亮两只发光二极管,循环次数 7 次。

(2) 外部中断 1 实现从左向右循环点亮两只发光二极管,循环次数 7 次。

(3) 外部中断 1 的优先级设为高级。

【实验原理图】

实现原理图如图 14-5 所示。

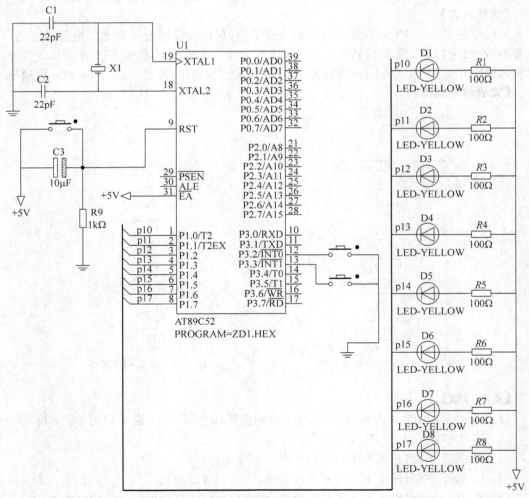

图 14-5　实验原理图

【实验步骤】

(1) P3.2 连/SP 脉冲,P3.3 连 K1,P1.0~P1.7 分别连到 L1~L8。

(2) K1 开关拨在上面。

(3) /SP 给定负脉冲,观察现象。

(4) K1 扳至低电平,然后快速回复高电平,观察现象。

(5) 正在执行中断 0 程序时,将 K1 扳至低电平,然后快速回复高电平,观察现象。

【实验分析与总结】

(1) 分析两只按钮的中断优先级,说明实验现象。

(2) 若要将外部中断 0 设为高优先级,应如何修改程序?

实验 6　单片机控制数码管

【实验目的】

(1) 掌握数码管是如何显示出字符的。

(2) 掌握数码管动态显示原理。

【实验原理】

(1) 数码管两种接法。

(2) 显示原理。

【参考例子】

(1) 让第一个数码管显示一个 8 字。让第一个数码管显示 8 字,那么其他数码管的位选就要关闭,即只打开第一个数码管的位选。控制位选的 P2 口要输出的数据位 0xfe(二进制为 111 11110)。位选确定后,再确定段选,要显示的是 8,那么只有 dp 段为 0,其余段为 1,所以 P0 口要输出 0x7f(二进制 0111 1111)。

(2) 在 4 个数码管上显示 1,2,3,4。

位选:接 P2 口

左边 4 个数码管 DS3	DS2	DS1	DS0
对应的 P2 口: 0x7f	0xbf	0xdf	0xef
右边 4 个数码管 DS3	DS2	DS1	DS0
对应的 P2 口: 0xf7	0xfb	0xfd	0xfe

段选:接 P0 口

(3) 在 8 个数码管上显示 0,1,2,…,7。

(4) 在 8 个数码管上显示 0~9 这十个数字,且从右到左动态变化。

实验 7　定时器/计数器使用

【实验目的】

(1) 学习 89C51 内部定时计数器的使用和编程方法。

(2) 进一步掌握中断处理程序的编写方法。

【实验内容】

利用定时/计数器 T1 产生定时时钟,由 P1 口控制 8 个发光二极管,使 8 个指示灯依次一个一个闪动,闪动频率为 10 次/秒(8 个灯依次亮一遍为一个周期),循环。

【参考例子】

(1) 设单片机晶振频率为 12MHz,利用定时器在 P1.0 脚输出周期为 2ms 的方波。

分析:选用定时器/计数器 T0 作定时器,输出为 P1.0 引脚,2ms 的方波可由间隔 1ms 的高低电平相间而成,因而只要每隔 1ms 对 P1.0 取反一次即可得到这个方波。

机器周期$=12\div12MHz=1\mu s$。

1ms 内 T0 需要计数 N 次,$N=1ms\div1\mu s=1000$。

由于计数器向上计数,为得到 1000 个计数之后的定时器溢出,必须给定时器置初值为 $65536-1000$。

(2) 在 P1.7 端接有一个发光二极管,要求利用 T/C 控制,使 LED 亮 1s,灭 1s,周而复始。

分析:要求定时 1s,T/C 的三种工作方式都不能满足(为什么)。对于较长时间的定时,应采用符合定时的方法。

使 T/C0 工作在定时器方式 1,定时 100ms,定时时间到后 P1.0 反相,即 P1.0 端输出周期 200ms 的方波脉冲。另设 T/C1 工作在计数器方式 2,对 T1 输出的脉冲计数,当计满 5 次,定时 1s 时间到,将 P1.7 端反向,改变灯的状态。

采用 6MHz 晶振,方式 1 的最大定时才能达到 100 多 ms。对于 100ms,机器周期为 $12/f_{OSC}=2\mu s$,需要计数的次数$=100*1000/2=50\ 000$,即初值为 $65536-50000$。

方式 2 满 5 次溢出中断,初值为 $256-5$。

【参考程序】

(1) 查询方式

```
#include<reg52.h>
sbit P1_0 = P1^0;
void main()
{
TMOD = 0x01;                          //T/C0 工作在定时器方式 1
TR0 = 1;                              //启动 T/C0
for(; ; ){
TH0 = (65536 - 1000)/256;             //预置计数初值
TL0 = (65536 - 1000)%256;
do{}while(!TF0);                      //查询等待 TF0 置位
P1_0 = !P1_0;                         //P1.0 取反
TF0 = 0;                              //软件清 TF0
}}
```

(2) 中断方式

```
① #include<reg52.h>
sbit P1_0 = P1^0;
void timer0(void) interrupt 1 using 1{  //T/C 中断服务程序入口
P1_0 = !P1_0;                           //P1.0 取反
TH0 = (65536 - 1000)/256;               //计数初值重装载
```

```
TL0 = (65536 − 1000) % 256;
}
void main()
{
TMOD = 0x01;                                //T/C0 工作在定时器方式 1
P1_0 = 0;
TH0 = (65536 − 1000)/256;                   //预置计数初值
TL0 = (65536 − 1000) % 256;
EA = 1;                                     //CPU 开中断
ET0 = 1;                                    //T/C0 开中断
TR0 = 1;                                    //启动 T/C0 开始定时
do{}while(1);
}
②
# include < reg52. h>
sbit P1_0 = P1 ^ 0;
sbit P1_7 = P1 ^ 7;
timer0() interrupt 1 using 1{               //T/C0 中断服务程序入口
P1_0 = ! P1_0;                              //P1.0 取反
TH0 = (65536 − 1000)/256;                   //计数初值重装载
TL0 = (65536 − 1000) % 256;
}
timer1() interrupt 1 using 1{               //T/C1 中断服务程序入口
P1_7 = ! P1_7;                              //1s 到,灯改变状态
}
void main()
{
P1_7 = 0;                                   //置灯初始灭
P1_0 = 1;                                   //保证第一次方向便开始计数
TMOD = 0x61;                                //T/C0 工作在定时器方式 1,T/C1 工作在计数器方式 2
TH0 = (65536 − 1000)/256;                   //预置计数初值
TL0 = (65536 − 1000) % 256;
TH1 = 256 − 5;
TL1 = 256 − 5;
IP = 0X08;                                  //置优先级存储器
EA = 1;                                     //CPU 开中断
ET0 = 1;                                    //T/C0 开中断
ET1 = 1;                                    //T/C1 开中断
TR0 = 1;                                    //启动 T/C0 开始定时
TR1 = 1;                                    //启动 T/C1
do{}while(1);
}
```

第 15 章 信号与系统

实验 1 零输入、零状态及完全响应

【实验目的】

(1) 通过实验,进一步了解系统的零输入响应、零状态响应和完全响应的原理。

(2) 掌握用简单的 RC 电路观测零输入响应、零状态响应和完全响应的实验方法。

【实验设备】

(1) THBCC-1 型信号与系统控制理论及计算机控制技术实验平台。

(2) 双踪慢扫描示波器 1 台。

【实验内容】

(1) 连接一个能观测零输入响应、零状态响应和完全响应的电路图(参考图 15-1)。

(2) 分别观测该电路的零输入响应、零状态响应和完全响应的动态曲线。

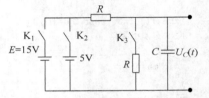

图 15-1 零输入响应、零状态响应和
完全响应的电路图

【实验原理】

(1) 零输入响应、零状态响应和完全响应的模拟电路如图 15-1 所示。

(2) 合上图 15-1 中的开关 K_1,则由回路可得

$$iR + U_c = E \tag{15-1}$$

因为 $i = C\dfrac{\mathrm{d}U_c}{\mathrm{d}t}$,则上式改为

$$RC\frac{\mathrm{d}U_c}{\mathrm{d}t} + U_c = E \tag{15-2}$$

对上式取拉氏变换得

$$RCsU_c(s) - RCU_c(0) + U_c(s) = \frac{15}{s}$$

其中 $U_c(0) = 5\text{V}$。

$$U_c(s) = \frac{15}{s(RCs+1)} + \frac{RCU_c(0)}{RCs+1} = \left\{\frac{15}{s} - \frac{15}{s + \frac{1}{RC}}\right\} + \frac{5}{s + \frac{1}{RC}} \tag{15-3}$$

$$U_c(t) = 15\left(1 - e^{-\frac{1}{RC}t}\right) + 5e^{-\frac{1}{RC}t}$$

式(15-3)等号右方的第二项为零输入响应,即由初始条件激励下的输出响应;第一项为零状态响应,它描述了初始条件为零($U_c(0)=0$)时,电路在输入 $E=15\text{V}$ 作用下的输出响应,

显然它们之和为电路的完全响应,图 15-2 所示的曲线表示这三种响应的过程。其中,①为零输入响应,②为零状态响应,③为完全响应。

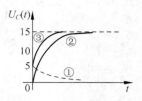

图 15-2　零输入响应、零状态响应和完全响应曲线

【实验步骤】

1. 零输入响应

闭合开关 K_2,给电容 C 充电,充电完毕,K_2 断开;闭合开关 K_3,用示波器观测 $U_C(t)$ 的变化。

2. 零状态响应

闭合开关 K_3,让电容 C 放电,放电完毕,K_3 断开;闭合 K_1,用示波器观测 15V 直流电压向电容 C 的充电过程。

3. 完全响应

闭合开关 K_3,让电容 C 放电,放电完毕,K_3 断开;闭合 K_2,让电容 C 充电,充电完毕后,断开 K_2,闭合 K_1,使 15V 电源向电容 C 充电,用示波器观测 $U_C(t)$ 的完全响应。

【实验报告】

(1) 推导图 15-1 所示 RC 电路在下列两种情况下,电容两端电压 $U_C(t)$ 的表达式。

① $U_C(0) = 0$,输入 $U_i = 15\text{V}$。

② $U_C(0) = 5\text{V}$,输入 $U_i = 15\text{V}$。

(2) 根据实验,分别画出该电路在零输入响应、零状态响应、完全响应下的响应曲线。

实验 2　一阶系统的脉冲响应与阶跃响应

【实验目的】

(1) 熟悉一阶系统的无源和有源模拟电路。

(2) 研究一阶系统时间常数 T 的变化对系统性能的影响。

(3) 研究一阶系统的零点对系统的响应及频率特性的影响。

【实验设备】

(1) THBCC-1 型信号与系统、控制理论及计算机控制技术实验平台。

(2) 双踪慢扫描示波器 1 台。

【实验内容】

(1) 无零点时的单位阶跃响应(无源、有源)。

(2) 有零点时的单位阶跃响应。

【实验原理】

1. 无零点的一阶系统

无零点一阶系统的有源和无源模拟电路图如图 15-3 的(a)和(b)所示。它们的传递函数均为

$$G(s) = \frac{1}{0.2s + 1}$$

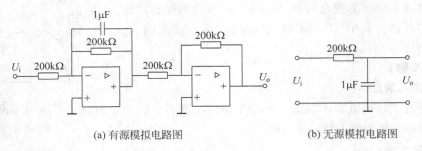

(a) 有源模拟电路图   (b) 无源模拟电路图

图 15-3   有源和无源模拟电路图

2. 有零点的一阶系统($|Z| > |P|$)

图 15-4 的(a)和(b)分别为有零点一阶系统的有源和无源模拟电路图,它们的传递函数为

$$G(s) = \frac{0.1s + 1}{s + 1}$$

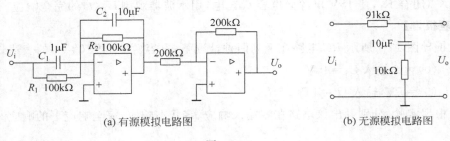

(a) 有源模拟电路图   (b) 无源模拟电路图

图   15-4

【实验步骤】

(1) 利用实验台上相关的单元组成图 15-3(a)(或(b))所示的一阶系统模拟电路。"阶跃信号发生器"的"输出端 1"与电路的输入端相连,电路的输出端接示波器。

(2) 将"阶跃信号发生器"的输出调到"正输出",按下"阶跃信号发生器"的按钮,调节"阶跃信号发生器"的可调电位器,使之输出电压幅值为 1V。用示波器观测系统的阶跃响应,并由曲线实测一阶系统的时间常数 T。

(3) 将"函数信号发生器"选在"方波",频率为"f_1",调节幅度电位器和频率电位器使输出信号幅度为 1V、频率为 20Hz。

(4) 将"函数信号发生器"的输出端接到单元电路的输入端,将示波器接到电路的输出端,观察波形。

【实验报告】

根据测得的一阶系统阶跃响应曲线,测出其时间常数。

实验3   非正弦周期信号的分解与合成

【实验目的】

(1) 用同时分析法观测 50Hz 非正弦周期信号的频谱,并与其傅里叶级数各项的频率与系数作比较。

（2）观测基波和其谐波的合成。

【实验设备】

（1）THBCC-1 型信号与系统、控制理论及计算机控制技术实验平台。

（2）双踪慢扫描示波器 1 台。

【实验内容及步骤】

（1）调节函数信号发生器，使其输出 50Hz 的方波信号，并将其接至信号分解实验模块的输入端，再细调函数信号发生器的输出频率，使该模块的基波 50Hz 成分 BPF 的输出幅度为最大。

（2）带通滤波器的输出分别接至示波器，观测各次谐波的幅值，并列表记录。

（3）将方波分解所得的基波、三次谐波分别接至加法器的相应输入端，观测加法器的输出波形，并记录。

（4）在步骤（3）的基础上，再将五次谐波分量加到加法器的输入端，观测相加后的合成波形，并记录。

（5）分别将 50Hz 正弦半波、全波、矩形波和三角波的输出信号接至 50Hz 电信号分解与合成模块的输入端，观测基波及各次谐波的频率和幅度，并记录。

（6）将 50Hz 单相正弦半波、全波、矩形波和三角波的基波和谐波分量接至加法器相应的输入端，观测求和器的输出波形，并记录。

【实验报告】

（1）根据实验测量所得的数据，在同一坐标纸上绘制方波及其分解后所得的基波和各次谐波的波形，画出其频谱图。

（2）将所得的基波和三次谐波及其合成波形一同绘制在同一坐标纸上。

（3）将所得的基波、三次谐波、五次谐波及三者合成的波形一同绘制在同一坐标纸上，并把实验步骤（3）所观测到的合成波形也绘制在同一坐标纸上，进行比较。

第16章 过程控制

实验1 控制系统组成及认识

【系统简介】

本现场总线控制系统是基于 PROFIBUS 和工业以太网通信协议、在传统过程控制实验装置的基础上升级而成的新一代过程控制系统。

整个实验装置分为上位控制系统和控制对象两部分,上位控制系统流程图如图 16-1 所示,控制对象总貌图如图 16-2 所示。

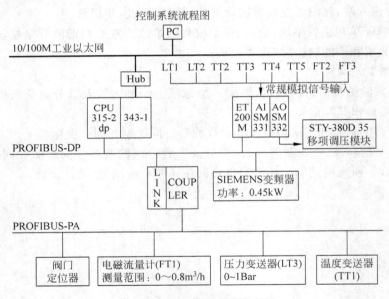

图 16-1 上位控制系统流程图

【系统组成】

本实验装置由被控对象和上位控制系统两部分组成。系统动力支路分两路:一路由三相(380V 交流)磁力驱动泵、气动调节阀、直流电磁阀、PA 电磁流量计及手动调节阀组成;另一路由变频器、三相磁力驱动泵(220V 变频)、涡轮流量计及手动调节阀组成。

1. 被控对象

被控对象由不锈钢储水箱、上、中、下三个串接圆筒形有机玻璃水箱、4.5kW 电加热锅炉(由不锈钢锅和锅炉夹套构成)、冷热水交换盘管和敷塑不锈钢管路组成。

水箱:包括上水箱、中水箱、下水箱和储水箱。上、中、下水箱采用淡蓝色圆筒形有机玻璃,不但坚实耐用,而且透明度高,便于学生直接观察液位的变化和记录结果。上、中水箱尺

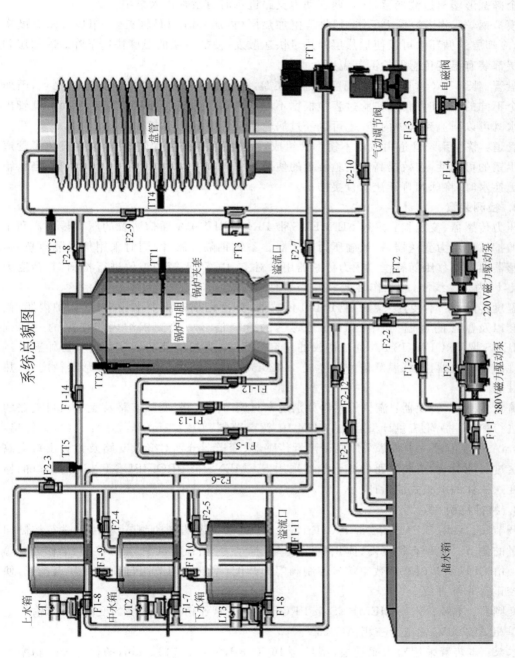

系统总貌图

图 16-2 控制对象总貌图

寸均为 $d=25\text{cm}, h=20\text{cm}$；下水箱尺寸为 $d=35\text{cm}, h=20\text{cm}$。每个水箱有三个槽，分别是缓冲槽，工作槽，出水槽。储水箱尺寸为：长×宽×高＝68cm×52cm×43cm。储水箱内部有两个椭圆形塑料过滤网罩，防止两套动力支路进水时有杂物进入泵中。

模拟锅炉：此锅炉采用不锈钢制成，由加热层（内胆）和冷却层（夹套）组成。做温度实验时，冷却层的循环水可以使加热层的热量快速散发，使加热层的温度快速下降。冷却层和加热层都装有温度传感器检测其温度。

盘管：长 37m（43 圈），可做温度纯滞后实验，在盘管上有两个不同的温度检测点，因而有两个不同的滞后时间，在实验过程中根据不同的实验需要选择不同的滞后时间。盘管出来的水既可以回流到锅炉内胆，也可以经过涡轮流量计完成流量滞后实验。

管道：整个系统管道由敷塑不锈钢管组成，所有的水阀采用优质球阀，彻底避免了管道系统生锈的可能性，有效提高了实验装置的使用年限。其中储水箱底有一个出水阀，当水箱需要更换水时，将球阀打开让水直接排出。

2. 检测装置

压力传感器、变送器：采用 SIEMENS 带 PROFIBUS-PA 通信协议的压力传感器和工业用的扩散硅压力变送器，扩散硅压力变送器含不锈钢隔离膜片，同时采用信号隔离技术，对传感器温度漂移跟随补偿。压力传感器用来对上、中、下水箱的液位进行检测，其精度为 0.5 级，因为是二线制，故工作时需串接 24V 直流电源。

温度传感器：本装置采用 6 个 Pt100 传感器，分别用来检测上水箱出口、锅炉内胆、锅炉夹套以及盘管的水温。6 个 Pt100 传感器的检测信号中检测锅炉内胆温度的一路到 SIEMENS 带 PROFIBUS-PA 通信协议的温度变送器，直接转化成数字信号；另外五路经过常规温度变送器，可将温度信号转换成 4～20mADC 电流信号。Pt100 传感器精度高，热补偿性能较好。

流量传感器、转换器：流量传感器分别用来对调节阀支路、变频支路及盘管出口支路的流量进行测量。涡轮流量计型号：LWGY-10，流量范围：$0～1.2\text{m}^3/\text{h}$，精度：1.0%。输出：4～20mA 标准信号。本装置采用两套流量传感器、变送器分别对变频支路及盘管出口支路的流量进行测量，调节阀支路的流量检测采用 SIEMENS 带 PROFIBUS-PA 通信接口的检测和变送一体的电磁式流量计。

3. 执行机构

调节阀：采用 SIEMENS 带 PROFIBUS-PA 通信协议的气动调节阀，用来进行控制回路流量的调节。它具有精度高、体积小、重量轻、推动力大、耗气量少、可靠性高、操作方便等优点。由 CPU 直接发送的数字信号控制阀门的开度，本气动调节阀自动进行零点校正，使用和校正都非常方便。

变频器：本装置采用 SIEMENS 带 PROFIBUS-DP 通信接口模块的变频器，其输入电压为单相 AC220V，输出为三相 AC220V。

水泵：本装置采用磁力驱动泵，型号为 16CQ-8P，流量为 32L/min，扬程为 8m，功率为 180W。泵体完全采用不锈钢材料，以防止生锈，使用寿命长。其中一只为三相 380V 恒压驱动，另一只为三相变频 220V 输出驱动。

可移相 SCR 调压装置：采用晶闸管移相触发装置，输入控制信号为 4～20mA 标准电流信号。输出电压用来控制加热器加热，从而控制锅炉的温度。

电磁阀：在本装置中作为气动调节阀的旁路，起到阶跃干扰的作用。电磁阀型号为：2W-160-25；工作压力：最小压力为 0kg/cm²，最大压力为 7kg/cm²；工作温度：-5～80℃。

4. 控制器

控制器采用 SIEMENS 公司的 S7300 CPU，型号为 315-2DP，本 CPU 既具有能进行多点通信功能的 MPI 接口，又具有 PROFIBUS-DP 通信功能的 DP 通信接口。

5. 空气压缩机

用于给气动调节阀提供气源，电动机的动力通过三角胶带带动空压机曲轴旋转，经连杆带动活塞做往复运动，使汽缸、活塞、阀组所组成的密闭空间容积产生周期变化，完成吸气、压缩、排气的空气压缩过程，压缩空气经绕有冷却翅片的排气铜管、单向阀进入储气罐。

空压机设有气量自动调节系统，当储气罐内的气压超过额定排气压力时，压力开关会自动切断电源使空压机自动停止工作，当储气罐内的气体压力因外部设备的使用而下降到额定排压以下 0.2～0.3MPa 时，气压开关自动复位，空压机又重新工作，使储气罐内压缩空气压力保持在一定范围内。

【电源控制台】

电源控制屏面板：充分考虑人身安全保护，带有漏电保护空气开关、电压型漏电保护器、电流型漏电保护器。

仪表综合控制台包含原有的常规控制系统，由于它预留了升级接口，因此它在总线控制系统中的作用就是为上位控制系统提供信号。

【总线控制柜】

总线控制柜由以下几部分构成：

（1）控制系统供电板：该板的主要作用是把工频 AC220V 转换为 DC24V，给主控单元和 DP 从站供电。

（2）控制站：控制站主要包含 CPU、以太网通信模块、DP 链路、分布式 I/O DP 从站和变频器 DP 从站构成。

（3）温度变送器：PA 温度变送器把 PT100 的检测信号转化为数字量后传送给 DP 链路。

【系统特点】

（1）被控参数全面，涵盖了连续性工业生产过程中的液位、压力、流量及温度等典型参数。

（2）本装置由控制对象、综合上位控制系统、上位监控计算机三部分组成。

（3）真实性、直观性、综合性强，控制对象组件全部来源于工业现场。

（4）执行器中既有气动调节阀，又有变频器、晶闸管移相调压装置，调节系统除了有设定值阶跃扰动外，还可以通过对象中电磁阀和手动操作阀制造各种扰动。

（5）一个被调参数可在不同动力源、不同执行器、不同的工艺管路下演变成多种调节回路，以利于讨论、比较各种调节方案的优劣。

（6）系统设计时使两个信号在本对象中存在着相互耦合，二者同时需要对原独立调节系统的被调参数进行整定，或进行解耦实验，以符合工业实际的性能要求。

（7）能进行单变量到多变量控制系统及复杂过程控制系统实验。

(8) 各种控制算法和调节规律在开放的实验软件平台上都可以实现。

【系统软件】

系统软件分为上位机软件和下位机软件两部分,下位机软件采用 SIEMENS 的 STEP7,上位机软件采用 SIEMENS 的 WINCC,上位机、下位机软件在后面的实验中将分别叙述。

【装置的安全保护体系】

(1) 三相四线制总电源输入经带漏电保护器装置的三相四线制断路器进入系统电源后又分为三相电源支路和不同的单相支路,每一支路给各自的负载供电。总电源设有通电指示灯和三相指示表。

(2) 控制屏电源由接触器通过起、停按钮进行控制。屏上装有一套电压型漏电保护装置和一套电流型漏电保护装置,控制屏内或强电的输出(包括实验中的连线)若有漏电现象,即告警并切断总电源,以确保实验安全。

(3) 控制屏设有服务管理器(即定时器兼报警记录仪),为指导老师对学生实验技能的考核提供一个统一的标准。

(4) 各种电源及各种仪表均有可靠的保护功能。

(5) 实验强电接线插头采用封闭式结构,防止触电事故的发生。

(6) 强、弱电连线插头采用不同的结构插头,以防止强弱电用电插头的混淆。

实验 2　单容水箱特性测试

【实验目的】

(1) 掌握单容水箱阶跃响应测试方法,并记录相应液位的响应曲线。

(2) 根据实验得到的液位阶跃响应曲线,用相关的方法确定被测对象的特征参数 T 和传递函数。

【实验设备】

(1) THJ-FCS 型高级过程控制系统实验装置。

(2) 计算机及相关软件。

(3) 万用电表一只。

【实验内容与步骤】

本实验选择上水箱作为被测对象(也可选择中水箱或下水箱),实验之前先将储水箱中储足水量,然后将阀门 F1-1、F1-2、F1-6 全开,将上水箱出水阀门 F1-9 开至适当开度,其余阀门均关闭。

(1) 接通控制柜和控制台的相关电源,并启动磁力驱动泵,接通空压机电源。控制柜无须接线。

(2) 打开作上位控制的 PC,单击"开始"菜单,选择弹出菜单中的"SIMATIC"选项,再单击弹出菜单中的"WINCC",再选择弹出菜单中的"WINCC CONTROL CENTER 5.0",进入WINCC 资源管理器,打开组态好的上位监控程序,单击管理器工具栏上的"激活(运行)"按钮,进入实验主界面如图 16-3 所示。

(3) 鼠标单击实验项目"一阶单容上水箱对象特性测试实验",系统进入正常的测试状态,呈现的实验界面如图 16-4 所示。

图 16-3 实验主界面

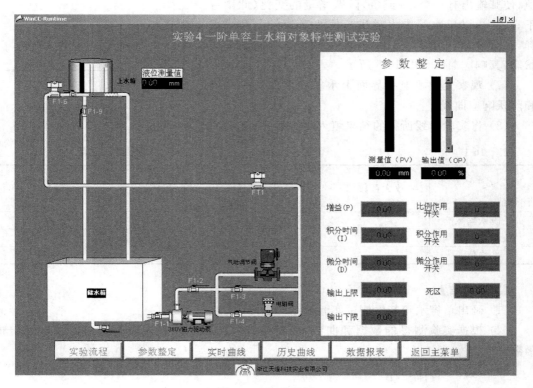

图 16-4 实验界面

在实验界面的左边是实验流程图,右边是参数整定,下面一排六个切换键的功能如下:

"实验流程"键:系统进入正常测试状态时,实验界面左边就会显示实验流程图,当单击"历史曲线"键时,实验流程图将会被历史曲线所覆盖,如需转到实验流程图,应单击"实验流程"键就可在实验界面左边再现实验流程图。

"参数整定"键:系统进入正常测试状态时,实验界面右边就会显示参数整定画面,当单击"实时曲线"或"数据报表"键时,参数整定画面的下半部分将会被实时曲线或数据报表所覆盖,如需转到参数整定,单击"参数整定"键即可在实验界面右边再现参数整定画面。

"实时曲线"键:系统进入正常测试状态时,实时曲线是不显示的,如果需要观察实时曲线,单击"实时曲线"键,即可在实验界面右下方显示实时曲线。

"历史曲线"键:系统进入正常测试状态时,历史曲线是不显示的,如果需要观察历史曲线,单击"历史曲线"键,即可在实验界面左边显示历史曲线。

"数据报表"键:系统进入正常测试状态时,数据报表是不显示的,如果需要数据报表,单击"数据报表"键,即可在实验界面右下方显示历史曲线。

"返回主菜单"键:实验结束,需退出实验时,单击"返回主菜单"键,即关闭当前实验界面返回实验主界面。

(4) 在上位机实验界面窗口给定阀门开度值(既可拉动输出值旁边的滚动条,也可直接在输出值显示框中输入阀门开度值),使水箱的液位处于某一平衡位置。

(5) 单击实验界面下边的"实时曲线"键,在界面的右下方将显示液位的变化曲线。

(6) 在上位机实验界面窗口改变给定的阀门开度值,使其输出有一个正(或负)阶跃增量的变化(此增量不宜过大,以免水箱中水溢出),使水箱液位上升或下降,经过一定时间的调节后,水箱的液位进入新的平衡状态,其响应曲线如图 16-5 所示。

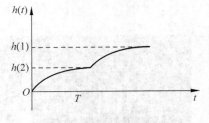

(7) 观察上位机监控界面上水箱液位的历史曲线和阶跃响应曲线。

图 16-5　单容箱特性响应曲线

(8) 将实验曲线所得的结果填入表 16-1。

表　16-1

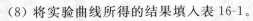

测量值 ＼ 参数值	放大系数 K	周期 T	时间常数 τ	液位 h
正阶跃输入				
负阶跃输入				
平均值				

【实验报告】

(1) 画出单容水箱特性测试实验的结构框图。

(2) 根据实验测得的数据和曲线,分析并计算出单容水箱液位对象时的参数及传递函数。

(3) 实验心得体会。

实验 3 双容水箱特性测试

【实验目的】

（1）熟悉双容水箱的数学模型及其阶跃响应曲线。

（2）根据由实测双容液位的阶跃响应曲线,确定其传递函数。

【实验设备】

（1）THJ-FCS 型高级过程控制系统实验装置。

（2）计算机及相关软件。

（3）万用电表一只。

【实验控制系统流程图】

本实验控制系统的流程图如图 16-6 所示。

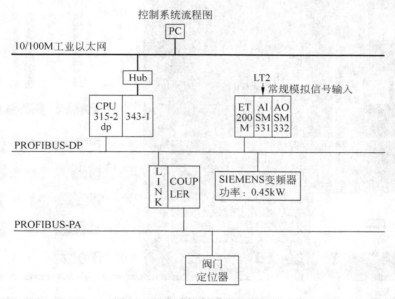

图 16-6 实验控制系统的流程图

图中水箱液位检测信号 LT2 为标准的模拟信号,直接传送到 SIEMENS 的模拟量输入模块 SM331,SM331 和分布式 I/O 模块 ET200M 直接相连,ET200M 挂接到 PROFIBUS-DP 总线上,PROFIBUS-DP 总线上挂接有控制器 CPU315-2 DP(CPU315-2 DP 为 PROFIBUS-DP 总线上的 DP 主站),这样就完成了现场测量信号到 CPU 的传送。

本实验的执行机构为带 PROFIBUS-PA 通信接口的阀门定位器,挂接在 PROFIBUS-PA 总线上,PROFIBUS-PA 总线通过 LINK 和 COUPLER 组成的 DP 链路与 PROFIBUS-DP 总线交换数据,PROFIBUS-DP 总线上挂接有控制器 CPU315-2 DP,这样控制器 CPU315-2 DP 发出的控制信号就经由 PROFIBUS-DP 总线到达 PROFIBUS-PA 总线来控制执行机构阀门定位器。

【实验内容与步骤】

本实验选择中水箱作为被测对象(也可选择下水箱)。实验之前先将储水箱中储足水量,然后将阀门 F1-1、F1-2、F1-6 全开,将上水箱出水阀门 F1-9 和中水箱出水阀 F1-10 开至适当开度,其余阀门均关闭。

(1) 接通控制柜和控制台的相关电源,并启动磁力驱动泵和空压机。

(2) 打开作上位控制的 PC,单击"开始"菜单,选择弹出菜单中的"SIMATIC"选项,再单击弹出菜单中的"WINCC",再选择弹出菜单中的"WINCC CONTROL CENTER 5.0",进入 WINCC 资源管理器,打开组态好的上位监控程序,单击管理器工具栏上的"激活(运行)"按钮,进入实验主界面。

(3) 鼠标单击实验项目"二阶双容水箱对象特性测试实验",系统进入正常的测试状态,呈现的实验界面如图 16-7 所示。

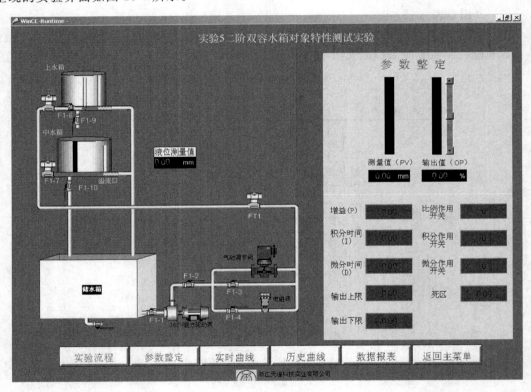

图 16-7　实验界面

在实验界面的左边是实验流程图,右边是参数整定,下面一排 6 个切换键的功能同实验 2 所描述的功能相同。

(4) 在上位机实验界面窗口给定阀门开度值(既可拉动输出值旁边的滚动条,也可直接在输出值显示框中输入阀门开度值),使输出值设置为一个合适的值(一般为最大值的 40%~70%,不宜过大,以免水箱中水溢出),经过一段时间后,水箱的液位处于某一平衡位置。

(5) 液位平衡后,突增(或突减)输出值的大小,使其输出有一个正(或负)阶跃增量的变化(即阶跃干扰,此增量不宜过大,以免水箱中水溢出),于是水箱的液位便离开原平衡状态,经过一段时间后,水箱液位进入新的平衡状态,记录下此时的输出值和液位值,液位的响应过程曲线如图 16-8 所示。

（6）单击实验界面下边的按钮，可切换到实时曲线、历史曲线和数据报表。

（7）根据实验所得的曲线报表和记录的数据，按下面公式

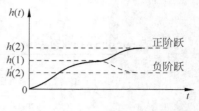

图 16-8　双容水箱液位阶跃响应曲线

$$K = \frac{h_2(\infty)}{x_0} = \frac{输出稳态值}{阶跃输入}$$

求出放大系数 K。

然后再由图 16-8 测出 $0.4h_2(\infty)$ 和 $0.8h_2(\infty)$ 所对应的时间 t_1 和 t_2，用下面的近似公式

$$T_1 + T_2 \approx \frac{t_1 + t_2}{2 \times 16}$$

$$\frac{T_1 T_2}{(T_1 + T_2)^2} \approx \left(1.74 \frac{t_1}{t_2} - 0.55\right)$$

求出二阶系统的惯性时间常数 T_1、T_2，于是就可以写出对象的传递函数

$$G(s) = \frac{K}{(T_1 s + 1)(T_2 s + 1)}$$

【实验报告要求】

（1）画出双容水箱液位特性测试实验的结构框图。

（2）根据实验得到的数据及曲线，分析并计算出双容水箱液位对象的参数及传递函数。

实验 4　上水箱液位 PID 整定实验

【实验目的】

（1）了解单容液位定值控制系统的结构与组成。

（2）掌握单容液位定值控制系统调节器参数的整定和投运方法。

（3）研究调节器相关参数的变化对系统静、动态性能的影响。

（4）了解 P、PI、PD 和 PID 四种调节器分别对液位控制的作用。

（5）掌握在 FCS 控制系统中现场检测信号的传送和控制信号的网络传输路径。

【实验设备】

（1）THJ-FCS 型高级过程控制系统实验装置。

（2）计算机及相关软件。

（3）万用电表 1 只。

【实验控制系统流程图】

本实验控制系统的流程图如图 16-9 所示。

上水箱液位检测信号 LT1 为标准的模拟信号，直接传送到 SIEMENS 的模拟量输入模块 SM331，SM331 和分布式 I/O 模块 ET200M 直接相连，ET200M 挂接到 PROFIBUS-DP 总线上，PROFIBUS-DP 总线上挂接有控制器 CPU315-2 DP（CPU315-2 DP 为 PROFIBUS-DP 总线上的 DP 主站），这样就完成了现场测量信号到 CPU 的传送。

本实验的执行机构为带 PROFIBUS-PA 通信接口的阀门定位器，挂接在 PROFIBUS-PA 总线上，PROFIBUS-PA 总线通过 LINK 和 COUPLER 组成的 DP 链路与 PROFIBUS-

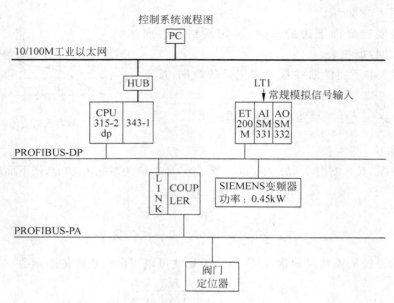

图 16-9　控制系统流程图

DP 总线交换数据,PROFIBUS-DP 总线上挂接有控制器 CPU315-2 DP,这样控制器 CPU315-2 DP 发出的控制信号就经由 PROFIBUS-DP 总线到达 PROFIBUS-PA 总线来控制执行机构阀门定位器。

【实验内容与步骤】

实验之前先将储水箱中储足水量,然后将阀门 F1-1、F1-2、F1-6 全开,将上水箱出水阀门 F1-9 开至适当开度,其余阀门均关闭。

(1) 接通控制柜和控制台电源电源,并启动磁力驱动泵和空压机。

(2) 打开作上位控制的 PC,单击"开始"菜单,选择弹出菜单中的"SIMATIC"选项,再单击弹出菜单中的"WINCC",选择弹出菜单中的"WINCC CONTROL CENTER 5.0",进入 WINCC 资源管理器,打开组态好的上位监控程序,单击管理器工具栏上的"激活(运行)"按钮,进入实验主界面。

(3) 鼠标左键单击实验项目"上水箱液位 PID 整定实验",系统进入正常的测试状态,呈现的实验界面如图 16-10 所示。

(4) 在上位机监控界面中单击"手动",并将设定值和输出值设置为一个合适的值,此操作可通过设定值或输出值旁边相应的滚动条或输出输入框来实现。

(5) 启动磁力驱动泵,磁力驱动泵上电打水,适当增加/减少输出量,使上水箱的液位平衡于设定值。

(6) 按经验法或动态特性参数法整定 PI 调节器的参数,并按整定后的 PI 参数进行调节器参数设置。

(7) 待液位稳定于给定值后,将调节器切换到"自动"控制状态,待液位平衡后,通过以下几种方式加干扰:

① 突增(或突减)设定值的大小,使其有一个正(或负)阶跃增量的变化(此法推荐,后面两种仅供参考)。

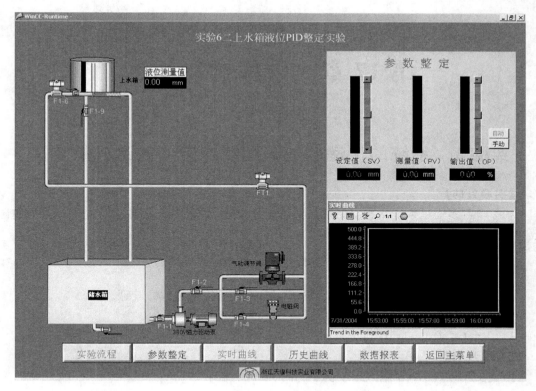

图 16-10 实验界面

② 将气动调节阀的旁路阀 F1-3 或 F1-4（同电磁阀）开至适当开度。

③ 将下水箱进水阀 F1-8 开至适当开度（改变负载）。

以上几种干扰均要求扰动量为控制量的 5%～15%，干扰过大可能造成水箱中水溢出或系统不稳定。加入干扰后，水箱的液位便离开原平衡状态，经过一段调节时间后，水箱液位稳定至新的设定值（采用后面两种干扰方法仍稳定在原设定值），观察计算机记录此时的设定值、输出值和参数，液位的响应过程曲线如图 16-11 所示。

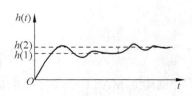

图 16-11 液位的响应过程曲线

（8）分别适量改变调节器的 P 及 I 参数，重复步骤（7），通过实验界面下边的按钮切换观察计算机记录不同控制规律下系统的阶跃响应曲线。

（9）分别用 P、PD、PID 三种控制规律重复步骤（4）～（8），通过实验界面下边的按钮切换观察计算机记录不同控制规律下系统的阶跃响应曲线。

【实验报告要求】

（1）画出单容水箱液位定值控制实验的结构框图。

（2）用实验方法确定调节器的相关参数，写出整定过程。

（3）根据实验数据和曲线，分析系统在阶跃扰动作用下的静、动态性能。

（4）比较不同 PID 参数对系统的性能产生的影响。

（5）分析 P、PI、PD、PID 四种控制规律对本实验系统的作用。

第 17 章 现代控制理论

实验 1 系统的传递函数阵和状态空间表达式的转换

【实验目的】

（1）学习多变量系统状态空间表达式的建立方法、了解系统状态空间表达式与传递函数相互转换的方法。

（2）通过编程、上机调试，掌握多变量系统状态空间表达式与传递函数相互转换方法。

【实验内容】

在运行示例程序的基础上，应用 MATLAB 对所给系统编程并验证。

【实验仪器、设备及材料】

PC 1 台（要求 P4-1.8G 以上），MATLAB6.X 软件 1 套。

【实验步骤】

（1）在 MATLAB 中输入以下例子，并验证输出结果。

例 17.1 已知两输入两输出系统状态空间模型

$$\dot{x} = \begin{bmatrix} 1 & 6 & 9 & 10 \\ 3 & 12 & 6 & 8 \\ 4 & 7 & 9 & 11 \\ 5 & 12 & 13 & 14 \end{bmatrix} x + \begin{bmatrix} 4 & 6 \\ 2 & 4 \\ 2 & 2 \\ 1 & 0 \end{bmatrix} u$$

$$y = \begin{bmatrix} 0 & 0 & 2 & 1 \\ 8 & 0 & 2 & 2 \end{bmatrix} x$$

试建立 MATLAB 模型，并进行模型转换。

```
%输入系统模型
»A = [1 6 9 10; 3 12 6 8; 4 7 9 11; 5 12 13 14]
»B = [4 6; 2 4; 2 2; 1 0]
»C = [0 0 2 1; 8 0 2 2]
»D = zeros(2,2)
%转换为传递函数模型
% iu 用来指定第 n 个输入,当只有一个输入时可忽略
»[num,den] = ss2tf(A,B,C,D,iu)
%转换为零极点模型
»[z,p,k] = ss2zp(A,B,C,D,iu)
```

例 17.2 已知系统状态空间描述为

$$\dot{x} = \begin{bmatrix} 0 & 1 \\ -5 & -6 \end{bmatrix} x + \begin{bmatrix} 0 \\ 1 \end{bmatrix} u$$

$$y = \begin{bmatrix} 1 & 0 \end{bmatrix} x$$

试建立 MATLAB 模型,设线性变换矩阵为 $Q = \begin{bmatrix} 1.25 & 0.25 \\ -0.25 & -0.25 \end{bmatrix}$,求系统线性变换后的

模型。

```
%输入系统模型
»A = [0 1; -5 -6]
»B = [0; 1]
»C = [1 0]
»D = 0
%输入线性变换阵
Q = [1.25 0.25; -0.25 -0.25]
%线性转换
»[Aq, Bq, Cq, Dq] = ss2ss(A, B, C, D, Q)

%直接化为对角标准形
»[At, Bt, Ct, Dt] = canon(A, B, C, D)
```

例 17.3 已知系统系数矩阵为

$$A = \begin{bmatrix} 4 & 1 & -2 \\ 1 & 0 & 2 \\ 1 & -1 & 3 \end{bmatrix}$$

将其变化为约当标准型。

```
»a = [4 1 -2; 1 0 2; 1 -1 3]
%化为约当标准形
»[Q, J] = jordan(A)
```

运行结果为

```
Q =

    0    -4    -2
   -2    -4     2
   -1    -4     2


J =

    1     0     0
    0     3     1
    0     0     3
```

其中 Q 为变换矩阵,J 为转化成约当标准型的系数矩阵。

(2) 在运行以上例子程序的基础上,试建立下列系统的 MATLAB 传递函数模型,并转换为状态空间模型;再将求出状态空间模型转换传递函数模型进行验证。

$$G(s) = \frac{\begin{bmatrix} s + 2 \\ s^2 + 5s + 3 \end{bmatrix}}{s^3 + 2s^2 + 3s + 4}$$

【**实验报告要求**】

在实验报告纸上写出实验程序和结果。

实验2　多变量系统的能控、能观和稳定性分析

【**实验目的和任务**】

(1) 学习多变量系统状态能控性及稳定性分析的定义及判别方法。

(2) 学习多变量系统状态能观性及稳定性分析的定义及判别方法。

(3) 通过用 MATLAB 编程、上机调试,掌握多变量系统能控性及稳定性判别方法。

【**实验内容**】

在运行示例程序的基础上,应用 MATLAB 对所给系统能控性和稳定性进行编程判断。

【**实验仪器、设备及材料**】

PC 1 台(要求 P4-1.8G 以上),MATLAB6.X 软件 1 套。

【**实验步骤**】

例 17.4 已知系数阵 A 和输入阵 B 分别如下,判断系统的状态能控性。

$$
A = \begin{bmatrix} 6.666 & -10.6667 & -0.3333 \\ 1 & 0 & 1 \\ 0 & 1 & 2 \end{bmatrix}, \quad B = \begin{bmatrix} 0 \\ 1 \\ 1 \end{bmatrix}
$$

程序如下:

```
A = [6.6667, - 10.6667, - 0.3333; 1.0000,0,1; 0, 1.0000, 2];
    B = [0; 1; 1];
    q1 = B;
    q2 = A * B;                  % 将 AB 的结果放在 q2 中
    q3 = A^2 * B;                % 将 A²B 的结果放在 q3 中
    Qc = [q1 q2 q3]              % 将能控矩阵 Qc 显示在 MATLAB 的窗口
    Q = rank(Qc)                 % 能控矩阵 Qc 的秩放在 Q
```

程序运行结果:

```
Qc =
        0    - 11.0000    - 85.0003
    1.0000     1.0000      - 8.0000
    1.0000     3.0000        7.0000
Q = 3
```

从程序运行结果可知,能控矩阵 Q_c 的秩为 $3 = n$,所以系统是状态能控性的。

也可采用 ctrb 函数来求状态空间系统的能控性矩阵。

```
A = [  6.6667   - 10.6667   - 0.3333
       1.0000         0          1
          0       1.0000         2];
B = [0; 1; 1];
Qc = ctrb(A,B)
Q = rank(Qc)
```

例 17.5　已知系数阵 A 和输出阵 C 分别如下,判断系统的状态能观性。

$$A = \begin{bmatrix} 6.666 & -10.6667 & -0.3333 \\ 1 & 0 & 1 \\ 0 & 1 & 2 \end{bmatrix}, \quad C = \begin{bmatrix} 1 & 0 & 2 \end{bmatrix}$$

程序如下:

```
A = [ 6.6667   - 10.6667   - 0.3333
      1.0000          0        1
         0     1.0000          2];
  C = [1 0 2];
  q1 = C;
  q2 = C * A;             % 将 CA 的结果放在 q2 中
  q3 = C * A ^ 2;         % 将 CA² 的结果放在 q3 中
  Qo = [q1; q2; q3]       % 将能观矩阵 Qo 显示在 MATLAB 的窗口
  Q = rank(Qo)            % 将能观矩阵 Qo 的秩放在 Q
```

程序运行结果:

```
Qo =
    1.0000         0     2.0000
    6.6667   - 8.6667    3.6667
   35.7782  - 67.4450   - 3.5553
Q = 3
```

从程序运行结果可知,能控矩阵 Q_o 的秩为 $3 = n$,可知系统是状态完全能观的。

也可采用 ctrb 和 obsv 函数来求状态空间系统的能观性矩阵。

```
A = [ 6.6667   - 10.6667   - 0.3333
      1.0000          0          1
         0     1.0000           2];
C = [1 0 2];
Qo = ctrb(A,C)
Q = rank(Qo)
```

例 17.6　已知系数阵 A、B、和 C 阵分别如下,分析系统的状态稳定性。

$$A = \begin{bmatrix} 0 & 1 & 0 \\ 0 & 0 & 1 \\ -4 & -3 & -2 \end{bmatrix}, \quad B = \begin{bmatrix} 1 \\ 3 \\ -6 \end{bmatrix}, \quad C = \begin{bmatrix} 1 & 0 & 0 \end{bmatrix}$$

根据题意编程

```
A = [0 1 0; 0 0 1; -4 -3 -2];
B = [1; 3; -6];
C = [1 0 0];
D = 0;
[z, p, k] = ss2zp(A, B, C, D, 1)
```

程序运行结果:

```
z =
   - 4.3028
```

```
    - 0.6972

p =
    - 1.6506
    - 0.1747 + 1.5469i
    - 0.1747 - 1.5469i
k = 1
```

由于系统的零、极点均具有负的实部,则系统是状态渐近稳定的。

例 17.7　利用 MATLAB 判断系统$\dot{x} = \begin{bmatrix} -1 & 1 \\ 2 & -3 \end{bmatrix} x$ 是否为大范围渐近稳定。

```
>> A = [ -1 1; 2 -3];          % 输入系数矩阵
>> A = A';                      % 将系数矩阵 A 转置,注意要用 lyap 函数求解李雅普诺夫方程时,应
                                  该先将 A 矩阵转置后再代入 lyap 函数.
>> Q = eye(2)                   % 给定正定实对称矩阵 Q 为二阶单位阵
>> P = lyap(A, Q)               % 求李雅普诺夫方程
P =
    1.7500    0.6250
    0.6250    0.3750
```
需判断 P 是否为对称正定阵.由希尔维斯特判据,判断主子行列式是否都大于零
```
>> det(P(1,1))                  % 求 P 阵的一阶主子行列式
ans =
    1.7500
>> det(P)                       % 求 P 阵的二阶主子行列式
ans =
    0.2656
```

由此可知,P 为对称正定阵。因此系统在原点处是大范围渐近稳定的。

在运行以上例程序的基础上,编程判别下面系统的能控性、能观性和稳定性。

$$A = \begin{bmatrix} 3 & 0 & 2 & 0 \\ 0 & 1 & 1 & 0 \\ 1 & 1 & 2 & 1 \\ 0 & 1 & 0 & 1 \end{bmatrix}, \quad B = \begin{bmatrix} 0 & 1 \\ 0 & 0 \\ 0 & 1 \\ 1 & 0 \end{bmatrix}, \quad C = \begin{bmatrix} 1 & 0 & 1 & 0 \end{bmatrix}$$

提示:从 B 阵看,输入维数 $m = 2$,Q_c 的维数为状态变量个数 $n \times (m \times n) = 3 \times 6$,而正定阵 $Q = \text{rank}(Q_c)$ 语句要求 Q_c 是方阵,所以先令 $R = Q_c' * Q_c$,然后 $Q = \text{rank}(R)$。

【实验报告要求】

要求调试自编程序,写出调试步骤和结果。

实验3　状态反馈和状态观测器的设计

【实验目的和任务】

(1) 掌握极点配置的方法。

(2) 掌握状态观测器设计方法。

(3) 学会使用 MATLAB 工具进行初步的控制系统设计。

【实验内容】

在运行示例程序的基础上,进行极点配置和设计全阶状态观测器。

【实验仪器、设备及材料】

PC 1 台(要求 P4-1.8G 以上),MATLAB6.X 软件 1 套。

【实验步骤】

例 17.8　给定系统的状态空间表达式为

$$\dot{x} = \begin{bmatrix} 0 & 0 & 0 \\ 1 & -1 & 0 \\ 0 & 1 & -1 \end{bmatrix} x + \begin{bmatrix} 1 \\ 0 \\ 0 \end{bmatrix} u$$

$$y = \begin{bmatrix} 0 & 1 & 1 \end{bmatrix} x$$

(1) 求状态反馈增益阵 K,使反馈后闭环特征值为 $\lambda_1^* = -2, \lambda_{2,3}^* = -1 \pm j\sqrt{3}$ 。

(2) 检验引入状态反馈后的特征值与希望极点是否一致。

(3) 比较状态反馈前后的系统阶跃响应。

程序

```
A = [0 0 0; 1 -1 0; 0 1 -1];              %输入系统模型
B = [1; 0; 0];
C = [0 1 1];
D = 0;
Qc = ctrb(A,B)                             %求能控性矩阵
rank(Qc)                                   %求能控性矩阵的秩
p = [-2, -1 + sqrt(3) * i, -1 - sqrt(3) * i]   %输入状态反馈后极点
k = acker(A,B, p)                          %求状态反馈增益阵 K
eig(A - B * k)                             %求引入状态反馈后特征值
step(A,B,C,D)                              %求状态反馈前的阶跃响应
step(A - B * k,B,C,D)                      %求状态反馈后的阶跃响应
```

例 17.9　试用 MATLAB 求给定系统

$$\dot{x} = \begin{bmatrix} 1 & 0 & 0 \\ 0 & 2 & 1 \\ 1 & 0 & 2 \end{bmatrix} x + \begin{bmatrix} 1 \\ 0 \\ 1 \end{bmatrix} u$$

$$y = \begin{bmatrix} 1 & 1 & 0 \end{bmatrix} x$$

(1) 具有特征值为 $-3, -4, -5$ 的全维状态观测器。

(2) 检验全维状态观测器的特征值与希望特征值是否一致。

```
>> A = [1 0 0; 0 2 1; 1 0 2]; B = [1; 0; 1]; C = [1 1 0]; D = 0;   %输入系统状态空间表达式
>> Qo = obsv(A,C)                          %求能观测矩阵
>> rank(Qo)                                %求能观测矩阵的秩
>> P = [-3 -4 -5]                          %输入期望特征值
>> G = acker (A',C',P)'                    %求状态观测器反馈阵 G
>> Ao = A - G * C                          %求观测器的系数矩阵
>> eig(Ao)                                 %检验观测器特征值
```

例 17.10 仿照例 17.8 和例 17.9,求取下列系统

$$A = \begin{bmatrix} 0 & 1 & 0 \\ 0 & 0 & 1 \\ -4 & -3 & -2 \end{bmatrix}, \quad B = \begin{bmatrix} 1 \\ 3 \\ -6 \end{bmatrix}, \quad C = \begin{bmatrix} 1 & 0 & 0 \end{bmatrix}$$

(1) 求状态反馈增益阵 K,使反馈后闭环特征值为$\begin{bmatrix} -1 & -2 & -3 \end{bmatrix}$。

(2) 检验引入状态反馈后的特征值与希望极点是否一致。

(3) 比较状态反馈前后的系统阶跃响应。

(4) 设计全阶状态观测器,要求状态观测器的极点为$\begin{bmatrix} -5 & -6 & -7 \end{bmatrix}$。

(5) 检验全维状态观测器的特征值与希望特征值是否一致。

【实验报告要求】

(1) 按实验步骤调试程序,写出调试步骤和结果。

(2) 分析实验结果。

第18章 自动控制原理

实验1 典型环节及其阶跃响应

【实验目的】

（1）学习构成典型环节的模拟电路，了解电路参数对环节特性的影响。

（2）学习典型环节阶跃响应测量方法，并学会由阶跃响应曲线计算典型环节传递函数。

【实验内容】

搭建下述典型环节的模拟电路，并测量其阶跃响应。

（1）比例（P）环节的传递函数为 $G(s) = -R_2/R_1$，其模拟电路见图 18-1。

（2）惯性（T）环节的传递函数 $G(s) = -\dfrac{K}{Ts+1}$，其中 $K = R_2/R_1$，$T = R_2C$。其模拟电路见图 18-2。

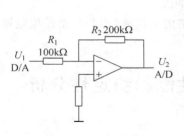

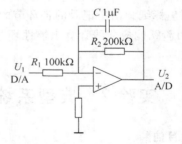

图 18-1 比例环节　　　　　　　　　　图 18-2 惯性环节

（3）积分（I）环节的传递函数 $G(s) = -\dfrac{1}{Ts}$，$T = RC$。其模拟电路见图 18-3。

（4）比例积分（PI）环节的传递函数 $G(s) = -\left(K + \dfrac{1}{Ts}\right)$，其中 $K = R_2/R_1$，$T = R_1C$。模拟电路见图 18-4。

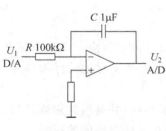

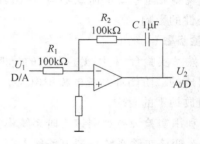

图 18-3 积分环节　　　　　　　　　　图 18-4 比例积分环节

（5）比例微分（PD）传递函数 $G(s)=-K(Ts+1)$，其中 $K=\dfrac{R_2+R_3}{R_1}$，$T=\dfrac{R_2R_3}{R_2+R_3}C$。模拟电路见图18-5。

（6）比例积分微分（PID）环节传递函数 $G(s)=-\left(K_P+\dfrac{1}{T_Is}+T_Ds\right)$，其中 $K_P=\dfrac{R_2}{R_1}$，$T_I=R_1C_1$，$T_D=\dfrac{R_2R_3}{R_1}C_2$。模拟电路见图18-6。

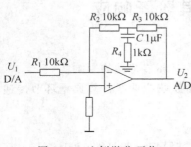

图 18-5　比例微分环节

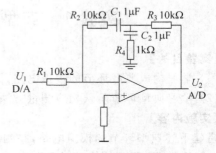

图 18-6　比例积分微分环节

【实验报告】

（1）画出惯性环节、积分环节、比例积分环节、比例微分环节、比例积分微分环节的模拟电路图，用坐标纸画出所记录的各环节的阶跃响应曲线。

（2）由阶跃响应曲线计算出惯性环节、积分环节的传递函数，并与由模拟电路计算的结果相比较。

实验 2　典型系统动态性能和稳定性分析

【实验目的】

（1）学习和掌握动态性能指标的测试方法。

（2）研究典型系统参数对系统动态性能和稳定性的影响。

【实验内容】

（1）观测二阶系统的阶跃响应，测出其超调量和调节时间，并研究其参数变化对动态性能和稳定性的影响。

（2）观测三阶系统的阶跃响应，测出其超调量和调节时间，并研究其参数变化对动态性能和稳定性的影响。

【实验步骤】

（1）熟悉实验台，利用实验台上的模拟电路单元，设计并连接由一个积分环节和一个惯性环节组成的二阶闭环系统的模拟电路。注意实验接线前必须对运放仔细调零，接线时要注意对运放锁零的要求。

（2）利用实验设备观测该二阶系统模拟电路的阶跃特性，并测出其超调量和调节时间。

（3）改变该二阶系统模拟电路的参数，观测参数对系统动态性能的影响。

（4）利用实验台上的模拟电路单元，设计并连接由一个积分环节和两个惯性环节组成的三阶闭环系统的模拟电路(如用实验台上 U9、U15、U11、U10 和 U8 连成)。

（5）利用实验设备观测该三阶系统模拟电路的阶跃特性，并测出其超调量和调节时间。

（6）改变该三阶系统模拟电路的参数，观测参数对系统稳定性与动态指标的影响。

（7）分析实验结果，完成实验报告。

实验 3　线性系统串联校正

【实验目的】

（1）熟悉串联校正装置对线性系统稳定性和动态特性的影响。

（2）掌握串联校正装置的设计方法和参数调试技术。

【实验内容】

（1）观测未校正系统的稳定性和动态特性。

（2）按动态特性要求设计串联校正装置。

（3）观测加串联校正装置后系统的稳定性和动态特性，并观测校正装置参数改变对系统性能的影响。

（4）对线性系统串联校正进行计算机仿真研究，并对电路模拟与数字仿真结果进行比较研究。

【实验步骤】

（1）利用实验设备，设计并连接一未加校正的二阶闭环系统的模拟电路，完成该系统的稳定性和动态特性观测。提示：

① 设计并连接一未加校正的二阶闭环系统的模拟电路，利用实验台上的 U9、U11、U15 和 U8 单元连成。

② 通过对该系统阶跃响应的观察，完成对其稳定性和动态特性的研究。

（2）按校正目标要求设计串联校正装置传递函数和模拟电路。

（3）利用实验设备，设计并连接一加串联校正后的二阶闭环系统的模拟电路，完成该系统的稳定性和动态特性观测。提示：

① 设计并连接一加串联校正后的二阶闭环系统的模拟电路。

② 通过对该系统阶跃响应的观察，来完成对其稳定性和动态特性的研究。

（4）改变串联校正装置的参数，对加校正后的二阶闭环系统进行调试，使其性能指标满足预定要求。

（5）分析实验结果，完成实验报告。

第 19 章 计算机控制系统

实验 1 A/D 与 D/A 转换

【实验目的】

(1) 熟悉并掌握实验系统原理与使用方法。

(2) 掌握模拟量通道中模数转换与数模转换的实现方法。

【实验内容】

(1) 利用实验系统完成测试信号的产生。

(2) 测取模数转换的量化特性,并对其量化精度进行分析。

(3) 设计并完成两通道模数转换与数模转换实验。

【实验步骤】

(1) 了解并熟悉实验设备,掌握以 C8051F060 为核心的数据处理系统的模拟量通道设计方法,熟悉上位机的用户界面,学习其使用方法。

(2) 利用实验设备产生 0~5V 的斜坡信号,输入到一路模拟量输入通道,在上位机软件的界面上测取该模拟量输入通道当 A/D 转换数为 4 位时的模数转换量化特性。

(3) 利用实验箱设计并连接产生两路互为倒相的周期斜坡信号的电路,分别输入两路模拟量输入通道,在上位机的界面上测取它们的模数转换结果,然后将该转换结果的数字量,通过数模转换变为模拟量和输入信号作比较。

(4) 编写程序实现各种典型测试信号的产生,熟悉并掌握程序设计方法。

(5) 对实验结果进行分析,并完成实验报告。

实验 2 数字 PID 控制算法的研究

【实验目的】

(1) 学习并掌握常规数字 PID 及积分分离 PID 控制算法的原理和应用。

(2) 学习并掌握数字 PID 控制算法参数整定方法。

(3) 学习并掌握数字控制器的混合仿真实验研究方法。

【实验内容】

(1) 利用实验设备,设计并构成用于混合仿真实验的计算机闭环控制系统。

(2) 采用常规数字 PID 控制,并用扩充响应曲线法整定控制器的参数。

(3) 采用积分分离 PID 控制,并整定控制器的参数。

【实验步骤】

(1) 设计并连接模拟二阶被控对象的电路,并利用 C8051F060 构成的数据采集系统完成计算机控制系统的模拟量输入、输出通道的设计和连接。利用上位机的虚拟仪器功能对此模拟二阶被控对象的电路进行测试,根据测试结果调整电路参数,使它满足实验要求。

(2) 在上位机完成常规数字 PID 控制器的计算与实验结果显示、记录,并用扩充响应曲线法整定 PID 控制器的参数,在整定过程中注意观察参数变化对系统动态性能的影响。

(3) 在上位机完成积分分离 PID 控制器的计算与实验结果显示、记录,改变积分分离值,观察该参数变化对系统动态性能的影响。

(4) 对实验结果进行分析,并完成实验报告。

实验 3　串级控制算法的研究

【实验目的】

(1) 熟悉并掌握串级控制系统的结构、特点及其混合仿真研究方法。

(2) 熟悉并掌握串级控制系统的控制器参数整定方法。

【实验内容】

(1) 设计一已知三阶被控对象的串级控制系统,并完成它的混合仿真。

(2) 学习用逐步逼近方法整定串级控制所包含的内、外两环 PI 控制器参数。

【实验步骤】

(1) 设计并连接模拟三阶被控对象的电路,并利用 C8051F060 构成的数据采集系统完成计算机控制系统的两路模拟量输入、一路模拟量输出通道的设计和连接。利用上位机的虚拟仪器功能对此模拟三阶被控对象的电路进行测试,根据测试结果调整电路参数,使它满足实验要求。

(2) 在上位机完成内、外两环的常规数字 PI 控制器的算法编程、调试。特别注意内、外两环的采样控制周期是不同的。通常外环的采样控制周期是内环的 3~10 倍。

(3) 将外环断开,先整定内环的常规数字 PI 控制器参数,在整定过程中注意观察参数变化对系统动态性能的影响。

(4) 将内环的常规数字 PI 控制器参数按整定好的值固定下来,再整定外环的常规数字 PI 控制器参数,在整定过程中注意观察参数变化对系统动态性能的影响。

(5) 如果对上两步参数整定的结果不满意,可以将外环的常规数字 PI 控制器参数固定下来,重新整定内环的常规数字 PI 控制器参数。如果仍不能得到满意的结果,可重复步骤(4),直至满意为止。

(6) 对实验结果进行分析,并完成实验报告。

实验 4　最少拍控制算法的研究

【实验目的】

(1) 学习并掌握最少拍控制器的设计和实现方法,并研究最少拍控制系统对三种典型输入的适应性及输出采样点间的纹波。

(2) 学习并掌握最少拍无纹波控制器的设计和实现方法,并研究输出采样点间的纹波消除以及最少拍无纹波控制系统对三种典型输入的适应性。

【实验内容】

（1）设计并实现对象具有一个积分环节的二阶系统的最少拍控制，并通过混合仿真实验研究该闭环控制系统对三种典型输入的适应性以及输出采样点间的纹波。

（2）设计并实现对象具有一个积分环节的二阶系统的最少拍无纹波控制，并通过混合仿真实验，观察该闭环控制系统输出采样点间纹波的消除以及系统对三种典型输入的适应性。

【实验步骤】

（1）设计并连接模拟由一个积分环节和一个惯性环节组成的二阶被控对象的电路，并利用 C8051F060 构成的数据处理系统完成计算机控制系统的模拟量输入、输出通道的设计和连接。

（2）利用上位机的虚拟仪器功能对此模拟二阶被控对象的电路进行测试，分别测取惯性环节的放大倍数、时间常数以及积分环节的积分时间常数。在上位机完成阶跃输入下最少拍控制计算与实验结果显示、记录。先完成阶跃输入下最少拍控制器的参数设计和调试，然后再用另外两种典型信号（等速与等加速）作为系统输入，观察系统输出并记录。

（3）在上位机完成阶跃输入下最少拍无纹波控制器的计算与实验结果显示、记录。先完成阶跃输入下最少拍无纹波控制器的参数设计和调试，然后再用另外两种典型信号（等速与等加速）作为系统输入，观察系统输出并记录。

（4）对记录的实验结果进行分析，写出实验报告。

第 20 章 计算机网络实验

实验 1 TCP/IP 实用程序的使用

【实验目的】

（1）使用 Ping 实用程序来测试计算机上的 TCP/IP 配置及测试本计算机与计算机的连接性能，确保可以在网络上通信。

（2）使用 Hostname 实用程序来标识计算机的名称。

（3）使用 Ipconfig 实用程序来验证计算机上的 TCP/IP 配置选项，包括 MAC 地址、IP 地址、子网掩码和默认网关等多项配置信息。

（4）考查操作系统为 Windows 的计算机的 TCP/IP 配置。

【实验设备及仪器】

联网计算机 1 台。

【实验任务、实验步骤及思考题】

（1）使用 Ping 实用程序来测试计算机上的 TCP/IP 配置。登录到 Windows 中。单击开始，然后将鼠标指针移到程序上，再移到附件上，然后单击命令提示符。在命令提示窗口输入 ping 127.0.0.1。

问题 1　发送了多少数据包？接收了多少数据包？丢失了多少数据包？

问题 2　TCP/IP 工作正常吗？

（2）使用 Hostname 实用程序来获得计算机的名称。在命令提示窗口输入 hostname。在命令提示窗口输入 ping 计算机（其中计算机是在步骤（4）中获得的主机名称）。

问题 3　你的计算机的主机名称是什么？

问题 4　你的计算机的 IP 地址是什么？

（3）使用 Ping 实用程序测试本计算机与其他计算机的连接性能。在命令提示窗口输入 ping 其他计算机（其中其他计算机代表其他同学的计算机主机名称）。

问题 5　你所输入的"其他计算机"的主机名称是什么？

问题 6　如何知道你和"其他计算机"可以通信？

（4）考查计算机上的 TCP/IP 配置。最小化命令提示窗口。单击开始，然后将鼠标指针移到设置上，再移到网络和拨号连接上，然后右击本地连接。单击属性。单击 Internet 协议（TCP/IP）。单击属性。

问题 7　你能说出你的计算机是否分配了 IP 地址？是如何分配的？

问题 8　配置 IP 地址的两种方法是什么？

（5）使用 Ipconfig 实用程序验证计算机上的 TCP/IP 配置选项。关闭所有打开的窗口。重新打开命令提示窗口。在命令提示窗口输入 ipconfig。

问题 9　能查看你的计算机的 IP 地址吗？如果能，是多少？

问题 10　显示了什么额外的配置信息？

问题 11　能用 ipconfig 人工设置 IP 地址吗？如果能，如何设置？

在命令提示窗口输入 ipconfig/all。

问题 12　与步骤 14 的结果相比较，ipconfig/all 显示了什么额外的配置信息？

问题 13　你的网卡的 MAC 地址（physical Address）是多少？

问题 14　你的计算机拥有的是哪一类地址？你的网络 ID 是多少？

问题 15　默认网关（Default Gateway）与你的计算机拥有相同的网络 ID 吗？

关闭所有窗口，从 Windows 注销。

实验 2　利用停止等待协议传输数据文件

【实验目的】

（1）深入理解停止等待协议的主要特点。

（2）深入理解停止等待协议的工作过程。

（3）进一步掌握串行口编程的方法。

【实验内容与步骤】

实验在不影响停止等待协议基本思想的前提下进行简化，以简化编程过程。新建三个文件，f1：要发送的串；f2：保存中间结果；f3：接收的串。编写两个计算机程序，第一个程序模拟发送方，首先从界面读取待发送字符（每次接收一个字符的输入），保存到文件 1 中，然后等待接收方应答；第二个程序模拟接收方，它从第一个文件中查找是否有新字符到来，然后模拟界面选择，1. Ack→接收该字符，2. NAK→丢弃，3. 无反应→模拟超时，将结果记录到文件 3 中，用户的选择记录在文件 2 中；第一个文件读取文件 2 决定操作，如果是 3，则重传该字符，否则继续接收用户输入。

【思考与练习】

在实验过程中请思考以下问题：

（1）简化的停止等待协议使用奇偶校验码对传输的正文信息进行校验，奇偶校验实现简单但检错效率不高。请查阅参考资料，将本实验的奇偶校验改为循环冗余校验，以提高检错效率。

（2）停止等待协议的执行效率是衡量协议的重要因素之一，尽管在简化的停止等待协议中很难准确验证停止等待协议的效率，但还是可以通过改变传输速率、数据包的长度以及模拟长线路等方法来定性地观察协议的效率。思考实验方法，观察停止等待协议的效率。

实验 3　计算机组网综合

【实验目的】

计算机网络安装调试，常用网络服务器配置。

【实验要求】

了解网络安装调试方法，熟悉网络连线方式和制作，掌握网络服务器配置方法，配置路由器。

【实验设备】

计算机、路由器、网线、网钳、RJ-45 接头。

【实验步骤】

1. 网线及连接方式

（1）双绞线。基于交换机的网络中，主机通过双绞线连接到交换机上，双绞线两端采用 RJ-45 接口，一端接入网卡，另一端接入交换机，最长不超过 100m。

双绞线由 8 根铜导线组成，这 8 根铜导线的顺序分别橙白-1，橙-2，绿白-3，蓝-4，蓝白-5，绿-6，棕白-7，棕-8，如图 20-1 所示。

（2）RJ-45 接口。RJ-45 接口由金属片和塑料构成，特别需要注意的是引脚序号，当金属片面对我们的时候从左至右引脚序号是 1～8，如图 20-2 所示。这个序号在做网络连线时非常重要，不能搞错。

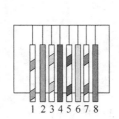

图 20-1　导线组成　　　　　　　　　图 20-2　引脚序号

（3）连接方式。为了扩大交换以太网的规模，交换以太网允许通过交换机的级联或者堆叠来扩大网络规模，这样在交换以太网中就出现了不同的连接方式，即网卡到交换机连接、交换机到交换机连接和网卡到网卡连接，这 3 种不同的连接方式产生了 3 种不同的接线方式。

① 网卡和交换机。根据 10Base T 和 100Base TX 传输规范，双绞线的 4 对（8 根）线中，1 和 2 必须是一对，用于发送数据；3 和 6 必须是一对，用于接收数据。其余的线在连接中虽也被插入 RJ-45 接口，但实际上并没有使用，网卡和交换机的连接，不需要错位，而是双绞线的顺序与接口引脚序号一致即可，如图 20-3 所示。

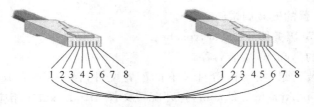

图 20-3　双绞线的顺序与接口引脚序号

② 交换机到交换机。当网络规模比较大的时候,就需要把多个交换机级联起来,形成一个较大规模的局域网,这个时候就出现了交换机到交换机的连接,在交换机上通常都有一个级连接口,如果通过这个接口和其他交换机进行互联,这个时候交换机到交换机的连线和网卡到交换机一样。如果交换机没有这样的端口,接线方式就需要改变,一端1号针上的引线需要和另一端3号针相连;一端的2号针的引线需要和另一端6号针相连,这样的连接方式通常称为交叉线,如图20-4所示。

③ 网卡到网卡连接。网卡到网卡连接用于在没有交换机的情况下,实现两台计算机通过网卡进行直连,这种连接方式的双绞线的接线方式和交换机到交换机的接线方式相同,需要交叉线。

需要注意的是在使用双绞线组建网络时必须遵循"5-4-3规则",即网络中任意两台计算机间最多不超过5段线(交换设备到交换设备或交换设备到计算机间的连线)。注意双绞线制作时的排列顺序,将网线一头插在网卡接头处,另一头插到交换机或Hub上。

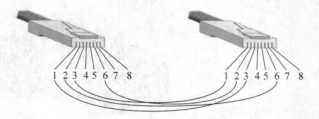

图 20-4 双绞线制作时的排列顺序

2. 网线的制作

所需条件:适当长度的双绞线、网钳、RJ-45接头。

(1) 选择双绞线一端,用网钳剥去前端外封皮,长度约为1～1.5cm。

(2) 按照前面所述排好线序并紧密排列。

(3) 用网钳将网线剪齐。

(4) 将网线与RJ-45接头位置一一对齐,然后插入。

(5) 将RJ-45接头插入网钳的相应位置,然后用力压紧。

(6) 将另一端同样制作。

(7) 然后将做好的网线用测线仪进行测试,如果有错误重新制作,无误即表示网线制作完成。

3. 安装必要的网络协议

绝大多数情况下采用TCP/IP协议,为各台主机设置相应的IP地址、子网掩码和网关地址等。

4. WWW服务器的安装调试

(1) 下载WWW服务器软件,如Apache。

(2) 运行下载的Apache安装程序。

(3) 进入到安装目录,找到配置目录下的配置文件,例如C:\Program Files\Apache Software Foundation\Apache2.2\conf,打开配置文件httpd.txt,在相应位置修改服务器配置,包括工作端口、主目录、默认文件、管理员邮件地址等,如图20-5所示。

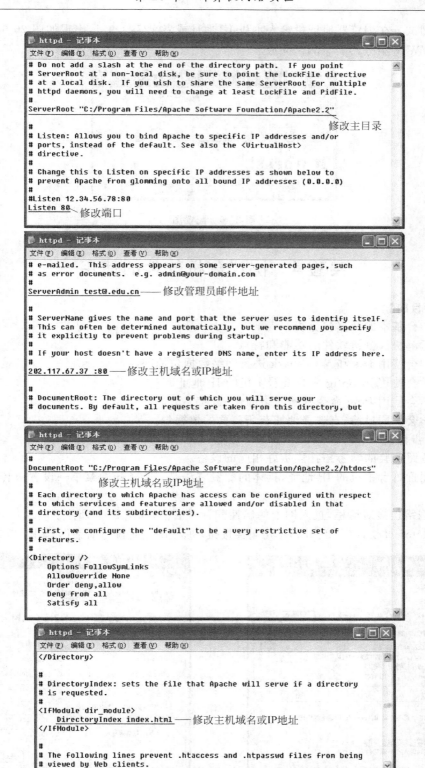

图 20-5 修改服务器配置

（4）测试。在浏览器地址栏输入本机 IP 地址或者 127.0.0.1，出现如图 20-6 所示的界面，表明 WWW 服务器安装测试完成。

图 20-6　配置图

实验 4　协议分析软件的使用

【实验目的】

（1）学会基本的数据包分析。

（2）了解协议分析软件的功能和特点。

（3）学会使用 Iris 和 Wireshark 进行网络数据包捕获。

（4）学会使用 ipconfig 命令查看主机的 IP 地址。

（5）学会使用 Ping 命令判断网络的连通性。

（6）学会使用过滤，有选择地捕获所需要的数据包。

【实验步骤】

（1）按照实验的参考拓扑连接好相应的设备。

（2）配置每台主机的 IP 地址，具体的配置方法是：选择开始菜单→设置→控制面板→网络连接。

打开网络连接对话框，进入网卡的属性配置对话框，如图 20-7 所示。

选择 Internet 协议（TCP/IP），单击属性按钮，进入 IP 地址配置对话框，如图 20-8 所示。

图 20-7　本地连接图

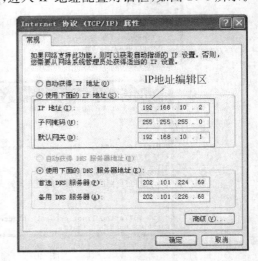

图 20-8　属性图

在 IP 地址编辑区输入 IP 地址和子网掩码,本实验不需要输入网关地址和 DNS 地址,单击"确定"按钮,IP 地址配置完成。按照步骤配置好两台 PC 的 IP 地址。

（3）在 PC0 上启动 Iris,选择菜单 Filter,单击 Edit filter,打开过滤器编辑框,如图 20-9 所示。

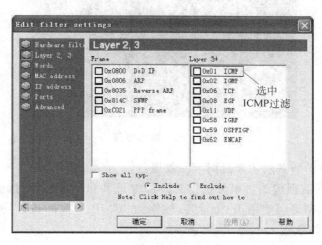

图 20-9　编辑框

由于 Ping 使用的是 ICMP 协议,所以选中 Layer2,3 选项的 ICMP 前的方框,确定过滤方式为 Include（表示捕获匹配选中的过滤规则的数据包）,单击"确定"按钮,完成过滤规则的设置。单击 Iris 的抓包按钮,开始抓包。

（4）单击 PC0 的开始菜单,选择运行,输入 cmd 命令,打开 PC0 的命令行提示符,如图 20-10 所示。

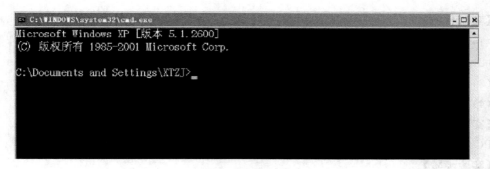

图 20-10　操作界面

输入 Ipconfig 命令,确认主机的 IP 地址,如图 20-11 所示。

```
Ethernet adapter 本地连接:

        Connection-specific DNS Suffix  . :
        IP Address. . . . . . . . . . . . : 192.168.10.2
        Subnet Mask . . . . . . . . . . . : 255.255.255.0
        Default Gateway . . . . . . . . . : 192.168.10.1
```

图 20-11　操作界面

（5）确认两台主机未设置任何防火墙过滤 ICMP 的数据包之后，输入 ping-192.168.10.1，收到 Reply 表示两台主机能够互相 Ping 通，如图 20-12 所示。

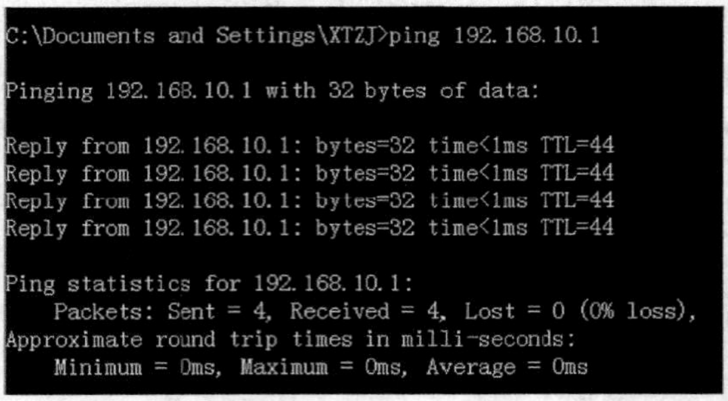

```
C:\Documents and Settings\XTZJ>ping 192.168.10.1

Pinging 192.168.10.1 with 32 bytes of data:

Reply from 192.168.10.1: bytes=32 time<1ms TTL=44
Reply from 192.168.10.1: bytes=32 time<1ms TTL=44
Reply from 192.168.10.1: bytes=32 time<1ms TTL=44
Reply from 192.168.10.1: bytes=32 time<1ms TTL=44

Ping statistics for 192.168.10.1:
    Packets: Sent = 4, Received = 4, Lost = 0 (0% loss),
Approximate round trip times in milli-seconds:
    Minimum = 0ms, Maximum = 0ms, Average = 0ms
```

图 20-12　操作界面

（6）Iris 开始自动捕获刚才经过网卡的数据包。

（7）观察捕获的数据包的协议分层情况及源地址和目标地址，数据链路层使用以太网（Ethernet Ⅱ）封装，网络层使用 Ipv4 封装，数据为 ICMP 的首部和数据，无传输层和应用层，ICMP 传输的具体数据大小为 32 个字节。

【实验分析与思考】

（1）采用不同的过滤方式抓取不同的数据包，写出你对该数据包的认识和疑惑。

（2）若实验中出现无法 Ping 通的情况，找出原因并记录下来。

（3）尝试为两台主机配置不同的 IP 地址，重复上述实验，观察捕获的包的差别。

实验 5　Web 服务器的构建与 HTTP 协议分析

【实验目的】

（1）掌握 HTTP 协议获取网页的流程。

（2）了解 HTTP 请求报文和响应报文的格式。

（3）了解 HTTP1.0 和 HTTP1.1 的区别。

（4）验证 HTTP 缓存。

【实验设备】

PC 1 台，连入 Internet。

【实验步骤】

（1）设置协议分析软件的过滤规则，只捕获 HTTP 的报文，由于 HTTP 协议默认使用传输层 TCP 协议的 80 端口，隐私过滤规则为端口只允许 80 端口的数据包，协议只允许 TCP 协议，如图 20-13 所示。

（2）打开浏览器，访问不同的网站，抓取不同的 HTTP 报文。在浏览器中输入网址后，单击抓包按钮，开始抓包。

（3）分析报文，得出结论。

【实验分析与思考】

（1）HTTP1.0 与 HTTP1.1 的区别是什么？

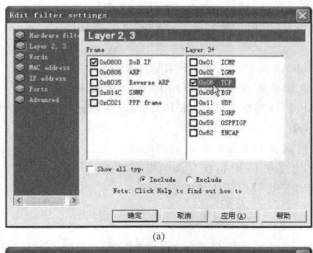

(a)

(b)

图 20-13　操作界面

（2）举例说明持续连接与非持续连接的工作方式有何不同。

（3）验证并分析 HTTP 的请求报文和响应报文的协议细节。

（4）HTTP 是否加密传输？

（5）HTTP 服务器监听端口是否一定是 80？

（6）Web 缓存真的存在吗？

实验 6　电子邮件相关协议分析

【实验目的】

（1）学会使用 CMailServer 构建电子邮件服务器端软件。

（2）学会使用 Outlook 等邮件代理的使用。

（3）掌握 SMTP 协议和 POP3 协议的工作流程。

【实验设备】

PC 1 台,协议分析软件,电子邮件服务器端和客户端软件。

【实验步骤】

(1) 配置 CMailServer 邮件服务器,添加邮件账号。

(2) 配置 Outlook 邮件客户端,利用 Outlook 收发邮件。

(3) 使用协议分析软件捕获 SMTP 和 POP 协议的数据包并分析所捕获的包。

【实验分析与思考】

(1) 讨论导致无法通过 Outlook 收发邮件的原因。

(2) 讨论 SMTP 协议和 POP 协议存在的安全隐患。

(3) 讨论 HTTP、FTP、SMTP 协议的各自特点。

第21章　微机原理实验

实验 1　简单程序设计

【实验目的】

（1）熟练掌握编写汇编语言源程序的基本方法和基本框架。

（2）学会编写顺序结构和简单分支的汇编语言程序。

（3）掌握汇编语言的上机过程。

【实验内容】

（1）用汇编语言编写一个字符串传送程序。数据区 DATA1 有一组数据（30H,31H,32H,33H,34H,35H,36H,37H,38H,39H），编程把这组数据传送至 DATA2 中。

（2）假设有一组数据（5,−4,0,3,100,−51），请编写程序，判断每个数是否大于 0？等于 0？还是小于 0，将判断结果存放在数组后的连续单元中。即

$$Y = \begin{cases} 1, & X > 0 \\ 0, & X = 0 \\ -1, & X < 0 \end{cases}$$

【实验要求】

1. 实验前准备

（1）分析题目，将程序中的原始数据和最终结果的存取方式确定好。

（2）写出算法或画出流程图。

（3）写出源程序。

（4）对程序结果进行分析，并准备好上机调试过程。

2. 编写完整的汇编语言程序

要求在编辑软件下（如 EDIT）写程序，通过汇编（MASM）、连接（LINK）生成执行文件，跟踪调试（DEBUG）。

【实验内容】

（1）参考程序如下

```
DATE SEGMENT
    DATA1   DB   30H,31H,32H,33H,34H,35H,36H,37H,38H,39H
    DATA2   DB   10 DUP(?)
DETE ENDS
CODE SEGMENT
    ASSUME  DS: DATE,CS: CODE
START: MOV   AX,DATE
       MOV   DS,AX
```

```
        CLD
        LEA   SI,DATA1
        LEA   DI,DATA2
        MOV   CX,10
        REP   MOVSB
        MOV   AH,4CH
        INT   21H
CODE    ENDS
        ENDS  START
```

① 以文件名 LX1. ASM 存盘。

② 对源程序进行汇编,如 MASM LX1;生成目标文件 LX1. OBJ。

③ 连接生成可执行文件 LINK LX;生成执行文件 LX1. EXE。

④ 跟踪运行,观察结果。

(2) 实验步骤

① 将原始数据(5,－4,0,3,100,－51)装入起始地址为××的字节存储单元中。

② 将判断结果以字符串的形式存放在数据区中,以便在显示输出时调用。

③ 判断部分采用 CMP 指令,得到一个分支结构,分别存放判断结果"0","1","－1"。

④ 程序中存在一个循环结构,循环 6 次。

【实验报告】

(1) 调试说明。上机调试的情况:上机调试步骤,调试过程中所遇到的问题是如何解决的。对调试过程中的问题进行分析,对执行结果进行分析。

(2) 画出程序框图。

(3) 写出程序清单和执行过程。

(4) 谈实验体会及对汇编语言上机过程的理解。

实验 2   循环程序设计

【实验目的】

(1) 进一步熟练掌握编写汇编语言源程序的基本方法。

(2) 学会编写循环结构汇编语言程序。

(3) 进一步掌握汇编语言的上机过程。

【实验内容】

(1) 按 15 行×16 列的表格形式显示 ASCII 码为 10H～100H 的所有字符,即以行为主的顺序及 ASCII 码递增的次序显示对应的字符。每 16 个字符为一行,每行中的相邻两个字符之间用空白符(ASCII 为 20H)隔开。

(2) 编写一程序,要求从键盘接收一个四位的十六进制数,并在终端上显示与它等值的二进制数。

【实验要求】

(1) 实验前准备:

① 分析题目,写出算法或画出流程图。

② 写出源程序。

③ 对程序结果进行分析,并准备好上机调试过程。

(2) 编写完整的汇编语言程序,要求在编辑软件下(如 EDIT)写程序,通过汇编(MASM)、连接(LINK)生成执行文件,跟踪调试(DEBUG)。

【实验内容 1】

(1) 显示一个字符可用功能号为 02 的显示输出功能调用,使用方法如下

```
MOV  AH,02H
MOV  DL,输出字符的 ASCII 码
INT  21H
```

本题中可把 DL 初始化为 10H,然后不断使其加 1(用 INC 指令)以取得下一个字符的 ASCII 码。

(2) 显示空格符时,ASCII 码为 20H,置入 DL 寄存器。每行结束时,用显示回车(ASCII 码为 0DH)和换行符(ASCII 码为 0AH)来结束本行并开始下一行。

(3) 由于逐个显示相继的 ASCII 字符时,需要保存并不断修改 DL 寄存器的内容,而显示空格、回车、换行符时也需要使用 DL 寄存器,为此可使用堆栈来保存相继的 ASCII 字符。具体用法是:在显示空格或回车、换行符前用指令

```
PUSH  DX
```

把 DL 寄存器的内容保存到堆栈中。在显示空格或回车、换行符后用指令

```
POP  DX
```

恢复 DL 寄存器的原始内容。

【实验内容 2】

(1) 键盘接收字符用 01 号系统功能调用,先接收的是高位。

(2) 显示字符用 02 号功能调用,左移一位判断是 1 还是 0,显示对应的 ASCII 码。

【实验报告】

(1) 调试说明。上机调试的情况,包括上机调试步骤,调试过程中所遇到的问题是如何解决的;对调试过程中的问题进行分析,对执行结果进行分析。

(2) 画出程序流程图。

(3) 写出程序清单和执行过程。

(4) 谈实验体会。

实验 3　分支程序设计

【实验目的】

熟练掌握分支程序的设计方法。

【实验内容】

(1) 用汇编语言编写统计学生成绩程序。

设有 10 个学生的成绩分别为 56,69,84,82,73,88,99,63,100,80。编程统计低于 60

分、60~69 分、70~79 分、80~89 分、90~99 分及 100 分的人数,并存放到 S5、S6、S7、S8、S9 及 S10 单元中。

(2) 从键盘输入一系列字符(以回车符结束),并按字母、数字及其他字符分类计数,最后显示出这三类的计数结果。

【实验要求】

实验前要做充分的准备,写出算法或画出流程图。要求编写完整的汇编语言程序。

【实验内容 1】

参考程序框图如图 21-1 所示。

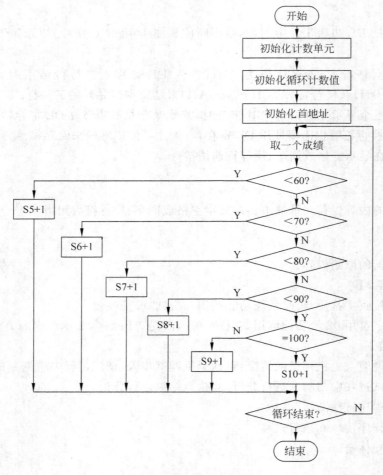

图 21-1　参考程序框图

【实验报告】

(1) 调试说明:上机调试的情况,包括上机调试步骤,调试过程中所遇到的问题是如何解决的。对调试过程中的问题进行分析,对执行结果进行分析。

(2) 画出程序流程图。

(3) 写出程序清单和执行过程。

(4) 谈谈实验体会。

实验 4 子程序设计

【实验目的】

掌握子程序的设计方法。

【实验内容】

（1）编写子程序嵌套结构程序，要求从键盘输入 0～FFFFH 的十六进制的无符号数，转换为十进制数在屏幕上显示出来。

（2）编写一个子程序嵌套结构的程序，分别从键盘输入姓名及 8 个字符的电话号码，并以一定的格式显示出来。

【实验要求】

实验前要做充分的准备，写出算法或画出流程图。要求编写完整的汇编语言程序。

针对【实验内容】（1），程序应由 5 个程序模块组成，模块层次图如图 21-2 所示。

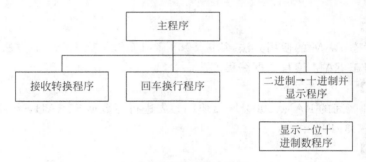

图 21-2 模块层次图

接收转换程序：完成从键盘接收十六进制数并转换成二进制数保存在一个寄存器中，如 BX，注意先接收的是高位。

二进制转换成十进制数并显示程序：完成把 BX 的内容（二进制数）以五位十进制数的形式显示在屏幕上（调用了显示一位十进制数程序），注意先显示的是高位。

针对【实验内容】（2），程序由一个主程序和四个子程序构成。

1. 主程序 TELIST

（1）显示提示符"Input name："。

（2）调用子程序 INPUTNAM 输入姓名。

（3）显示提示符"Input a telephone number："。

（4）调用子程序 INPHONE 输入电话号码。

（5）调用子程序 PRTLINE 显示姓名及电话号码。

2. 子程序 INPUTNAM

（1）调用键盘输入子程序 GETCHAR，将输入的姓名存放在 INBUF 缓冲区中。

（2）把 INBUF 中的姓名移入输出行 OUTNAME。

3. 子程序 INPHONE

（1）调用键盘输入子程序 GETCHAR，将输入的 8 位电话号码存放在 INBUF 缓冲区中。

（2）把 INBUF 中的号码移入输出行 OUTPHONE。

4. 子程序 PRTLINE

显示姓名和电话号码,格式为

```
NAME      TEL
×××      ××××
```

【实验报告】

(1) 调试说明。上机调试的情况,包括上机调试步骤,调试过程中所遇到的问题是如何解决的。对调试过程中的问题进行分析,对执行结果进行分析。

(2) 画出程序流程图。

(3) 写出程序清单和执行过程。

(4) 谈实验体会。

实验 5　存储器读写实验

【实验目的】

(1) 熟悉静态 RAM 的使用方法,掌握 8088 微机系统扩展 RAM 的方法。

(2) 熟悉静态 RAM 读写数据编程方法。

【实验内容】

对指定地址区间的 RAM(2000H~23FFH)先进行写数据 55AAH,然后将其内容读出再写到 3000H~33FFH 中。

【实验设备】

DVCC-598HJ＋单片机微机仿真实验系统。

【实验步骤】

运行实验程序。

(1) 联机时,实验程序文件名为\DVCC\H8EXE\H812S.EXE。

(2) 单机时,实验程序起始地址为 F000：9700。

在系统显示监控提示符"P."时：

输入 F000,按 F1 键;

输入 9700,按 EXEC 键;

稍后按 RESET 键退出,用存储器读写方法检查 2000H~3000H 中的内容应都是 55AA。

【实验报告】

(1) 分析所给程序,针对实验现象确定硬件功能的实现。

(2) 自己修改程序,联机实验,实现程序功能。

实验 6　使用 8259A 的单级中断控制

【实验目的】

(1) 掌握中断控制器 8259A 与微机接口的原理和方法。

(2) 掌握中断控制器 8259A 的应用编程。

【实验内容】

本系统中已设计有一片 8259A 中断控制芯片,工作于主片方式,8 个中断请求输入端 IR0～IR7 对应的中断型号为 8～F,其和中断矢量表关系如表 21-1 所示。

表 21-1　中断源与中断地址关系

8259A 中断源	中断类型号	中断矢量表地址
IR0	8	20H～23H
IR1	9	24H～27H
IR2	A	28H～2BH
IR3	B	2CH～2FH
IR4	C	30H～33H
IR5	D	34H～37H
IR6	E	38H～3BH
IR7	F	3CH～3FH

根据表 21-1,8259A 和 8088 系统总线直接相连,8259A 上连有一系统地址线 A0,故 8259A 有两个端口地址,本系统中为 20H、21H。20H 用来写 ICW1,21H 用来写 ICW2、ICW3、ICW4,初始化命令字写好后,再写操作命令字。OCW2、OCW3 用口地址 20H,OCW1 用口地址 21H。图 21-3 中,使用了 3 号中断源,IR3 插孔和 SP 插孔相连,中断方式为边沿触发方式,每按一次 AN 按钮产生一次中断信号,向 8259A 发出中断请求信号。如果中断源电平信号不符合规定要求则自动转到 7 号中断,显示"Err"。CPU 响应中断后,在中断服务中,对中断次数进行计数并显示,计满 5 次结束,显示器显示"8259Good"。

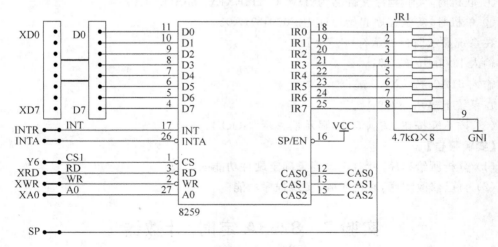

图 21-3　实验原理图

【实验线路连接】

(1) 8259 模块上的 INT1 连 8088 的 INTR(在主板键盘矩阵下面)。

(2) 8259 模块上的 INTA 连 8088 的 INTA(在主板键盘矩阵下面)。

(3) MP 区 SP 插孔和 8259A 的 3 号中断 IR3 插孔相连。SP 端初始为低电平。

(4) 8259 模块上的 D0～D7 连到 BUS2 区的 XD0～XD7。

（5）8259 模块上的 CS 端接 Y6。

（6）8259 模块上的 A0 连到 BUS 区的 XA0 上。

（7）8259 模块上的 RD、WR 信号线分别连到 BUS3 区的 XRD、XWR 上。

【实验软件框图】

图 21-4　主程序软件框图

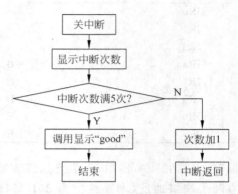

图 21-5　中断服务程序软件框图

【实验步骤】

（1）按图 21-3 连好实验线路。

（2）运行实验程序。

① 联机时，实验程序文件名为\DVCC\H8EXE\H86S.EXE。

② 单机时，实验程序起始地址为 F000∶91A0。

在系统显示监控提示符"P."时：

输入 F000，按 F1 键；

输入 91A0，按 EXEC 键；

在系统上显示"8259-1"。

（3）按 AN 按钮，按满 5 次，显示器显示"GOOD"。

【实验报告】

（1）分析所给程序，针对实验现象确定硬件功能的实现。

（2）自己修改程序，联机实验，实现程序功能。

实验 7　8253A 定时/计数器

【实验目的】

学习 8253A 可编程定时/计数器与 8088CPU 的接口方法，了解 8253A 的工作方式，掌握 8253A 在各种方式下的编程方法。

【实验内容】

本实验原理图如图 21-6 所示，8253A 的 A0、A1 接系统地址总线 A0、A1，故 8253A 有四个端口地址。8253A 的片选地址为 48H ～ 4FH。因此，本实验仪中的 8253A 四个端口地址为 48H、49H、4AH、4BH,分别对应通道 0、通道 1、通道 2 和控制字。采用 8253A 通道 0,工作在方式 3(方波发生器方式),输入时钟 CLK0 为 1MHz,输出 OUT0 要求为 1kHz 的方波,并要求用接在 GATE0 引脚上的导线是接地("0"电平)或甩空("1"电平)来观察 GATE 对计数器的控制作用,用示波器观察输出波形。

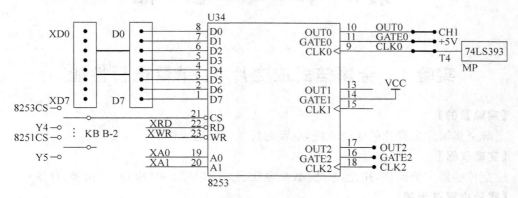

图 21-6 实验原理图

【实验线路连接】

(1) 8253A 的 GATE0 接+5V。

(2) 8253A 的 CLK0 接分频器 74LS393(左上方)的 T4 插孔,分频器的频率源为 4MHz。

【实验步骤】

(1) 按图 21-6 连好实验线路。

(2) 运行实验程序:

① 联机时,实验程序文件名为\DVCC\H8EXE\H85S.EXE。

② 单机时,实验程序起始地址为 F000:9180。

在系统显示监控提示符"P."时:

输入 F000,按 F1 键;

输入 9180,按 EXEC 键。

【实验报告】

(1) 分析所给程序,针对实验现象确定硬件功能的实现。

(2) 自己修改程序,联机实验,实现程序功能。

第 22 章 传 感 器

实验 1 金属箔式应变片 1：单臂电桥性能

【实验目的】

了解金属箔式应变片的应变效应，单臂电桥工作原理和性能。

【实验仪器】

应变传感器实验模块，托盘，砝码，数显电压表，±15V、±4V 电源，万用表（自备）。

【实验内容与步骤】

(1) 应变传感器上的各应变片已分别接到应变传感器模块左上方的 R_1、R_2、R_3、R_4 上，可用万用表测量判别，$R_1 = R_2 = R_3 = R_4 = 350\Omega$。

(2) 差动放大器调零。从主控台接入 ±15V 电源，检查无误后，合上主控台电源开关，将差动放大器的输入端 U_i 短接并与地短接，输出端 U_{o2} 接数显电压表（选择 2V 挡）。将电位器 R_{W3} 调到增益最大位置（顺时针转到底），调节电位器 R_{W4} 使电压表显示为 0V。关闭主控台电源。（R_{W3}、R_{W4} 的位置确定后不能改动）

(3) 按图 22-1 连线，将应变式传感器的其中一个应变电阻（如 R_1）接入电桥与 R_5、R_6、R_7 构成一个单臂直流电桥。

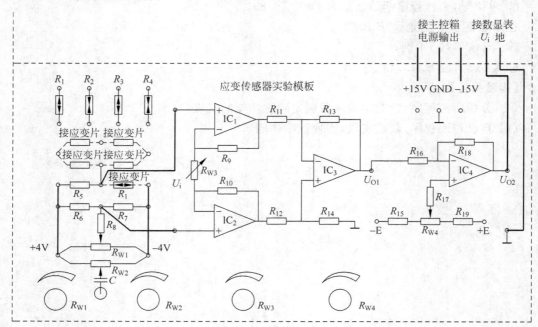

图 22-1 电路图

（4）加托盘后电桥调零。电桥输出接到差动放大器的输入端 U_i，检查接线无误后，合上主控台电源开关，预热五分钟，调节 R_{w1} 使电压表显示为零。

（5）在应变传感器托盘上放置一只砝码，读取数显表数值，依次增加砝码和读取相应的数显表值，直到 200g 砝码加完，记下实验结果，填入表 22-1，关闭电源。

表 22-1　重量电压表

重量(g)								
电压(mV)								

【实验报告】

根据表 22-1 计算系统灵敏度 $S=\Delta U/\Delta W$（ΔU 输出电压变化量，ΔW 重量变化量）和非线性误差 $\delta f_1=\Delta m/yF_S\times100\%$，式中 Δm 为输出值（多次测量时为平均值）与拟合直线的最大偏差；yF_S 为满量程（200g）输出平均值。

实验 2　金属箔式应变片 2：半桥性能

【实验目的】

比较半桥与单臂电桥的不同性能，了解其特点。

【实验仪器】

同本章实验 1。

【实验内容与步骤】

（1）应变传感器已安装在应变传感器实验模块上，可参考图 22-1。

（2）差动放大器调零，参考本章实验 1 步骤（2）。

（3）按图 22-2 接线，将受力相反（一片受拉，一片受压）的两只应变片接入电桥的邻边。

（4）加托盘后电桥调零，参考本章实验 1 步骤（4）。

（5）在应变传感器托盘上放置一只砝码，读取数显表数值，依次增加砝码和读取相应的数显表值，直到 200g 砝码加完，记下实验结果，填入表 22-2，关闭电源。

表 22-2　实验结果

重量(g)								
电压(mV)								

【实验报告】

根据表 22-2 的实验资料，计算灵敏度 $L=\Delta U/\Delta W$，非线性误差 δ_{f2}。

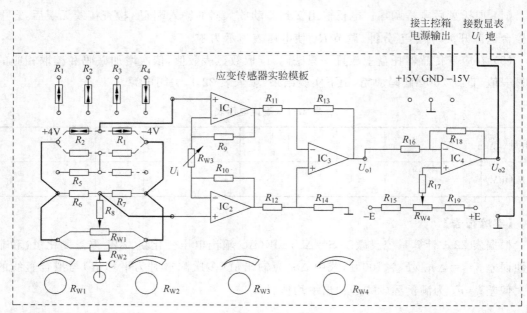

图 22-2　电路图

实验 3　金属箔式应变片 3：全桥性能

【实验目的】　了解全桥测量电路的优点。

【实验仪器】　同本章实验 1。

【实验内容与步骤】

（1）应变传感器已安装在应变传感器实验模块上，可参考图 22-1。

（2）差动放大器调零，参考本章实验 1 步骤（2）。

（3）按图 22-3 接线，将受力相反（一片受拉，一片受压）的两对应变片分别接入电桥的邻边。

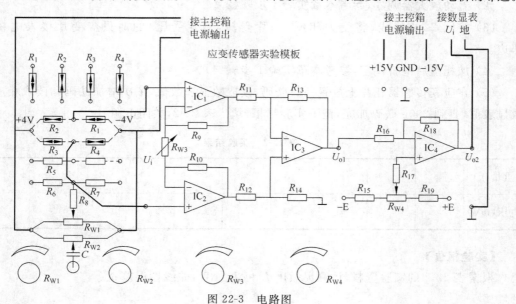

图 22-3　电路图

（4）加托盘后电桥调零，参考本章实验 1 步骤（4）。

（5）在应变传感器托盘上放置一只砝码，读取数显表数值，依次增加砝码和读取相应的数显表值，直到 200g 砝码加完，记下实验结果，填入表 22-3，关闭电源。

表 22-3　实验结果

重量(g)									
电压(mV)									

【实验报告】

根据记录的实验资料，计算灵敏度 $L = \Delta U / \Delta W$，非线性误差 δ_{f3}。

实验 4　直流全桥的应用：电子秤

【实验目的】

了解直流全桥的应用及电路的定标。

【实验仪器】

同本章实验 1。

【实验内容与步骤】

（1）按本章实验 3 的步骤（1）、（2）、（3）接好线并将差动放大器调零。

（2）将 10 只砝码置于传感器的托盘上，调节电位器 R_{w3}（满量程时的增益），使数显电压表显示为 0.200V（2V 挡测量）。

（3）拿去托盘上所有砝码，观察数显电压表是否显示为 0.000V，若不为零，再次将差动放大器调零和加托盘后电桥调零。

（4）重复步骤（2）、（3），直到精确为止，把电压量纲 V 改为重量量纲 kg 即可以称重。

（5）将砝码依次放到托盘上并读取相应的数显表值，直到 200g 砝码加完，记下实验结果，填入表 22-4。

（6）去除砝码，托盘上加一个未知的重物（不要超过 1kg），记录电压表的读数。根据实验数据，求出重物的重量。

表 22-4　实验结果

重量(g)									
电压(V)									

【实验报告】

根据计入表 22-4 的实验资料，计算灵敏度 $L = \Delta U / \Delta W$，非线性误差 δ_{f4}。

实验 5　电涡流传感器的位移特性

【实验目的】

了解电涡流传感器测量位移的工作原理和特性。

【实验仪器】

电涡流传感器,铁圆盘,电涡流传感器模块,测微头,直流稳压电源,数显直流电压表,测微头。

【实验内容与步骤】

(1) 按图 22-4 安装电涡流传感器。

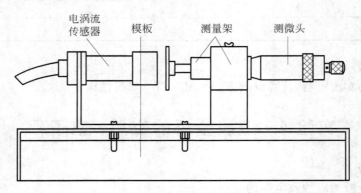

图 22-4　安装图

(2) 在测微头端部装上铁质金属圆盘,作为电涡流传感器的被测体。调节测微头,使铁质金属圆盘的平面贴到电涡流传感器的探测端,固定测微头。

(3) 传感器连接见图 22-5,将电涡流传感器连接线接到模块上标有“〰〰”的两端,实验范本输出端 U_o 与数显单元输入端 U_i 相接。数显表量程切换开关选择电压 20V 挡,模块电源用连接导线从主控台接入 +15V 电源。

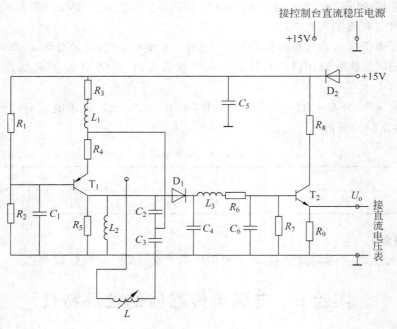

图 22-5　电路图

（4）合上主控台电源开关，记下数显表读数，然后每隔 0.2mm 读一个数，直到输出几乎不变为止。将结果列入表 22-5。

表 22-5　数据表

X(mm)									
U_o(V)									

【实验报告】

根据表 22-5 数据，画出 U-X 曲线，根据曲线找出线性区域及进行正、负位移测量时的最佳工作点，并计算量程为 1mm、3 mm 及 5mm 时的灵敏度和线性度（可以用端点法或其他拟合直线）。

实验 6　被测体材质、面积大小对电涡流传感器的特性影响

【实验目的】

了解不同的被测体材料对电涡流传感器性能的影响。

【实验仪器】

除本章实验 5 所需仪器外，另加铜和铝的被测体圆盘。

【实验内容与步骤】

（1）安装图及接线图与本章实验 5 相同。

（2）重复本章实验 5 的步骤，将铁质金属圆盘分别换成铜质金属圆盘和铝质金属圆盘。将实验资料分别记入表 22-6 和表 22-7。

表 22-6　铜质被测体

X/mm									
U/V									

表 22-7　铝质被测体

X/mm									
U/V									

（3）重复本章实验 5 的步骤，将被测体换成比上述金属圆片面积更小的被测体，将实验资料记入表 22-8。

表 22-8　小直径的铝质被测体

X/mm									
U/V									

【实验报告】

根据表 22-6、表 22-7 和表 22-8 分别计算量程为 1mm 和 3mm 时的灵敏度和非线性误

差(线性度)。

实验 7　光纤传感器位移特性

【实验目的】

了解反射式光纤位移传感器的原理与应用。

【实验仪器】

光纤位移传感器模块,Y 型光纤传感器,测微头,反射面,直流电源,数显电压表。

【实验内容与步骤】

(1) 光纤传感器的安装如图 22-6 所示,将 Y 型光纤安装在光纤位移传感器实验模块上。探头对准镀铬反射板,调节光纤探头端面与反射面平行,距离适中;固定测微头。接通电源预热数分钟。

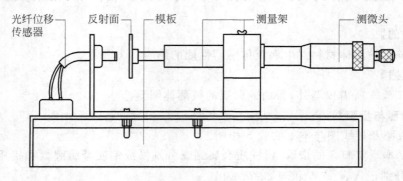

图 22-6　光纤传感器的安装图

(2) 将测微头起始位置调到 14cm 处,手动使反射面与光纤探头端面紧密接触,固定测微头。

(3) 实验模块从主控台接入±15V 电源,合上主控台电源。

(4) 将模块输出"U_o"接到直流电压表(20V 挡),仔细调节电位器 R_w 使电压表显示为零。

(5) 旋动测微器,使反射面与光纤探头端面距离增大,每隔 0.1mm 读出一次输出电压 U 值,填入表 22-9。

表 22-9　数值表

X/mm									
U_o/V									

【实验报告】

根据所得实验数据,确定光纤位移传感器大致线性范围,并给出其灵敏度和非线性误差。

第 23 章 电　　路

实验 1　基尔霍夫定律

【实验目的】

(1) 验证基尔霍夫定律的正确性,掌握基尔霍夫定律的内容。

(2) 学会用电流插头、插座测量各支路电流的方法。

【实验设备】

所用实验设备见表 23-1。

表 23-1　实验设备

序号	名　　称	型号与规格	数量	备注
1	直流可调稳压电源	0～30V	两路	
2	万用表		1	自备
3	直流数字电压表	0～200V	1	
4	电路基础实验(一)		1	DDZ-11

【实验内容】

实验线路如图 23-1 所示,用 DDZ-11 挂箱的"基尔霍夫定律/叠加原理"线路。

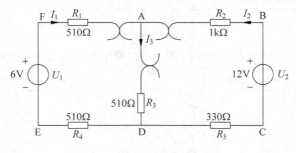

图 23-1　实验线路图

(1) 实验前先任意设定三条支路和三个闭合回路的电流正方向。图 23-1 中的 I_1、I_2、I_3 的方向已设定。三个闭合回路的电流正方向可设为 ADEFA、BADCB 和 FBCEF。

(2) 分别将两路直流稳压源接入电路,令 $U_1 = 6V$,$U_2 = 12V$。

(3) 熟悉电流插头的结构,将电流插头的两端接至数字毫安表的"+、-"两端。

(4) 将电流插头分别插入三条支路的三个电流插座中,读出并记录电流值,记入表 23-2。

(5) 用直流电压表分别测量两路电源及电阻元件上的电压值,记入表 23-2。

表 23-2　数据表

被测量	I_1(mA)	I_2(mA)	I_3(mA)	U_1(V)	U_2(V)	U_{FA}(V)	U_{AB}(V)	U_{AD}(V)	U_{CD}(V)	U_{DE}(V)
计算值										
测量值										
相对误差										

【实验报告】

（1）根据实验数据，选定节点 A，验证 KCL 的正确性。

（2）根据实验数据，选定实验电路中的任一个闭合回路，验证 KVL 的正确性。

实验 2　叠 加 原 理

【实验目的】

验证线性电路叠加原理的正确性，掌握线性电路叠加原理的分析方法。

【实验设备】

所用实验设备见表 23-3。

表 23-3　实验设备

序号	名　称	型号与规格	数量	备注
1	直流稳压电源	0～30V 可调	二路	屏上
2	万用表		1	自备
3	直流电压表	0～200V	1	屏上
4	直流毫安表	0～2000mA	1	屏上
5	电路基础实验（一）		1	DDZ-11

【实验内容】

实验线路如图 23-2 所示，用 DDZ-11 挂箱的"基尔霍夫定律/叠加原理"线路。

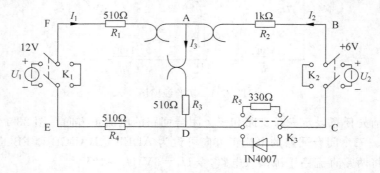

图 23-2　实验线路图

（1）将两路稳压源的输出分别调节为 12V 和 6V，接入 U_1 和 U_2 处。

（2）令 U_1 电源单独作用（将开关 K_1 投向 U_1 侧，开关 K_2 投向短路侧）。用直流数字电压表和毫安表（接电流插头）测量各支路电流及各电阻元件两端的电压，记入表 23-4。

表 23-4　数据表

测量项目 实验内容	U_1(V)	U_2(V)	I_1(mA)	I_2(mA)	I_3(mA)	U_{AB}(V)	U_{CD}(V)	U_{AD}(V)	U_{DE}(V)	U_{FA}(V)
U_1 单独 作用										
U_2 单独 作用										
U_1、U_2 共 同作用										

(3) 令 U_2 电源单独作用(将开关 K_1 投向短路侧,开关 K_2 投向 U_2 侧),重复实验步骤(2)的测量和记录,数据记入表 23-4。

(4) 令 U_1 和 U_2 共同作用(开关 K_1 和 K_2 分别投向 U_1 和 U_2 侧),重复上述的测量和记录,数据记入表 23-4。

(5) 将 R_5(330Ω)换成二极管 IN4007(即将开关 K_3 投向二极管 IN4007 侧),重复(1)～(4)的测量过程,自拟表格。

【实验报告】

(1) 根据实验数据表格,进行分析、比较,归纳、总结实验结论。

(2) 通过实验步骤(5),你能得出什么样的结论?

(3) 心得体会及其他。

实验 3　电压源与电流源的等效变换

【实验目的】

验证电压源与电流源等效变换的条件。

【实验设备】

实验设备见表 23-5。

表 23-5　实验设备

序号	名　　称	型号与规格	数量	备注
1	可调直流稳压电源	0～30V	1	屏上
2	可调直流恒流源	0～200mA	1	屏上
3	直流电压表	0～200V	1	屏上
4	直流毫安表	0～2000mA	1	屏上
5	万用表		1	自备
6	电阻器	120Ω、510Ω	各 1	DDZ-11

【实验内容】

测定电源等效变换的条件

(1) 按图 23-3(a)线路接线,自拟表格,记录线路中两表的读数。

(2) 利用图 23-3(a)中的元件和仪表,按图 23-3(b)接线。

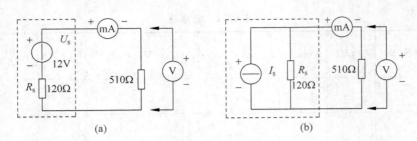

图 23-3　电路图

（3）调节恒流源的输出电流 I_s，使两表的读数与图 23-3（a）时的数值相等，记录 I_s 之值，验证等效变换条件的正确性。

【实验报告】

（1）从实验结果，验证电源等效变换的条件。

（2）心得体会及其他。

实验 4　戴维南定理和诺顿定理

【实验目的】

（1）验证戴维南定理和诺顿定理的正确性，加深对该二定理的理解。

（2）掌握测量有源二端网络等效参数的一般方法。

【实验设备】

实验设备见表 23-6。

表 23-6　实验设备

序号	名　　称	型号与规格	数量	备注
1	可调直流稳压电源	$0\sim30\text{V}$	1	屏上
2	可调直流恒流源	$0\sim200\text{mA}$	1	屏上
3	直流电压表	$0\sim200\text{V}$	1	屏上
4	直流毫安表	$0\sim2000\text{mA}$	1	屏上
5	万用表		1	自备
6	电阻器		若干	DDZ-11
7	可调电阻箱	$0\sim99999\,\Omega$	1	DDZ-12
8	电位器	1k/2W	1	DDZ-12

【实验内容】

根据实验挂箱中"基尔霍夫定律/叠加原理"线路，按实验要求接好实验线路。

（1）用开路电压、短路电流法测定戴维南等效电路的 U_{oc} 和 R_0。在图 23-4（a）中，U_1 端接入稳压电源 $U_s=12\text{V}$，D 和 D′ 之间加入 10mA 电流，U_2 端不接入 R_L。利用开关 K_2，分别测定 U_{oc} 和 I_{sc}，并计算出 R_0，记入表 23-7 中（测 U_{oc} 时，不接入 mA 表）。

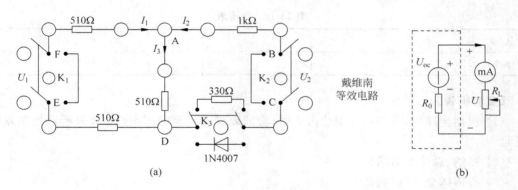

图 23-4 电路图

表 23-7 数值表

$U_{oc}(V)$	$I_{sc}(mA)$	$R_0 = U_{oc}/I_{sc}(\Omega)$

（2）负载实验。按图 23-4(a) 在 U_2 端接入 R_L。改变 R_L 阻值，测量不同端电压下的电流值，记入表 23-8，并据此画出有源二端网络的外特性曲线。

表 23-8 数值表

$U(V)$								
$I(mA)$								

（3）验证戴维南定理。从电阻箱上取得按步骤（1）所得的等效电阻 R_0 之值，然后令其与直流稳压电源（调到步骤（1）时所测得的开路电压 U_{oc} 之值）相串联，如图 23-4(b) 所示，仿照步骤（2）测其外特性，对戴氏定理进行验证，所测数据记入表 23-9。

表 23-9 数值表

$U(V)$								
$I(mA)$								

（4）验证诺顿定理。从电阻箱上取得按步骤（1）所得的等效电阻 R_0 之值，然后令其与直流恒流源（调到步骤（1）时所测得的短路电流 I_{sc} 之值）相并联，如图 23-5 所示，仿照步骤（2）测其外特性，对诺顿定理进行验证，所测数据记入表 23-10。

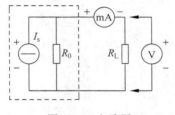

图 23-5 电路图

表 23-10　数值表

$U(V)$									
$I(mA)$									

【实验报告】

（1）根据步骤（2）和（3），分别绘出曲线，验证戴维南定理的正确性，并分析产生误差的原因。

（2）归纳、总结实验结果。

（3）心得体会及其他。

第24章 电机拖动

实验 1 认识实验

【实验目的】

（1）学习电机实验的基本要求与安全操作注意事项。

（2）认识在直流电机实验中所用的电机、仪表、变阻器等组件及使用方法。

（3）熟悉他励电动机（即并励电动机按他励方式）的接线、起动、改变电机方向与调速的方法。

【实验设备及仪器】

（1）教学实验台主控制屏。

（2）电机导轨及测功机，转速转矩测量（NMEL-13A）。

（3）直流并励电动机 M03。

（4）直流电机仪表，电源（NMEL-18A）（位于实验台主控制屏的下部）。

（5）电机起动箱（NMEL-09）。

（6）直流电压、毫安、安培表。

【实验说明及操作步骤】

（1）由实验指导人员讲解电机实验的基本要求，实验台各面板的布置及使用方法，注意事项。

（2）在控制屏上按次序悬挂 NMEL-13A、NMEL-09 组件，并检查 NMEL-13A 和涡流测功机的连接。

（3）用伏安法测电枢的直流电阻，接线原理图见图 24-1。

U 为可调直流稳压电源（NMEL-18A）；

R 为 3000Ω 磁场调节电阻（NMEL-09）；

V 为直流电压表（NMEL-06）；

A 为直流安培表（NMEL-06）；

M 为直流电机电枢。

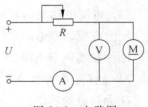

图 24-1 电路图

① 经检查接线无误后，逆时针调节磁场调节电阻 R 使至最大；直流电压表量程选为 300V 挡，直流安培表量程选为 2A 挡。

② 依次闭合主控制屏绿色"闭合"按钮开关、可调直流稳压电源的船形开关以及复位开关，建立直流电源，并调节直流电源至 220V 输出。

调节 R 使电枢电流达到 0.2A（如果电流太大，可能由于剩磁的作用使电机旋转，测量无法进行，如果此时电流太小，可能由于接触电阻产生较大的误差），改变电压表量程为 20V，迅速测取电机电枢两端电压 U_M 和电流 I_a。将电机转子分别旋转 1/3 和 2/3 周，同样

测取 U_M、I_a，填入表 24-1。

③ 增大 R（逆时针旋转）使电流分别达到 0.15A 和 0.1A，用上述方法测取六组数据，填入表 24-1。

取三次测量的平均值作为实际冷态电阻值 $R_a = \dfrac{R_{a1} + R_{a2} + R_{a3}}{3}$。

表 24-1　数值表　　　　　　　　　　室温　　　℃

序号	U_M/V	I_a/A	R/Ω		R_a平均$/\Omega$	R_{aref}/Ω
1			R_{a11}	R_{a1}		
			R_{a12}			
			R_{a13}			
2			R_{a21}	R_{a2}		
			R_{a22}			
			R_{a23}			
3			R_{a31}	R_{a3}		
			R_{a32}			
			R_{a33}			

表中，$R_{a1} = (R_{a11} + R_{a12} + R_{a13})/3$；$R_{a2} = (R_{a21} + R_{a22} + R_{a23})/3$；$R_{a3} = (R_{a31} + R_{a32} + R_{a33})/3$。

④ 计算基准工作温度时的电枢电阻。由实验测得电枢绕组电阻值，此值为实际冷态电阻值，冷态温度为室温。按下式换算到基准工作温度时的电枢绕组电阻值

$$R_{aref} = R_a \frac{235 + \theta_{ref}}{235 + \theta_a}$$

式中，R_{aref} 为换算到基准工作温度时电枢绕组电阻，Ω。

R_a 为电枢绕组的实际冷态电阻，Ω。

θ_{ref} 为基准工作温度，对于 E 级绝缘为 75℃。

θ_a 为实际冷态时电枢绕组的温度，℃。

（4）直流电动机的起动：

R 为电枢调节电阻（NMEL-09）；

R_f 为磁场调节电阻（NMEL-09）；

M 为直流并励电动机 M03；

G 为涡流测功机。

测功机加载控制位于 NMEL-13A，由"转矩设定"电位器进行调节。实验开始时，将 NMEL-13A"转速控制"和"转矩控制"选择开关板向"转矩控制"，"转矩设定"电位器逆时针旋到底。

可调直流稳压电源和直流电机励磁电源均位于 NMEL-18A。

V 为可调直流稳压电源自带电压表；

A 为可调直流稳压电源自带电流表；

mA 为毫安表，位于直流电机励磁电源部。

① 按图 24-2 接线,检查 M、G 之间是否用联轴器连接好,电机导轨和 NMEL-13A 的连接线是否接好,电动机励磁回路接线是否牢靠,仪表的量程、极性是否正确选择。

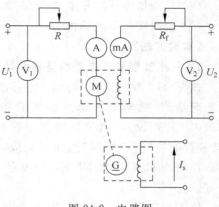

图 24-2　电路图

② 将电机电枢调节电阻 R 调至最大,磁场调节电阻调至最小,转矩设定电位器(位于 NMEL-13A)逆时针调到底。

③ 合上控制屏的漏电保护器,按次闭合绿色"闭合"按钮开关、励磁电源船形开关、可调直流电源船形开关和复位按钮,此时,直流电源的绿色工作发光二极管亮,指示直流电压已建立,旋转电压调节电位器,使可调直流稳压电源输出 220V 电压。

④ 减小 R 电阻至最小。

(5) 调节他励电动机的转速。

① 分别改变串入电动机 M 电枢回路的调节电阻 R 和励磁回路的调节电阻 R_f。

② 调节转矩设定电位器,注意转矩不要超过 1.1Nm,以上两种情况可分别观察转速变化情况。

(6) 改变电动机的转向。将电枢回路调节电阻 R 调至最大值,"转矩设定"电位器逆时针调到零,先断开可调直流电源的船形开关,再断开励磁电源的开关,使他励电动机停机,将电枢或励磁回路的两端接线对调后,再按前述起动电机,观察电动机的转向及转速表的读数。

【实验报告】

(1) 画出直流并励电动机电枢串电阻起动的接线图。说明电动机起动时,起动电阻 R 和磁场调节电阻 R_f 应调到什么位置,为什么?

(2) 增大电枢回路的调节电阻,电机的转速如何变化?增大励磁回路的调节电阻,转速又如何变化?

(3) 用什么方法可以改变直流电动机的转向?

(4) 为什么要求直流并励电动机磁场回路的接线要牢靠?

实验 2　三相异步电动机的起动与调速

【实验目的】

通过实验掌握异步电动机的起动和调速的方法。

【实验设备及仪器】

(1) 实验台主控制屏;

(2) 电机导轨及测功机、转矩转速测量(NMEL-13A);

(3) 交流电压表、电流表、功率、功率因数表;

(4) 旋转指示灯及开关板(NMEL-05C);

(5) 电机起动箱(NMEL-09);

（6）三相鼠笼式异步电动机 M04；

（7）绕线式异步电动机 M09。

【实验方法】

1. 三相笼型异步电动机直接起动

按图 24-3 接线，电机绕组为△接法。

起动前，把转矩转速测量实验箱（NMEL-13A）中"转矩设定"电位器旋钮逆时针调到底，"转速控制"、"转矩控制"选择开关扳向"转矩控制"，检查电机导轨和 NMEL-13A 的连接是否良好。

仪表的选择：交流电压表为数字式或指针式均可，交流电流表则为指针式。

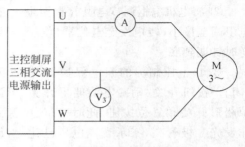

图 24-3　连接图

（1）把三相交流电源调节旋钮逆时针调到底，合上绿色"闭合"按钮开关。调节调压器，使输出电压达电机额定电压 220V，使电机起动旋转（电机起动后，观察 NMEL-13A 中的转速表，如果出现电机转向不符合要求，则须切断电源，调整次序，再重新起动电机）。

（2）断开三相交流电源，待电动机完全停止旋转后，接通三相交流电源，使电机全压起动，观察电机起动瞬间电流值。

（3）断开三相交流电源，将调压器退到零位。用起子插入测功机堵转孔中，将测功机定转子堵住。

（4）合上三相交流电源，调节调压器，观察电流表，使电机电流达 2～3 倍额定电流，读取电压值 U_K、电流值 I_K、转矩值 T_K，填入表 24-2 中，注意试验时，通电时间不应超过 10s，以免绕组过热。

对应于额定电压的起动转矩 T_{ST} 和起动电流 I 比按下式计算

$$T_{ST} = \left(\frac{I_{ST}}{I_K}\right)^2 T_K$$

式中 I_k 为起动试验时的电流值，A；

T_K 为起动试验时的转矩值，Nm。

$$I_{ST} = \left(\frac{U_N}{U_K}\right) I_K$$

式中 U_K 为起动试验时的电压值，V；

U_N 为电机额定电压，V。

表 24-2　数据表

测　量　值			计　算　值	
U_K/V	I_K/A	T_K/Nm	T_{st}/Nm	I_{st}/A

2. 星形-三角形（丫-△）起动

按图 24-4 接线，电压表、电流表的选择同前，开关 S 选用 NMEL-05C。

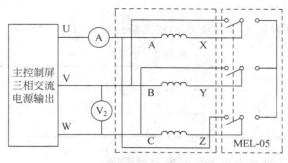

图 24-4 连接图

（1）起动前，把三相调压器退到零位，三刀双掷开关合向右边（Y）接法。合上电源开关，逐渐调节调压器，使输出电压升高至电机额定电压 $U_N = 220\text{V}$，断开电源开关，待电机停转。

（2）待电机完全停转后，合上电源开关，观察起动瞬间的电流，然后把 S 合向左边（△接法），电机进入正常运行，整个起动过程结束，观察起动瞬间电流表的显示值以与其他起动方法作定性比较。

3. 自耦变压器降压起动

按图 24-5 接线。电机绕组为△接法。

（1）把调压器退到零位，合上电源开关，调节调压器旋钮，使输出电压达 110V，断开电源开关，待电机停转。

（2）待电机完全停转后，再合上电源开关，使电机降压起动，观察电流表的瞬间读数值，经一定时间后，调节调压器使输出电压达电机额定电压 $U_N = 220\text{V}$，整个起动过程结束。

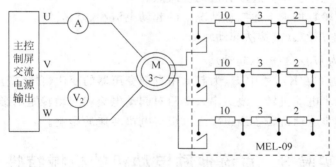

图 24-5 连接图

4. 绕线式异步电动机转绕组串入可变电阻器起动

实验线路如图 24-5 所示，电机定子绕组Y形接法，转子串入的电阻由刷形开关来调节，调节电阻采用 NMEL-09 的绕线电机起动电阻（分 $0,2,5,15,\infty$ 五挡），NMEL-13A 中"转矩控制"和"转速控制"开关扳向"转速控制"，"转速设定"电位器旋钮顺时针调节到底。

（1）起动电源前，把调压器退至零位，起动电阻调节为零。

（2）合上交流电源，调节交流电源使电机起动。注意电机转向是否符合要求。

（3）在定子电压为 180V 时，逆时针调节"转速设定"电位器到底，绕线式电机转动缓慢（只有几十转），读取此时的转矩 T_{st} 和电流值 I_{st}。

（4）用刷形开关切换起动电阻，分别读出起动电阻为 2Ω、5Ω、15Ω 的起动转矩 T_{st} 和起

动电流 I_{st}，填入表 24-3 中。

注意：试验时通电时间不应超过 20s，以免绕组过热（$U=180V$）。

表 24-3　数据表

R_{st}/Ω	0	2	5	15
T_{st}/Nm				
I_{st}/A				

5. 绕线式异步电动机绕组串入可变电阻器调速

实验线路同前。NMEL-13A 中"转矩控制"和"转速控制"选择开关扳向"转矩控制"，"转矩设定"电位器逆时针到底，"转速设定"电位器顺时针到底。NMEL-09"绕线电机起动电阻"调节到零。

（1）合上电源开关，调节调压器输出电压至 $U_N=220V$，使电机空载起动。

（2）调节"转矩设定"电位器调节旋钮，使电动机输出功率接近额定功率并保持输出转矩 T_2 不变，改变转子附加电阻，分别测出对应的转速，记录于表 24-4 中。

表 24-4　数据表

$R_{st}(\Omega)$	0	2	5	15
$n(r/min)$				

【实验报告】

（1）比较异步电动机不同起动方法的优缺点。

（2）由起动试验数据求下述三种情况下的起动电流和起动转矩。

① 外施额定电压 U_N（直接法起动）。

② 外施电压为 $U_N/\sqrt{3}$（$\curlyvee$-$\triangle$ 起动）。

③ 外施电压为 U_K/K_A，式中 K_A 为起动用自耦变压器的变比（自耦变压器起动）。

（3）绕线式异步电动机转子绕组串入电阻对起动电流和起动转矩的影响。

（4）绕线式异步电动机转子绕组串入电阻对电机转速的影响。

实验 3　直流他励电动机的机械特性

【实验目的】

了解直流电动机的各种运转状态时的机械特性。

【实验设备及仪器】

（1）实验台主控制屏；

（2）电机导轨及测功机，转矩转速测量组件（NMEL-13C）；

（3）三相可调电阻 900Ω（NMEL-03）；

（4）三相可调电阻 90Ω（NMEL-04）；

（5）旋转指示灯及开关板（NMEL-05C）；

（6）直流电压，电流，毫安表；

（7）电机起动箱（NMEL-09）；

（8）直流电机仪表、电源（含在主控制屏左下方，NMEL-18A）。

【实验方法及步骤】

1. 电动及回馈制动特性

接线图见图 24-6。图中：

M 为直流并励电动机 M01（接成他励方式），$U_N = 220V$，$I_N = 0.55A$，$n_N = 1600r/min$，$P_N = 80W$，励磁电压 $U_f = 220V$，励磁电流 $I_f < 0.13A$。

G 为直流并励电动机 M03（接成他励方式），$U_N = 220V$，$I_N = 1.1A$，$n_N = 1600r/min$。

直流电压表 V_1 为 NMEL-18A 中 220V 可调直流稳压电源自带，V_2 的量程为 300V（NMCL-001）。

直流电流表 mA_1、A_1 分别为 NMEL-18A 中 220V 可调直流稳压电源自带毫安表、安倍表。

mA_2、A_2 分别选用量程为 200mA、5A 的毫伏表、安培表，按装在主控制屏（NMCL-001）的下部。

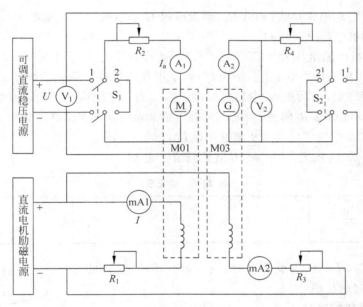

图 24-6　电路图

R_1 选用 1800Ω 电阻（NMEL-03）。

R_2 选用 180Ω 电阻（NMEL-04 中两 90Ω 电阻相串联）。

R_3 选用 3000Ω 磁场调节电阻（NMEL-09）。

R_4 选用 2250Ω 电阻（用 NMEL-03 中两只 900Ω 电阻相并联再加上两只 900Ω 电阻相串联）。

开关 S_1、S_2 选用 NMEL-05C 中的双刀双掷开关。

按图 24-6 接线，在开启电源前，开关、电阻等的设置如下：

① 开关 S_1 合向"1"端，S_2 合向"2"端。

② 电阻 R_1 至最小值，R_2、R_3、R_4 阻值最大位置。

③ 直流励磁电源船形开关和 220V 可调直流稳压电源船形开关须在断开位置。

实验步骤：

(1) 依次闭合绿色"闭合"电源开关、励磁电源船形开关和可调直流稳压电源船形开关，使直流电动机 M 起动运转，调节直流可调电源，使 V_1 读数为 $U_N=220V$，调节 R_2 阻值至零。

(2) 分别调节直流电动机 M 的磁场调节电阻 R_1，发电机 G 磁场调节电阻 R_3、负载电阻 R_4（先调节相串联的 900Ω 电阻旋钮，调到零用导线短接以免烧毁熔断器，再调节 900Ω 电阻相并联的旋钮），使直流电动机 M 的转速 $n=n_N=1600r/min$，$I_f+I_a=I_N=0.55A$，此时 $I_f=I_{fN}$，记录此值。

(3) 保持电动机的 $U=U_N=220V$，$I_f=I_{fN}$ 不变，改变 R_4 及 R_3 阻值，测取 M 在额定负载至空载范围的 n、I_a，共取 5～6 组数据填入表 24-5 中。

$$U_N = 220V \quad I_{fN} = \qquad A$$

表 24-5　数据表

I_a/A						
$n/(r/min)$						

(4) 拆掉开关 S_2 的短接线，调节 R_3，使发电机 G 的空载电压达到最大（不超过 220V），并且极性与电动机电枢电压相同。

(5) 保持电枢电源电压 $U=U_N=220V$，$I_f=I_{fN}$，把开关 S_2 合向"1"端，把 R_4 值减小，直至为零（先调节相串联的 900Ω 电阻旋钮，调到零用导线短接以免烧毁熔断器）。再调节 R_3 阻值使阻值逐渐增加，电动机 M 的转速升高，当 A_1 表的电流值为 0 时，此时电动机转速为理想空载转速，继续增加 R_3 阻值，则电动机进入第 2 象限回馈制动状态运行，直至电流接近 0.8 倍额定值（实验中应注意电动机转速不超过 2100r/min）。

测取电动机 M 的 n、I_a，共取 5～6 组数据填入表 24-6 中。

表 24-6　数据表

I_a/A						
$n/(r/min)$						

因为 $T_2=C_T\Phi I_2$，而 $C_T\Phi$ 为常数，则 $T\infty I_2$，为简便起见，只要求 $n=f(I_a)$ 特性，见图 24-7。

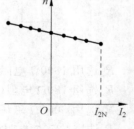

图 24-7　关系图

2. 电动机反接制动特性

在断电的条件下，对图 24-6 作如下改动：

(1) R_1 为 NMEL-09 的 3000Ω 磁场调节电阻，R_2 为 NMEL-03 的 900Ω 电阻，R_3 不用，R_4 不变。

(2) S_1 合向"1"端，S_2 合向"2"端（短接线拆掉），把发电机 G 的电枢两个插头对调。

实验步骤：

(1) 在未上电源前，R_1 置最小值，R_2 置 300Ω 左右，R_4 置最大值。

(2) 按前述方法起动电动机，测量发电机 G 的空载电压是否和直流稳压电源极性相反，若极性相反可把 S_2 合向"1"端。

(3) 调节 R_2 为 900Ω，调节直流电源电压 $U=U_N=220V$，调节 R_1 使 $I_f=I_{fN}$，保持以上值

不变,逐渐减小 R_4 阻值,电机减速直至为零,继续减小 R_4 阻值,此时电动机工作于反接制动状态运行(第 4 象限)。

(4) 再减小 R_4 阻值,直至电动机 M 的电流接近 0.8 倍 I_N,测取电动机在第 1、第 4 象限的 n、I_2,共取 5～6 组数据记录于表 24-7 中。

$$R_2 = 900\Omega \quad U_N = 220V \quad I_{fN} = \qquad A$$

表 24-7 数据表

I_2/A								
$n/(\text{r/min})$								

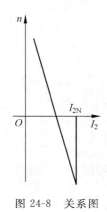

图 24-8 关系图

为简便起见,画 $n=f(I_a)$,见图 24-8。

3. 能耗制动特性

在图 24-6 中,R_1 用 3000Ω,R_2 改为 360Ω(采用 MEL-04 中 90Ω 电阻相串联),R_3 采用 MEL-03 中的 900Ω 电阻,R_4 仍用 2250Ω 电阻。操作前,把 S_1 合向"2"端,R_1、R_2 置最大值,R_3 置最大值,R_4 置 400Ω(把两只串联电阻调至零位,并用导线短接,把两只并联电阻调在 300Ω 位置),S_2 合向"1"端。

按前述方法起动发电机 G(此时作电动机使用),调节直流稳压电源使 $U=U_N=220V$,调节 R_1 使电动机 M 的 $I_f=I_{fN}$,调节 R_3 使发电机 G 的 $I_f=80\text{mA}$,调节 R_4 并先使 R_4 阻值减小,使电机 M 的能耗制动电流 I_a 接近 $0.8I_{aN}$ 数据,记录于表 24-8 中。

$$R_2 = 360\Omega \quad I_{fN} = \qquad \text{mA}$$

表 24-8 数据表

I_a/A								
$n/(\text{r/min})$								

调节 R_2 到 180Ω,重复上述实验步骤,测取 I_a、n,共取 6～7 组数据,记录于表 24-9 中。

$$R_2 = 180\Omega \quad I_{fN} = \qquad \text{mA}$$

表 24-9 数据表

I_a/A								
$n/(\text{r/min})$								

当忽略不变损耗时,可近似认为电动机轴上的输出转矩等于电动机的电磁转矩 $T=C_T\Phi I_a$,他励电动机在磁通 Φ 不变的情况下,其机械特性可以由曲线 $n=f(I_a)$ 来描述。画出以上两条能耗制动特性曲线 $n=f(I_a)$,见图 24-9。

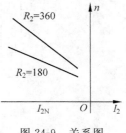

图 24-9 关系图

【实验报告】

根据实验数据绘出电动机运行在第 1、2、4 象限的制动特性 $n=f(I_a)$ 及能耗制动特性 $n=f(I_a)$。

实验4 三相异步电动机在各种运行状态下的机械特性

【实验目的】

了解三相绕线式异步电动机在各种运行状态下的机械特性。

【实验设备及仪器】

(1) 实验台主控制屏；

(2) 电机导轨及测功机，转矩转速测量组件(NMEL-13A)；

(3) 直流电压、电流、毫安表；

(4) 三相可调电阻器900Ω(NMEL-03)；

(5) 三相可调电阻器90Ω(NMEL-04)；

(6) 旋转指示灯及开关板(NMEL-05C)。

【实验方法及步骤】

实验线路见图24-10。图中：

M 为三相绕线式异步电动机 M09，额定电压 $U_N = 220\text{V}$，Y接法。

G 为直流并励电动机 M03(作他励接法)，其 $U_N = 220\text{V}$，$P_N = 185\text{W}$。

R_S 选用三组 90Ω 电阻(每组为 NMEL-04，90Ω 电阻)。

R_1 选用 2250Ω 电阻(NMEL-03 中，450Ω 电阻和 1800Ω 电阻相串联)如图 24-11 所示。

R_f 选用 3000Ω 电阻(电机起动箱中，磁场调节电阻)。

V_2、A_2、mA 分别为直流电压、电流、毫安表，安装在主控制屏的下部。

V_1、A_1、W_1、W_2 为交流、电压、电流、功率表，安装在主控制屏的上部。

S_1 选用 NMEL-05C 中的双刀双掷开关。

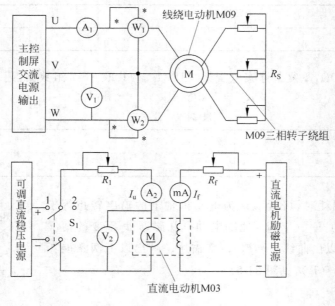

图 24-10 电路图

1. 测定三相绕线式异步电机电动及再发电制动机械特性

仪表量程及开关、电阻的选择：

(1) V_2 的量程为 300V 挡，mA 的量程为 200mA 挡，A_2 的量程为 2A 挡。

(2) R_S 阻值调至零，R_1、R_f 阻值调至最大。

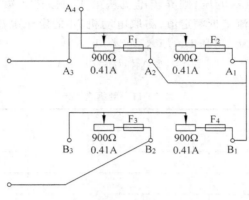

图 24-11　电路图

(3) 开关 S_1 合向"2"端。

(4) 三相调压旋钮逆时针到底，直流电机励磁电源船形开关和 220V 直流稳压电源船形开关在断开位置，并且直流稳压电源调节旋扭逆时针到底，使电压输出最小。

实验步骤：

(1) 按下绿色"闭合"按钮开关，接通三相交流电源，调节三相交流电压输出为 180V（注意观察电机转向是否符合要求），并在以后的实验中保持不变。

(2) 接通直流电机励磁电源，调节 R_f 阻值使 $I_f = 95\text{mA}$ 并保持不变。接通可调直流稳压电源的船形开关和复位开关，在开关 S_1 的"2"端测量电机 G 的输出电压极性，先使其极性与 S_1 开关"1"端的电枢电源相反。在 R_1 为最大值的条件下，将 S_1 合向"1"端。

(3) 调节直流稳压电源和 R_1 的阻值（先调节 R_1 中的串联 1800Ω 电阻，当减到 0 时，用导线短接，再调节并联的 450Ω 电阻，同时调节直流稳压电源），使电动机从空载到接近于 1.2 倍额定状态，其间测取电机 G 的 U_a、I_a、n 及电动机 M 的交流电流表 A、功率表 P_{I}、P_{II} 的读数。共取 8～9 组数据记录于表 24-10 中。

$$U = 200\text{V} \quad R_S = 0 \quad I_f = 95\text{mA}$$

表 24-10　数据表

U_a/V								
I_a/A								
$n/(\text{r/min})$								
I_1/A								
P_{I}/W								
P_{II}/W								

（4）当电动机 M 接近空载而转速不能调高时，将 S_1 合向"2"位置，调换发电机 G 的电枢极性使其与"直流稳压电源"同极性。调节直流电源使其 G 的电压值接近相等，将 S_1 合至"1"端，减小 R_1 阻值直至为零（用导线短接 900Ω 相串联的电阻）。

（5）升高直流电源电压，使电动机 M 的转速上升，当电机转速为同步转速时，异步电机功率接近于 0，继续调高电枢电压，则异步电机从第 1 象限进入第 2 象限再生发电制动状态，直至异步电机 M 的电流接近额定值，测取电动机 M 的定子电流 I_1、功率 P_{I}、P_{II}，转速 n 和发电机 G 的电枢电流 I_{a}，电压 U_{a}，填入表 24-11 中。

$$U = 200\mathrm{V} \quad I_{\mathrm{f}} = 95\mathrm{mA}$$

表 24-11　数据表

$U_{\mathrm{a}}/\mathrm{V}$								
$I_{\mathrm{a}}/\mathrm{A}$								
$n/(\mathrm{r/min})$								
I_1/A								
$P_{\mathrm{I}}/\mathrm{W}$								
$P_{\mathrm{II}}/\mathrm{W}$								

2. 电动及反接制动运行状态下的机械特性

在断电的条件下，把 R_{S} 的三只可调电阻调至 90Ω，拆除 R_1 的短接导线，并调至最大 2250Ω，直流发电机 G 接到 S_1 上的两个接线端对调，使直流发电机输出电压极性和"直流稳压电源"极性相反，开关 S_1 合向右边，逆时针调节可调直流稳压电源调节旋钮到底。

（1）按下绿色"闭合"按钮开关，调节交流电源输出为 $200\mathrm{V}$，合上励磁电源船形开关，调节 R_{f} 的阻值，使 $I_{\mathrm{f}} = 95\mathrm{mA}$。

（2）按下直流稳压电源的船形开关和复位按钮，起动直流电源，开关 S_1 合向右边，让异步电机 M 带上负载运行，减小 R_1 阻值，使异步发电机转速下降，直至为零。

（3）继续减小 R_1 阻值或调节电枢电压值，异步电机即进入反向运转状态，直至其电流接近额定值，测取发电机 G 的电枢电流 I_{a}、电压 U_{a} 值和异步电动机 M 的定子电流 I_1、P_{I}、P_{II}、转速 n，共取 8～9 组数据填入表 24-12 中。

$$U = 200\mathrm{V} \quad I_{\mathrm{f}} = 95\mathrm{mA}$$

表 24-12　数据表

$U_{\mathrm{a}}/\mathrm{V}$								
$I_{\mathrm{a}}/\mathrm{A}$								
$n/(\mathrm{r/min})$								
I_1/A								
$P_{\mathrm{I}}/\mathrm{W}$								
$P_{\mathrm{II}}/\mathrm{W}$								

【实验报告】

根据实验数据绘出三相绕线转子异步电机运行在三种状态下的机械特性。

第四篇　汽车实验

第25章 汽车构造课程实验

实验1 常用汽车拆装机具和工具认识与使用

【实验目的要求】

（1）了解常用机具和工具的种类和作用。

（2）掌握各种扳手、榔头、撬棒、铜棒等常用拆装工具的使用方法。

（3）学会汽车举升器、千斤顶等举升机具的使用方法和要求。

【实验仪器设备】

各种扳手、活塞环装卸钳、气门弹簧装卸钳、千斤顶、黄油枪、汽车举升器、吊车。

【预习内容】

1. 扳手

扳手用以紧固或拆卸带有棱边的螺母和螺栓，常用的扳手有开口扳手、梅花扳手、套筒扳手、活络扳手、管子扳手等。

（1）开口扳手。开口扳手按形状有双头扳手和单头扳手之分，其作用是紧固拆卸一般标准规格的螺母和螺栓。这种扳手可以直接插入或套入，使用较方便。扳手的开口方向与其中间柄部错开一个角度，通常有15°、45°、90°等，以便在受限制的部位中扳动方便。

（2）梅花扳手。梅花扳手同开口扳手的用途相似，但两端是花环式的，其孔壁一般是12边形，可将螺栓和螺母头部套住，扭转力矩大，工作可靠，不易滑脱，携带方便。适用于旋转空间狭小的场合。

（3）套筒扳手。套筒扳手除了具有一般扳手的用途外，特别适用于旋转部位很狭小或隐蔽较深处的六角螺母和螺栓。由于套筒扳手各种规格是组装成套的，故使用方便，效率更高。

（4）扭力扳手。扭力扳手是能够控制扭矩大小的扳手，由扭力杆和套筒头组成。凡是对螺母、螺栓有明确规定扭力的（如汽缸盖、曲轴与连杆的螺栓、螺母等），都要使用扭力扳手。在扭紧时指针可以表示出扭矩数值，通常使用的规格为0～300Nm。

（5）活络扳手。活络扳手的开口宽度可调节，能在一定范围内变动尺寸。其优点是遇到不规则的螺母或螺栓时更能发挥作用，故应用较广。使用活络扳手时，扳手口要调节到与螺母对边贴紧。扳动时，应使扳手可动部分承受推力，固定部分承受拉力，且用力必须均匀。

（6）管子扳手。管子扳手主要用于扳转金属管子或其他圆柱工件。管子扳手口上有牙，工作时会将工作表面咬毛，应避免用来拆装螺栓、螺母。

（7）火花塞套筒扳手。火花塞套筒扳手是一种薄壁长套筒、用于拆除火花塞的专用工具。使用前，应根据火花塞六角对边的尺寸，选用内六角对边尺寸与其相同的火花塞套筒。拆卸时，套筒应对正火花塞六角头套接妥当，不可歪斜，然后再逐渐加大扭力，以防滑脱。

2. 活塞环拆装钳

(1) 用途：活塞环拆装钳是一种专门用于拆装活塞环的工具，维修发动机时，必须使用活塞环拆装钳拆装活塞环。

(2) 使用方法：使用活塞环拆装钳时，将拆装钳上的环卡卡住活塞环开口，握住手把稍稍均匀地用力，使拆装钳手把慢慢地收缩，环卡将活塞环徐徐地张开，使活塞环能从活塞环槽中取出或装入。拆装活塞环时，用力必须均匀，避免用力过猛而导致活塞环折断，同时能避免伤手事故。

3. 气门弹簧拆装架

(1) 用途：气门弹簧拆装架是一种专门用于拆装顶置气门弹簧的工具。

(2) 使用方法：使用时，将拆装架托架抵住气门，压环对正气门弹簧座，然后压下手柄，使得气门弹簧被压缩。这时可取下气门弹簧锁销或锁片，慢慢地松抬手柄，即可取出气门弹簧座、气门弹簧和气门等。

4. 滑脂枪

(1) 用途：滑脂枪又称黄油枪，是一种专门用来加注润滑脂(黄油)的工具。

(2) 使用方法：

① 填装黄油：拉出拉杆使柱塞后移，拧下滑脂枪缸筒前盖；把干净黄油分成团状，徐徐装入缸筒内，且使黄油团之间尽量相互贴紧，便于缸筒内的空气排出；装回前盖，推回拉杆，柱塞在弹簧作用下前移，使黄油处于压缩状态。

② 注油方法：把滑脂枪接头对正被润滑的黄油嘴(滑脂嘴)，直进直出，不能偏斜，以免影响黄油加注，减少润滑脂的浪费；注油时，如果注不进油，应立即停止，并查明堵塞的原因，排除后再进行注油。

③ 加注润滑脂时，不进油的主要原因：滑脂枪缸筒内无黄油或压力缸筒内的黄油间有空气；滑脂枪压油阀堵塞或注油接头堵塞；滑脂枪弹簧疲劳过软而造成弹力不足或弹簧折断而失效；柱塞磨损过甚而导致漏油；油脂嘴被泥污堵塞而不能注入黄油。

5. 千斤顶

(1) 用途和种类：千斤顶是一种最常用、最简单的起重工具，按照其工作原理可分为机械丝杆式和液压式；按照所能顶起的质量可分为 3000kg、5000kg、9000kg 等多种不同规格。目前广泛使用的是液压式千斤顶。

(2) 使用方法：现以液压式千斤顶为例，介绍其使用方法。

① 起顶汽车前，应把千斤顶顶面擦拭干净，拧紧液压开关，把千斤顶放置在被顶部位的下部，并使千斤顶与被顶部位相互垂直，以防千斤顶滑出而造成事故。

② 旋转顶面螺杆，改变千斤顶顶面与被顶部位的原始距离，使起顶高度符合汽车需要顶置高度。

③ 用三角形垫木将汽车着地车轮前后塞住，防止汽车在起顶过程中发生滑溜事故。

④ 用手上下压动千斤顶手柄，被顶汽车逐渐升到一定高度，在车架下放入搁车凳，禁止用砖头等易碎物支垫汽车。落车时，应先检查车下是否有障碍物，并确保操作人员的安全。

⑤ 徐徐拧松液压开关，使汽车缓缓平稳地下降，架稳在搁车凳上。

(3) 使用注意事项：

① 汽车在起顶或下降过程中，禁止在汽车下面进行作业。

② 应徐徐拧松液压开关,使汽车缓慢下降,汽车下降速度不能过快,否则易发生事故。

③ 在松软路面上使用千斤顶起顶汽车时,应在千斤顶底座下加垫一块有较大面积且能承受压力的材料(如木板等),防止千斤顶由于汽车重压而下沉。千斤顶与汽车接触位置正确、牢固。

④ 千斤顶把汽车顶起后,当液压开关处于拧紧状态时,若发生自动下降故障,则应立即查找原因,及时排除故障后方可继续使用。

⑤ 如发现千斤顶缺油时,应及时补充规定油液,不能用其他油液或水代替。

⑥ 千斤顶不能用火烘热,以防皮碗、皮圈损坏。

⑦ 千斤顶必须垂直放置,以免因油液渗漏而失效。

6. 汽车举升器

为了改善劳动条件,增大空间作业范围,汽车举升器在汽车维修中使用日益广泛。汽车举升器按立柱数可分为单立柱式、双立柱式、四立柱式;按结构特点可分为电动机械举升器和电动液压举升器。

汽车举升器使用注意事项:

(1) 车辆的总质量不能大于举升器的起升能力。

(2) 根据车型和停车位置的不同,尽量使汽车的重心与举升器的重心相接近,严防偏重。为了打开车门,汽车与立柱间应留有一定的距离。

(3) 转动、伸缩、调整举升臂至汽车底盘指定位置并接触牢靠。

(4) 汽车举高前,操作人员应检查汽车周围人员的动向,防止意外。

(5) 汽车举升时,要在汽车离开地面较低位置进行反复升降,无异常现象时方可举升至所需高度。

(6) 汽车举升后,应落槽于棘牙之上并立即进行锁紧。

【实验内容与步骤】

逐件认识工具并学习操作使用方法。

【思考题】

(1) 常用扳手有哪几种? 怎样正确使用?

(2) 千斤顶使用中应注意什么?

实验 2　汽车发动机整机拆装与调整

【实验目的要求】

在指导老师的指导下,通过对各种典型发动机的观察分析,并对一台多缸发动机拆装和主要部位检查调整,熟悉车用发动机由哪些机构和系统组成,初步掌握发动机的基本工作原理,整机结构特点,拆装要点以及主要配合面的检查部位和调整方法。

【实验仪器设备】

供实验用汽油机一台,拆装工具各一套,塞尺、活塞环拆装钳、扭力扳手各一把。

【预习内容】

发动机的工作原理和总体构造。

【实验内容与步骤】

1. 拆装一台汽油机

初步了解发动机各机构和系统由哪些零部件组成,各机构和系统零部件的名称、作用、相互位置关系、构造特点、运动规律。拆卸时,先拆除发动机外部的所有附件,然后拆卸配气机构的部分零部件,卸下缸盖及油底壳,必要时拆卸正时齿轮室和飞轮。

2. 机体零件与曲柄连杆机构的拆装与调整

(1) 机体零件的拆装,包括机体、缸盖、汽缸垫、缸盖螺栓等。取下汽缸盖罩,拆掉进、排气歧管,打开正时齿轮室罩盖,取下上、下正时齿轮和张紧轮及传动皮带,取下正时齿轮室后盖。按从四周往中间的顺序拧松前后缸盖螺栓,拆掉缸盖。注意防松装置,注意缸垫的正反面等。将发动机翻转,拆掉油底壳,拆卸机油泵出油管及油泵。转动曲轴至最方便的位置,拆掉连杆盖,推动连杆,以缸体上都取出活塞连杆总成,注意顺序。拆下全部主轴承盖,抬出曲轴总成,然后把轴承盖按各自序号装回缸体,轻带螺栓。

发动机装配时按拆卸的相反过程装配:装配主轴承盖螺栓的扭紧力矩为 $43\sim48\text{Nm}$,在扭紧时,应按规定的顺序逐渐而均匀地拧紧。初始拧紧力矩为 $20\sim32\text{Nm}$,分几次最终拧到规定力矩。注意:在主轴承盖初次拧紧及每次进一步拧紧后,均应用手转动曲轴,确保曲轴能轻快地转动。装配连杆大端盖紧固螺母的拧紧力矩为 $28\sim32\text{Nm}$。汽缸盖拧紧时注意从中间往两边分两次均匀拧紧。拧紧力矩为 $55\sim60\text{Nm}$。

(2) 曲柄连杆机构的拆装与调整,包括对活塞连杆组和曲轴飞轮组各零部件的拆装。拆装时注意对零件在制造时所做的记号加以核对和辨认,没有记号时,要在零件非工作面上做出必要的记号。注意活塞连杆组取出时应用木棒轻轻敲出,注意活塞环的安装位置和方向,注意活塞的装卸。在装配时应注意调整汽缸与活塞的配合间隙,注意活塞环的开口间隙和侧隙,注意曲轴的轴向间隙。

3. 配气机构与进排气装置的拆装与调整

包括对气门组和气门传动组各零部件的拆装与调整。拆装时注意气门与气门座不能互换,注意配气机构的正时传动记号。装配时对气门间隙进行调整。

用两次调气门法,将曲轴摇至一缸压缩上止点时,按着双-排-不-进的口诀分别调整 1-3-4-2 缸的进、排气门。将曲轴摇至四缸上止点时,按着双-排-不-进的口诀分别调整 4-2-1-3 缸的进、排气门。调整时,可先把摇臂上调整螺栓的缩紧螺母松开,旋松调整螺钉,在气阀尾部与摇臂间插入规定厚度的厚薄规,气门间隙为 $0.20\sim0.30\text{mm}$,拧紧调整螺栓,使摇臂轻轻压住厚薄规,固定调整螺栓的位置,拧紧锁紧螺母即可,之后再复查一次。

4. 燃油供给系的拆装

掌握燃油供给系的组成和功用及燃油流动路线。

5. 润滑系的拆装

掌握润滑系的组成和功用及润滑油路,并熟悉机油泵和机油滤清器的结构和工作原理。

6. 冷却系的拆装

掌握冷却系的组成和功用以及冷却水流动路线(包括大小循环)。

7. 点火系的拆装

掌握点火系的组成和功用以及高压电的产生原理;掌握汽油机点火时间的检查调整部位和方法。

8. 起动系的拆装

掌握起动系的组成和功用及工作原理。

【思考题】

(1) 柴油机和汽油机各由哪些机构和系统组成？各机构系统又包括哪些零部件？并说明机构中的配合部位和调整部位以及安装注意事项。

(2) 内燃机的动力是如何传递出去的？它又怎样驱动各自的附属机件工作的？

(3) 写出所拆机型的燃油、机油和冷却水的流动路线。

(4) 汽缸盖拆装时,缸盖螺栓为何要按顺序拆装？

(5) 曲轴如何轴向定位？凸轮轴如何轴向定位？

(6) 有几种方法判断一缸上止点,如何判断是压缩上止点？

(7) 为何要调整气门间隙？分析气门间隙调整方法的原理。

实验 3　曲柄连杆机构和配气机构拆装

【实验目的要求】

(1) 认识发动机附属装置,了解其安装位置。

(2) 掌握发动机附属装置的拆卸方法和要求。

(3) 掌握发动机解体的步骤和操作方法。

(4) 掌握曲柄连杆机构和配气机构的解体与装配的方法和要求。

(5) 认识曲柄连杆机构和配气机构的组成及其主要零部件。

(6) 了解主要零部件的装配标记。

(7) 学会活塞环钳、气门拆装钳等拆装专用工具的操作与使用方法。

【实验仪器设备】

(1) 桑塔纳发动机、其他多型号柴油机。

(2) 常用和专用工具各一套。

(3) 拆装工作台、零件摆放架。

【预习内容】

(1) 熟悉发动机总体结构。

(2) 曲柄连杆机构和配气机构的组成、功用和构造。

(3) 了解实验室典型发动机的特点。

【实验内容与步骤】

1. 拆装原则

发动机的解体应在专用的拆装架上进行。解体时应使用专用工具,先拆除发动机的外围附件,放净发动机内机油和冷却水,然后按照由外到内,由上到下的顺序进行解体。

发动机的装配顺序:

(1) 安装曲轴与飞轮。

(2) 安装活塞连杆组件。

① 组装活塞连杆组件;

② 安装活塞环;

③ 将活塞连杆组装入汽缸。

（3）安装汽缸盖。

（4）安装其他附件。

2. 桑塔纳发动机曲柄连杆机构和配气机构的拆装

（1）多楔带的拆装；

（2）同步带的拆装；

（3）密封法兰和压盘的拆卸和安装；

（4）飞轮离合器总成的拆装；

（5）曲轴带轮端的密封圈拆装；

（6）曲轴前密封法兰的拆装；

（7）汽缸盖的拆装；

（8）汽缸体的拆装；

（9）活塞和连杆组的拆装。

【思考题】

（1）曲柄连杆机构的组成及功用。

（2）曲轴为何要进行定位？怎样定位？为什么曲轴只能有一处定位？

（3）浮式活塞销有什么优点？为什么要轴向定位？

（4）配气机构的功用是什么？顶置式气门配气机构由哪些零件组成？

（5）为什么一般在发动机配气机构中保留间隙？

实验 4　汽油机燃料系主要部件拆装

【实验目的要求】

熟悉电子控制汽油喷射系统组成、主要零部件安装位置和构造。

【实验仪器设备】

（1）桑塔纳发动机电子控制汽油喷射系统组成剖示件。

（2）常用工具及专用工具。

【预习内容】

（1）汽油机燃料系组成、功用、安装位置和构造；拆装方法。

（2）了解桑塔纳电子控制汽油喷射发动机的结构特点。

（3）电子控制汽油喷射系统概念、组成及原理。

【实验内容与步骤】

（1）实验内容：熟悉电子控制汽油喷射系统的组成、功用、安装位置和构造。

（2）拆装步骤：学习电子控制汽油喷射系统的组成、安装位置和构造。

【思考题】

（1）说明电子控制汽油喷射发动机组成、功用、安装位置和构造。

（2）电子控制汽油喷射发动机使用过程中应注意哪些事项？

实验 5　柴油机燃料系主要部件拆装

【实验目的要求】

(1) 指出柴油机燃料供给系统的组成及安装位置。

(2) 熟悉喷油泵的拆装方法。

(3) 熟悉喷油泵、输油泵、调速器的构造。

【实验仪器设备】

(1) 常用工具一套,专用工具(喷油泵凸轮柱塞弹簧拆卸器)和常用量具各一套。

(2) A 型喷油泵。

【预习内容】

(1) 柴油机燃料供给系的组成。

(2) 柱塞式喷油泵的组成和构造。

(3) 机械离心式调速器的组成、构造。

(4) 输油泵的组成、构造。

【实验内容与步骤】

1. 喷油泵的拆装

(1) 喷油泵的拆卸。

(2) 喷油泵的装配。

2. 调速器的拆装

(1) 调速器的拆卸。

(2) 调速器的装配。

调速器壳最下端的结合螺钉兼作放油螺钉,其平垫圈为紫铜垫,不允许用其他材料代替。装配顺序按拆卸时的相反顺序进行。

【思考题】

(1) 指出柴油机燃料供给系的组成、高低压油路。

(2) 认识喷油泵组件,找出两对精密耦件。

(3) 调速器和输油泵的组成及调整。

实验 6　冷却系主要部件拆装

【实验目的要求】

(1) 熟悉冷却系的组成及各部件的装配关系,主要机件的安装位置和构造。

(2) 掌握水泵的拆装方法。

【实验仪器设备】

(1) 桑塔纳发动机和其他型号柴油机。

(2) 常用工具及专用工具。

【预习内容】

(1) 桑塔纳发动机冷却系统采用的是强制冷却液循环闭式冷却系统。

（2）冷却系统正常工作压力为 0.13～0.15MPa，工作温度为 85～120℃，冷却液量约为 6.0L。

（3）冷却系主要由水泵、散热器、节温器、热敏开关、冷却风扇、膨胀水箱等组成。

【实验内容与步骤】

（1）观察散热器、风扇、水泵、百叶窗、水温表、水温传感器、节温器等的安装位置和相互间连接关系。

（2）观察散热器、风扇、水泵、缸体与缸盖水套、水温表、传感器、节温器、百叶窗等主要机件的总体构造，在观察散热器芯的构造时，可用一根较散热器芯管内孔尺寸小的软金属通条插入芯管中来回抽拉几次，以验证冷却水由上水室通过芯管流向下水室的情况。

（3）观察冷却水进行大循环和小循环流动路线。大小循环由节温器自动控制，将一个节温器放在玻璃杯中，倒入 90℃以上的热水观察节温器阀门开启情况。

（4）水泵拆装：

① 必备的专用工具、检测仪和辅助工具：收集盘、弹性卡箍夹钳及扭力扳手。

② 拆卸步骤。

③ 安装步骤。

【思考题】

（1）指出水冷系的组成、安装位置和构造。

（2）说明冷却水大、小循环路线。

（3）正确拆装水泵。

实验 7　润滑系主要部件拆装

【实验目的要求】

（1）熟悉润滑系的组成及各机件的装配关系；主要机件滤清器、机油泵的构造；润滑路线；曲轴箱通风原理及连接方法。

（2）掌握机油泵的拆装方法。

【实验仪器设备】

（1）桑塔纳发动机和其他型号柴油机。

（2）常用工具。

【预习内容】

机油泵从油底壳中吸取机油，经机油滤清器过滤后，被输送到发动机主油道，对摩擦副进行润滑；其余部分机油因油压高或机油流量过大，经机油滤清器支架上的限压阀流回油底壳。机油压力是由安装在机油滤清器支架上的两个油压开关监控的。在润滑油路中，装有两个减压阀，一个装在机油泵上，另一个装在机油滤清器支架上，当发动机处于冷态或者机油黏度较大时，可避免机油压力过高而造成危险。在机油滤清器内有一个旁通阀，当滤清器堵塞时，旁通阀打开，未被滤清的机油仍能输送到各摩擦副。在机油滤清器支架上还安装了一个回油关闭阀，当发动机不运转时，能阻止汽缸盖油道内的机油流回油底壳。

桑塔纳电喷发动机使用齿轮式机油泵，机油泵由链条通过曲轴直接驱动，其特点是运动件少、磨损小；啮合面小，减少了摩擦；工作空间大，吸入性能好，工作效率高。

【实验内容与步骤】

（1）观察机油泵、滤清器、机油散热器、限压阀、旁通阀等安装位置及相互间连接关系和发动机润滑系统零件。

（2）对照润滑油路示意图，观察润滑油路中缸体、缸盖上的油道。在观察主油道与各道主轴承座孔油道时，可在主油道中放入一个尺寸合适的金属棒，再从主轴承座孔油道插入细铁丝，使其与金属棒相抵触，用手转动金属棒，细铁丝便抖动，即可验证主油道与主轴承座孔油道的联系。

（3）观察曲轴箱通风各部件的连接关系。

（4）机油滤清器拆装。拆卸机油滤清器时，应使用机油滤清器扳手。

（5）机油泵拆装。更换机油泵链轮时，要与机油泵一同更换。

【思考题】

（1）指出润滑油路。

（2）说出机油泵的拆装注意事项。

（3）说明离心式细滤器工作过程。

（4）指出润滑系统各组成件安装位置。

实验 8　离合器和手动变速器拆装

【实验目的要求】

（1）熟悉摩擦片式离合器的构造及工作原理、普通齿轮变速器的结构和工作情况。

（2）熟悉变速器操纵机构的结构和工作情况。

（3）了解同步器结构及工作情况。

（4）掌握变速器正确的拆装顺序与方法。

【实验仪器设备】

（1）解放汽车用变速器，桑塔纳汽车变速器；

（2）单片离合器，双片离合器，膜片弹簧离合器等；

（3）常用和专用工具；

（4）变速器、分动器拆装台。

【预习内容】

（1）单片离合器、双片离合器、膜片弹簧离合器的组成；安装位置和调整。

（2）齿轮式变速器：

① 变速传动机构主要由壳体、第一轴、第二轴、中间轴、倒挡轴、各挡齿轮和轴承等组成。

② 操纵机构主要由变速杆、变速叉轴、变速叉、自锁装置、互锁装置和倒挡锁装置等组成。

【实验内容与步骤】

1. 解放汽车变速器的拆装

（1）解放汽车变速器的拆卸。

① 将变速器固定在专用拆装工作台，旋出放油螺塞用油盘接油，放净变速器内润滑油。

② 从变速器第一轴轴承盖上取下分离轴承。

③ 拆下驻车制动毂上两个固定螺栓,然后取下制动毂。拧下凸缘锁紧螺母,取下蝶形弹簧,拉出凸缘,最后拆去驻车制动机构各部件。

④ 拆掉变速器盖螺栓,取下变速器盖和操纵机构。

⑤ 去第一轴轴承盖紧固螺栓上钢丝锁线,旋下紧固螺栓,取下第一轴的轴承盖。

⑥ 拧下变速器第二轴后轴承盖紧固螺栓,取下第二轴后轴承盖。

⑦ 用铜棒轻敲第一轴,可将第一轴连同第一轴后轴承一起从前端取出,从第一轴孔中取出第二轴前轴承。

⑧ 用手托起第二轴前端上下晃动,并用铜棒左右轻敲第二轴后端,可将第二轴连同第二轴后端轴承部分退出壳外。此时可用拉力器拉下第二轴后端轴承,这样,第二轴总成可以从变速器壳内经上方取出。

⑨ 从第二轴上取出四、五挡同步器总成,然后拆除四、五挡固定齿座锁环和止推环,这样可将第二轴前端上四、五挡固定齿座,四挡齿轮、三挡齿轮、二挡和三挡同步器等依次取下。注意观察锁销式同步器结构,并模拟工作情况。

⑩ 从第二轴后端取下一挡和倒挡齿轮,用螺丝刀把止推环锁销紧压住,然后转动止推环取下止推环(注意:退出止推环时,防止止推环锁销被弹簧弹出)。

⑪ 从变速器壳体上拆掉中间轴前轴承盖、后轴承盖,撬开后轴承锁片,拧下锁紧母。然后拆掉倒挡检查孔盖,取下倒挡齿轮轴锁片。最后利用倒挡轴后端的螺纹孔,用专用工具将倒挡轴拔出,并从倒挡检查孔取出倒挡齿轮和轴承及轴承隔套。

⑫ 将铜棒顶在中间轴前端,用锤敲击铜棒,可使中间轴总成带后轴承向壳体外脱出,此时用拉力器拉下后轴承,这样可将中间轴总成从壳体内由上方取出。再用铜棒顶住中间轴前轴承外圈,敲击铜棒,取出前轴承。

⑬ 从中间轴上取下挡圈,用压床将常啮合齿轮压出,再取下挡圈,用压床将四挡齿轮、三挡齿轮,二挡齿轮压出。

⑭ 变速器盖上操纵机构的拆卸

(2) 解放汽车变速器的安装。

① 装复前,零件必须仔细清洗,注意第二轴上齿轮及第一轴上齿轮,轮齿间的润滑油孔,必须疏通,切勿堵塞。

② 安装中间轴总成,将齿轮依次压入,注意齿轮的键槽必须对准轴上的半圆键,认免零件压环。装挡圈时,可用自制简易锥套工具推压挡圈(拆装实训时中间轴总成可不必分解,了解上述安装过程即可)。

③ 将变速器壳体固定在专用拆装台上,把安装好的中间轴总成放入中间轴孔内,两端套上中间轴前、后轴承。然后从倒挡齿轮检查窗孔放入倒挡齿轮,齿轮内孔中放入轴承和隔套,从变速器后端插入到挡齿轮轴。

④ 用铜棒将中间轴前、后轴承敲入轴承座孔(注意应沿轴承外圈四周均匀敲击),然后套上锁片并将螺母拧紧(拧紧力矩为 147Nm)。在中间轴后轴承外圈边缘套上挡圈,最后在变速器壳体上分别装上中间轴的前后轴承盖。

⑤ 用铜棒将倒挡轴敲到安装位置,卡上倒挡齿轮轴锁片,并用螺栓固定锁片。最后在变速器壳体左侧装上倒挡齿轮检查窗孔盖板(注意装盖时要装衬垫,衬垫表面涂密封胶液,

用涂胶螺栓紧固盖)。

⑥ 按拆卸时相反顺序组装第二轴总成,注意装二、三挡同步器时,将滑动齿套凸出的一面朝向第一轴方向。

⑦ 轴承靠到第二轴花键部分台肩上,套入里程表的主动齿轮和隔套,然后装上挡圈。

⑧ 在第一轴上压入滚珠轴承,装上轴承外缘挡圈和轴承挡圈。在第一轴内孔中装入滚针轴承,然后把第一轴装到壳体前端轴承孔中,使第二轴前端轴颈对准第一轴轴承孔。用铜棒一边轻轻敲击,一边用手转动第一轴,使轴承平顺装入壳体座孔中。

⑨ 从第一轴前端安放密封纸垫,套上轴承盖,用螺栓对称紧固,并用钢丝锁线以 8 字形穿入螺栓头的孔中拧紧(轴承盖左上方螺栓上还应装有离合器分离轴承座的复位弹簧钩环)。在壳体后端装上密封纸垫,套上第二轴后轴承盖,用螺栓对称紧固。装上甩油环,把已安装好的手制动器总成固定在轴承盖上(拆装用变速器可不装手制动器总成)。

⑩ 装复变速器盖:将变速叉轴装在变速器盖上相应孔中,同时装上变速叉轴锁止弹簧、自锁钢球;拧入变速叉止动螺钉,拧紧后用钢丝锁线将螺钉锁紧在叉轴上;在变速器盖前端座孔上压入边缘涂有密封胶的变速叉轴塞片。

⑪ 使变速器处于空挡位置,装上涂以密封胶的上盖衬垫,盖上变速器盖总成(注意先在变速器壳体端面定位孔中打入定位销)。

⑫ 拧上放油螺塞,加注润滑油,然后拧上加油螺塞。

⑬ 装复完的变速器应在试验台上运转试验,检查温升、噪声、换挡是否轻便等(试验合格变速器才能使用,拆装实训不做此项要求,但应了解)。

2. 两轴式变速器

桑塔纳两轴式变速器实物。

【思考题】

(1) 离合器的结构如何? 工作原理是什么? 调整内容有哪些?

(2) 变速器结构是什么? 工作原理是什么? 工作要求是什么?

(3) 说明扭转减振器的组成、力的传递过程。

实验 9　驱动桥拆装

【实验目的要求】

(1) 掌握驱动桥的组成,主减速器和差速器的构造与工作原理。

(2) 掌握正确的拆装方法及步骤。

【实验仪器设备】

(1) 货车全浮式驱动桥、汽车半浮式驱动桥。

(2) 拆装架、拉器和常用工具。

【预习内容】

(1) 驱动桥组成及形式。

(2) 主减速器组成、支承形式、调整内容和方法。

(3) 差速器组成及工作原理。

(4) 半轴形式及特点。

【实验内容与步骤】

(1) 驱动桥半轴的拆卸(全浮式半轴、半浮式半轴)。

(2) 拆驱动桥总成。

(3) 拆主减速器壳。

(4) 差速器的拆卸。

(5) 主动锥齿轮拆卸。

(6) 驱动桥安装,按拆卸反顺序进行。

(7) 调整:①主、从动锥齿轮轴承预紧力调整,②主、从动锥齿轮的间隙。检查齿侧间隙,使用细熔丝旋入两齿轮的啮合面之间,熔丝被压扁后再用游标卡尺或千分尺测量最大扁平处的厚度,间接测得齿侧间隙。若测量值超出规定值,应进行调整。调整差速器轴承调整螺母,拧进一个调整螺母,同时拧出一个调整螺母,以便将从动齿轮相对于主动齿轮向前或向后移动。③检查和调整主、从动锥齿轮啮合印痕。如果检查发现,驱动侧在齿根靠近小端,不工作侧在齿顶靠近大端接触,表明主动锥齿轮太靠近从动齿轮,应根据情况减少垫片调整厚度,使主动锥齿轮后退。

【思考题】

(1) 拆装主减速器、差速器时应注意哪些问题?

(2) 说明驱动桥的组成、位置及动力传递。

(3) 正确拆装主减速器,并能指出调整部位和调整方法。

(4) 正确拆装差速器总成,并能指出各部件名称。

实验 10　转向系主要部件拆装

【实验目的要求】

(1) 了解转向器和转向传动机构的构造及工作情况。

(2) 掌握循环球式转向器、齿轮齿条式转向器的正确拆装顺序及调整方法。

(3) 掌握转向纵拉杆、横杆正确拆装顺序。

【实验仪器设备】

(1) 普通转向桥、循环球式转向器、齿轮齿条式转向器。

(2) 转向桥拆装架,转向器拆装工作台。

(3) 常用工具、专用工具。

【预习内容】

(1) 汽车转向系分为机械转向系和动力转向系两大类,机械转向系由转向操纵机构、转向器和转向传动机构三大部分组成。

(2) 转向操纵机构由转向盘、转向轴、万向节、传动轴等组成。

(3) 转向器有蜗杆曲柄指销式、循环球式、齿轮齿条式等多种。

(4) 转向传动机构主要由转向摇臂、转向纵拉杆、转向横拉杆、转向节臂各梯形臂等组成。

【实验内容与步骤】

1. 循环球式转向器拆装方法及步骤

(1) 拆卸。

（2）安装：

① 装螺杆螺母总成；

② 装复摇臂轴总成（按拆卸相反顺序装复）；

③ 安装转向器总成。

（3）调整：齿条与扇齿的啮合间隙用调整螺钉调整,在转向器位于中间位置时（即螺杆总转动圈数的一半）,不允许有啮合间隙。装配完成后还应检查转向螺杆转动力矩应≤1.47Nm,检查转向螺杆总转动圈数。

2. 齿轮齿条式转向器的拆装

齿轮齿条式转向器具有结构简单、轻巧、传力杆件少、操纵灵敏、维修方便等优点,所以广泛应用于轿车上。

3. 转向拉杆拆装方法及步骤

转向横拉杆拆装。

【思考题】

（1）正确拆装循环球式转向器,并指出各零件部位名称,会调整。

（2）找出转向纵拉杆横拉杆,并指出各零件部位名称,说明转向横拉杆如何调整。

（3）找出齿轮齿条式转向器,并指出各零件部位名称。

实验 11　制动系主要部件拆装

【实验目的要求】

（1）熟悉汽车制动系的组成,认识制动系主要总成和零部件的结构。

（2）掌握汽车制动系各总成的拆装方法和要求。

【实验仪器设备】

（1）前后桥、制动器、制动控制阀。

（2）双管路液压制动总泵。

（3）常用工具、专用工具及工作台架。

【预习内容】

（1）车轮制动器。汽车上采用的车轮制动器有鼓式和盘式两大类,鼓式车轮制动器广泛应用于大中型车辆,盘式车轮制动器应用于轿车上。

（2）驻车制动器。手制动器又称驻车制动器,最常见的形式是盘式和鼓式两种。

（3）气压制动控制阀。CA1092 汽车采用双管路气压制动,制动阀为双腔并列膜片式,它主要由拉臂、壳体、膜片、平衡弹簧、推杆、平衡臂、两用阀门及滞后机构总成等组成。

【实验内容与步骤】

1. 前轮制动器的拆装

（1）拆卸。前轮制动器的拆装应在前桥总成上进行,拆装前,前桥总成应可靠固定在工作台架上。

① 拆卸前轮毂及制动鼓：松开前轮毂盖的紧固螺栓,取下前轮毂盖及衬垫,剔平止动垫圈,依次拆下锁紧螺母、止动垫圈、调整螺母的锁紧垫圈和轮毂轴承调整螺母,从转向轴上拉出前轮毂及制动鼓组合件。

② 拆卸制动器的固定部分、张开机构、定位调整机构各机件将凸轮转到原始位置,拆下制动蹄复位弹簧。拆下开口销及制动蹄轴紧固螺母,取下制动蹄和制动蹄轴,拆开制动气室推杆连接叉锁销,拆下调整臂及前后配件,从制动气室支架承孔中取出凸轮轴,拆下制动气室,拆下钢丝锁线及支架紧固螺栓,将制动气室支架从制动板上拆下,松开紧固螺栓和螺母,从转向节上拆下制动底板。

(2) 安装。装配可按拆卸时的相反顺序进行,先装复制动底板,再依次装配制动气室支架、制动气室、凸轮轴和调整臂、制动蹄轴和制动蹄、复位弹簧,最后装复制动鼓及前轮毂并调整蹄鼓间隙,装配注意事项如下:

① 安装时,制动蹄轴和蹄片衬套的配合表面及蹄片平台表面应涂以少量润滑脂,摩擦片表面应干净,严禁沾染油脂。

② 安装时,制动气室支架紧固螺母和制动蹄轴紧固螺母暂时可不拧紧(待蹄鼓间隙调整好以后再拧紧)。制动蹄轴的偏心部分应相对称,偏心标记应相距最近。

③ 选装合适的凸轮轴调整垫片,保证凸轮轴既能自由转动,轴向窜动量又不大于 1mm。

④ 用旋转调整臂蜗杆轴、制动蹄轴和移动支架的方法,使制动鼓与摩擦片之间的间隙符合要求。靠近支承轴端为 0.25~0.40mm,靠近凸轮轴端为 0.40~0.55mm,同一制动鼓内两蹄摩擦片相对应的间隙差应不大于 0.10mm。最后拧紧制动蹄轴和支架的紧固螺母,同时应注意保持蹄轴和支架的位置不变(制动蹄轴紧固螺母扭紧力矩为 130~170Nm)。蹄鼓间隙调好后,制动鼓应能转动自如,无卡滞现象。

⑤ 前制动底板紧固螺栓螺母的扭紧力矩为 140~170Nm。

⑥ 对于后轮制动器的拆装,可参照上述前轮拆装步骤进行。

2. 盘式车轮制动器的拆装

盘式制动器是由摩擦衬块从两侧夹紧与车辆共同旋转的制动盘后产生制动。盘式制动器散热能力强,热稳定性好,目前轿车的前轮大多采用盘式制动器,其拆装方法如下:

(1) 拆卸

① 将车支起,拆下车轮和制动管路。

② 拆下制动钳体。

③ 拆下弹簧片、制动摩擦衬块、垫片及支承板等。

④ 拆卸导向钢套、防尘罩和活塞。

拆下制动钳时如果不更换摩擦衬块,拆卸之前,应在摩擦块上作记号,以便按号重新装配,否则会影响制动效果。

(2) 安装

① 装上制动盘,并放好制动摩擦片。

② 安装制动钳体,按规定力矩拧紧其定位螺栓。

③ 安放好上、下定位弹簧。

④ 安装车轮等机件。

⑤ 用力踩动制动踏板数次,使制动器恢复正确的间隙(其间隙靠轮缸活塞密封圈自动

调整)。

3. 气压制动控制阀的拆装

(1) 拆卸

① 取出卡圈,拆下轴及拉臂。

② 松开上下体连接螺栓,分离上下阀体,取下橡胶垫圈、钢垫片、压紧圈、平衡臂及钢球。

③ 解体上阀体。

④ 拆下柱塞座,拆下密封垫片、阀门复位弹簧及两用阀等,拆散与柱塞座装配连接的塑料罩、螺母等零件。

⑤ 取出膜片总成及复位弹簧,用弹簧钳拆下弹性挡圈并分解膜片总成。

(2) 安装

① 在清洁零件熟悉其构造之后,按拆卸时的相反顺序装复制动阀,零件应用煤油清洗。装配时,阀门等运动件配合面应涂以润滑脂;制动阀装合后应进行排气间隙(即自由行程)、最大工作气压、两腔随动气压差的调整。

② 排气间隙的调整。拆下前后腔柱塞座总成(或在未装配柱塞座总成时进行调整),旋动调整螺钉,用深度尺测量两腔排气间隙均为 1.5mm。

【思考题】

(1) 如何正确拆装制动控制阀? 并能指出调整部位。

(2) 如何正确拆装前、后轮制动器? 并会调整制动间隙。

(3) 如何正确拆装液压制动缸? 指出各部位名称。

(4) 如何正确拆装轿车前轮盘式制动器? 指出各部位名称。

第 26 章　汽车电器与电子技术课程实验

实验 1　硅整流交流发电机的拆装及检修

【实验目的要求】

能正确拆卸与装配硅整流发电机,能对硅整流发电机主要部件及整体性能进行检查。

【实验仪器设备】

万用电表、硅整流发电机、拆装工具(每组一套)。

【实验内容与步骤】

1. 拆卸前的整机检查

(1)"F"柱与"-"柱间电阻为 $4\sim8\Omega$。

若电阻过小,可能是磁场线圈短路或绝缘垫损坏;若电阻过大,可能是电刷与滑环接触不良;电阻无穷大,说明线圈断路。

(2)"+"柱与"-"柱间电阻为 $30\sim50\Omega$,反向电阻在 $1k\Omega$ 以上,否则可能是整流器或电枢线圈故障。

(3)"N"柱与"-"柱间电阻为 $8\sim10\Omega$,反向电阻在 $1k\Omega$ 以上,否则可能是整流器或电枢线圈故障。

2. 发电机的拆卸

(1)拆下电刷及电刷架。

(2)拆下螺帽、皮带轮、风扇、半圆键。

(3)拆下紧固螺钉。

(4)用专用工具拆下驱动端盖(注意定子不能随着一起移动)。

(5)取下转子总成。

(6)拆下元件板上 3 个接线柱的螺帽,取下定子总成。

(7)拆下元件板上的固定螺钉,后端盖上的"+"柱和"N"柱。

(8)取下元件板(注意各绝缘垫圈不能遗失)。

3. 发电机的装配及注意事项

(1)发电机的装配原则:先拆的后装,后拆的先装。

(2)装配时,元件板、"+"柱、"F"柱、"N"柱与壳体之间的绝缘垫圈不能漏装。

(3)装配完毕后,发电机应能运转灵活。

【思考题】

(1)硅整流发电机的励磁过程怎样?

(2)CA1091 的硅整流发电机有哪几个接线柱? 是如何接线的?

(3)硅整流发电机的工作原理如何?

（4）半导体式调节器与触点式调节器相比有哪些优点？

（5）以 CA1091 型汽车用的 JFT106 型晶体调节器为例叙述晶体管调节器的工作原理。

实验 2　起动机拆装及性能检测

【实验目的要求】

能正确拆卸与装配电起动机，能对电起动机主要部件及整体性能进行检查并排除故障。

【实验仪器设备】

电起动机、蓄电池、万用电表、弹簧秤等拆装工具一套，万能电器试验台。

【实验方法与步骤】

1. 拆卸

拆下电磁开关，取下防尘罩，取出电刷，拆下紧固螺钉，分解电起动机。

2. 检修

（1）转子总成（电枢轴）的检查、修理

① 用游标卡尺测量轴的尺寸，检查与衬套的配合间隙，间隙应在 0.03～0.08mm（极限为 0.2mm），间隙过大，应更换衬套并铰配。

② 电枢轴同轴度：换向器圆度、圆柱度的检查、修理，将电枢轴放在 V 型架上，用百分表检查换向器圆度，圆柱度，当圆度误差超过 0.1mm 时，应进行车削加工，但换向片厚度不能少于 2mm，换向片间切槽深度应为 0.7～0.9mm，最小深度为 0.2mm，否则应刮削。

③ 电枢绕组的检查：电枢常见的故障有短路、断路、搭铁、脱焊。

短路检查：将电枢放在电枢检查仪上，接通电源，将锯片放在电枢槽上，如果锯片跳动就有短路。

搭铁检查：用万用表 $R\times10k$ 挡，两表笔一端接换向器一个绕组，一端搭铁芯，显示 ∞ 为正常，否则应修理或更换电枢；也可用 220V 试灯，一端接换向器，一端接铁芯，试灯不亮为绝缘良好。

（2）定子总成的检查

① 短路：将磁场绕组通 2V 直流电，用起子接触四个磁极，如果某个绕组磁力明显弱于其他磁场极，说明该绕组有短路，接触时因电流较大，时间要短，以免烧坏线圈。

② 搭铁：用万用表 $R\times10k$ 挡检查，电阻 ∞（一端接电刷，一端接壳体），或用试灯检查不亮为绝缘。

（3）端盖检查

① 电刷架检查：电刷架用万用表 $R\times10k$ 挡检查，绝缘电刷架电阻 ∞；或用试灯检查，灯不亮为正常。用 $R\times1$ 挡检查搭铁电刷架，电阻为 0 或试灯亮为正常。

② 电刷弹簧检查：用弹簧秤检查不能低于规定值（如丰田为 5.88N）。

③ 电刷检查：电刷在架内能自由上下无卡滞现象，接触面不低于 80%，长度一般不应少于 10mm。

（4）单向离合器的检查

用手转动小齿轮，向一个方向应转动自如，向另一个方向则不能转动为正常，否则应更换。承受扭矩检查：将单向啮合器夹在虎钳上，插入花键轴用扭力扳手扳动，单向滚柱式26Nm 以上不打滑，摩擦片式应在 120～180Nm 不应打滑，否则应更换。

（5）电磁开关的检查

① 机械部分：活动铁芯与线圈壳体内的配合应保证运动自如，电磁开关触头、接触盘表面应平整，且触头高度要一致，否则应进行打磨或锉修。

② 线圈检查修理：用万用表 $R \times 1$ 挡，检查吸拉线圈和保位线圈电阻应符合规定要求（如 384 型，吸拉线圈为 0.6Ω，保位线圈为 0.9Ω），如果不正确应重绕或更换。

3. 起动机的装配及技术检测

（1）按照装配顺序装好起动机，用手转动电枢轴，单向接合器齿轮应能转动自如，无异常响声。

（2）将起动机装到试验台上，进行空载和全自动试验应符合规定。

【思考题】

（1）电磁控制式起动系统由哪些部件组成？

（2）简述起动机电磁开关的工作过程。

（3）简述起动机运转无力的原因。

（4）试画出起动系统的电路原理图。

实验 3　点火系统结构原理与检测

【实验目的要求】

能对点火系统进行正确安装与接线，能对点火系统主要部件进行检测，能正确检查与调整点火正时。

【实验仪器设备】

传统点火线路及相应部件，电子点火线路及相应部件，万用表一只，拆装工具一套，桑塔纳轿车一台，VAG1367 检测仪及检测工具一套。

【实验方法与步骤】

1. 传统点火系统主要部件的检查及点火时间的检查调整

（1）点火线圈的检查。

① 附加电阻：用万用表 $R \times 1$ 挡，接点火线圈"＋"柱与"开关"柱，电阻应为 $1.3\sim 1.5\Omega$，电阻过小为短路，电阻∞为断路。

② 初级线圈：选万用表 $R \times 1$ 挡，两表笔分别接点火线圈"开关"柱与"－"柱，电阻 $R = 1\sim 2\Omega$；电阻过小为短路，电阻∞为断路，选万用表 $R \times 10k$ 挡，两表笔分别接点火线圈"＋"柱与体壳，电阻∞为绝缘良好，否则有搭铁。

③ 次级线圈：选万用表 $R \times 1$ 挡，两表笔分别接点火线圈"－"柱与高压线插孔，电阻 $R = 5\sim 10k\Omega$，电阻过小为短路，电阻∞为断路。

（2）分电器总成检查。

① 轴向间隙：用厚薄规测量联轴器或转动齿轮与分电器壳体接触面的间隙，一般应为 $0.15\sim 0.5mm$。

② 断电器触点：触点表面若有轻微烧蚀可用细砂纸打磨，严重时用细锉修磨或更换，

两触点中心线应重合,最大间隙为 0.35~0.45mm。

③ 分电器盖:选万用表 $R×10k$ 挡,两表笔分别接中央插孔与旁电极孔,$R>50k\Omega$,否则说明分电器盖有裂纹或积污,应清洁或更换。

④ 分火头:与分电器盖检查方法相同。

⑤ 电容器:用交流试灯检查,灯亮表示电容器短路,应更换。灯不亮或暗红,移去触针后,将引线与外壳相碰,有强裂火花,则电容良好,否则应更换。

⑥ 离心点火提前装置:将分电器轴固定,用手捏住凸轮或分火头,沿旋转方向转至极限后松开,凸轮应能自动回到原位。

⑦ 真空点火提前装置:真空点火提前调节器的密封性必须良好,可用专用仪器或用嘴吸吮检查,膜片应能拉动移动,否则更换。

(3) 火花塞:应无积炭和损坏,间隙应为 0.7~0.8mm。试火检查,火花为蓝白色,声音清脆。

(4) 点火时间的检查:用点火正时灯检查。

(5) 点火时间的调整。

① 摇转曲轴至一缸点火时刻。

② 旋松分电器压板固定螺母,拆下分电器盖。先顺时针转动分电器盖至白金触点闭合,再反时针转动分电器盖至白金触点刚好打开。旋紧分电器压板固定螺母,装上分电器盖,分电器盖上与分火头对准的孔插一缸高压线。按顺时针方向,根据做功顺序依次插上其他各缸的高压线。

2. 电子点火系统主要部件的检查及点火时间的检查调整

(1) 电子点火控制器的检修。

① 当点火线圈的电阻符合要求,而点火线圈上没有高压信号时,应检查电子点火控制装置。

② 点火器电源电路检测:将插头从控制器上拔掉,将电压表接在插头上的触点 2 与 4 之间,打开点火开关,测定的电压应与蓄电池电压相接近,否则说明有断路故障应排除。

③ 点火器工作性能的检测:关闭开点火开关,重新把插头插在控制器上。拔掉霍尔发生器插头,将电压表接在电火线圈接线柱 1(一)和 15(+)上。打开点火开关,此时电压为 2~6V,并在一两秒钟后必须下降到 0,否则应更换控制器;快速将分电器插座的中间导线拔出并搭铁,电压值必须在瞬间达到 2V,否则说明有断路故障,应予排除,必要时更换控制器。

④ 点火器向霍尔发生器输出电压的检测:关闭点火开关,将电压表接到霍尔发生器插头的"+"与"一"柱上,打开点火开关,此时电压应在 5~11V,若小于 5V,应检查点火器"5"与"3"柱,若电压在 5V 以上,表明霍尔发生器插头与控制器之间有断路,应予排除。如果电压低于 5V 或由于干扰造成电压大于 5V 的假象时,应更换控制器。

⑤ 旁路信号发生器检测点火器:在实际操作中,也可采用旁路霍尔发生器的方法检查点火器。关闭点火开关,拔出分电器盖上的中央高压线,使其端部距缸体 5~7mm,拔下信号发生器插头,用一导线接在插头的"0"柱上,一端悬空。然后,打开点火开关,用悬空的导线反复搭铁,观察中央高压线端头是否跳火,若跳火,说明点火器完好。若不跳火,在点火线圈及连接导线正常时,说明点火器有故障。

(2) 霍尔发生器的检修：注意该项检查应在点火线圈、点火器及导线正常时进行。

① 电压法检测：为避免损坏电子元件，在连接仪器接线之前，必须先将仪器置于测量电压的功能下。将高压线插头从分电器上拔下并搭铁(此时可用辅助线)，拔掉控制器插头的橡皮套管(不拔下插头)，将电压表接于触点 6 和 3 之间，打开点火开关，用手按发动机旋转方向缓慢地转动分电器轴，此时电压应在 0～9V 之间波动。当分电器触发叶轮的叶片在空气隙时，电压为 2～9V，当叶片不在气隙时，电压约为 0.3～0.4V，若电压不在 0～9V 之间变化，则说明霍尔发生器有故障，应予更换。

② 模拟信号发生器动作检(测)：关闭点火开关，打开分电器盖，转动曲轴，使分电器叶轮的叶片不在气隙中，拔出分电器盖上的中央高压线时，使其端部离汽缸体 5～7mm，然后接通点火开关，用薄铁片在空气隙中，轻轻地插入和拔出，模拟触发叶轮的叶片在空气隙时的动作。如果此时高压线端头跳火，说明霍尔信号发生器、点火器、点火线圈及连接导线性能良好；若不跳火，在其他部件正常时，说明信号发生器有故障，应更换。

【思考题】

(1) 写出传统点火系、计算机控制的有分电器点火系和计算机控制的无分电器双头点火系的组件名称。

(2) 试绘制传统点火系的电路原理图。

实验 4　电控燃油喷射系统

【实验目的要求】

(1) 了解汽油机电控燃油喷射系统工作原理。

(2) 掌握电控燃油喷射系统的结构及检测方法。

【实验仪器设备】

时代超人电喷发动机(带汽油)，数字式万用表(带电池)，常用工具一套，喷油器检测清洗仪(带检测液)，备用继电器一个，燃油压力表一套，备用喷油器一组，导线，手动真空枪一只，塞尺一套，烧杯(盛水)，温度计。

【实验内容和步骤】

1. 供油系统结构及检测方法

(1) 时代超人电喷发动机供油回路的认识：时代超人电喷发动机为四缸多点喷射燃油系统，油泵安装在油箱内，燃油泵出油后经燃油滤清器到达主输油管，在压力调节器的作用下得到和喷射环境保持固定压差的燃油，在喷油器接通的时候喷向汽缸形成可燃混合气，多余燃油经过调压器的回油管回到油箱。为了防止油箱与大气直接相通造成污染，时代超人电喷发动机安装了活性炭罐，一端连接油箱，另一端通过电磁阀与进气管相通。

(2) 时代超人电喷发动机供油回路的检测。

① 系统油压检查：在拆卸油管前将油压泄掉，防止燃油喷出，可以拔下燃油泵的连接导线，启动发动机至自然熄火；也可以在待拆管路下方垫上干棉丝，缓慢拧松油管，利用干棉丝吸油，待油烧完或放完后拆开发动机上的管路，在燃油压力表两端接上与时代超人电喷

发动机油管配套的管路,将燃油压力表串接入发动机系统管路中。拔下油泵继电器,用一根导线将蓄电池正极和继电器 87 座孔连接起来,此时油泵会强制运转,观察燃油压力表的读数,在 0.25～0.30MPa 间为正常,用鲤鱼钳夹住回油管,观察油压表读数是否升高,松开导线连接,观察管路油压能否在 0.15MPa 下保持 5 分钟。

② 油泵供油量的检查:松开油压表一端的管接头,在下面接一个 1 升的烧杯,用导线连接蓄电池正极和继电器 87 座孔,这时油泵会供油,观察油泵在 30s 内的供油量是否在 0.49～0.67 升的范围内。

③ 调压器的检查:在油压表串接在管路中,并强制油泵运转的时候,拔下油压调节器上的真空软管,观察油压能否上升 0.05MPa,能的话正常,不能上升则调压器故障,拔下的同时观察软管内有无油迹,有说明真空膜片破裂,应更换压力调节器。

④ 电动燃油泵及控制线路的检测:如果在强制油泵运行时油压表的读数为 0,则可能为燃油泵及其控制电路故障,此时应拆下燃油泵连接导线,在 1、3 引脚上连接万用表的黑、红表棒,万用表选择电压挡,量程为 20V。启动发动机,观察电压表的读数是否与蓄电池电压接近,是则供电线路没有问题,用万用表的欧姆挡测量油泵电阻,应在 3～5Ω,如果不符合,则更换燃油泵;如果电压表读数与蓄电池电压明显不符合,则为控制线路故障,先检查 5 号熔断丝是否正常,再检查油泵继电器是否正常,两者都正常则用试灯来检查线路。

⑤ 继电器的检测:取下油泵继电器,如图 26-1 所示用万用表测量 30、87 端子电阻,应为无穷大,将蓄电池正负极分别与 85、86 端子相连,应能听到继电器吸合的声音,再量 30、87 电阻时应为 0,如果不符,则更换继电器。

⑥ 喷油器的检测:首先在发动机运转的时候用听诊器检查喷油器能否发出工作时的吸合声;其次关闭点火开关,拔下连接器,用万用表欧姆挡测量喷油器线圈电阻,应在 15～18Ω 之间,打开点火开关,测量喷油器供电线路的电压,电源线与搭

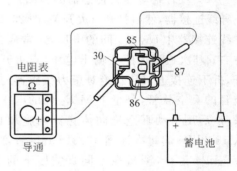

图 26-1　断电器的检测

铁间的电压应为 12V;最后测量喷油器的喷油量,将 4 个喷油器从发动机上拆下来,安装专用检测仪上,打开喷油器清洗仪的电源开关,按下操作面板上的"PUMP"键,清洗仪管路开始建立油压,观察油压表读数,当指针不动的时候开始操作,按下面板上的"A"键,喷油器就会自动喷油,观察各喷油器的喷射形状,是否为 35°锥角,观察各喷油器在规定时间内的喷油量,是否符合标准,超出更换喷油器,低于标准值先按上述操作清洗几次,如果仍达不到标准也应更换。

2. 供气系统结构及检测方法

供气系统回路认识:空气经滤清器净化后经过空气流量计测量,到达节气门体,由节气门(正常行驶)或旁通气道(怠速)进入到进气总管,再到达各进气歧管进入汽缸,注意 L 系统及 D 系统的区别所在。

(1) 时代超人热式空气流量传感器的检测:首先进行就车检测,如图 26-2(a)所示选择万用表电压挡,量程选择 20V,将万用表红表棒接传感器 2 号触点,黑表棒接搭铁,启动发动

机读数应为 12V,再将红表棒接传感器 4 号触点,黑表棒搭铁,打开点火开关读数应为 5V;其次进行单体检测,拆下空气流量传感器,图 26-2(b)将 3、5 触点分别接万用表红、黑表棒,4 触点接稳压电源的正极,稳压电源的负极接发动机搭铁,将稳压电源调节至输出电压为 5V,打开电吹风,由远及近地靠近传感器,此时输出电压应由小变大,范围在 2～4V 之间。

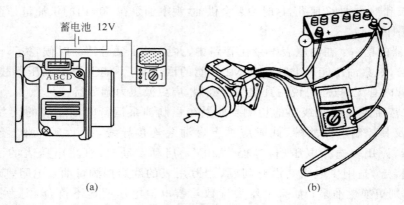

(a)　　　　　　　　　　　　　　　(b)

图 26-2　热线式流量传感器的单件检查

(2) 歧管绝对压力传感器的检测:首先检测传感器电源电压,点火开关关闭的情况下拔下导线连接器,然后打开点火开关,图 26-3 测量导线连接器中 U_{CC}-E_2 间的电压,正常应为 5V 左右;其次检测传感器输出电压,点火开关打开,拆下连接进气歧管绝对压力传感器与进气歧管的真空软管,测量 PIM-E_2 间的电压并记录,然后用手动真空枪向传感器内施加真空,从 13.3kPa 起每次递增 13.3kPa,一直增加到 67.7kPa 为止,测量在不同真空度下的 PIM-E_2 间的电压并记录。真空度增加时电压应下降。

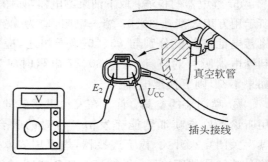

图 26-3　进气歧管绝对压力传感器的检测

(3) 节气门位置传感器的检测与调整:拔下节气门位置传感器的连接线束,选择万用表的电阻挡,红黑表棒分别接传感器体的怠速和接地触点,在节气门关闭的时候电阻应为 0,稍稍打开节气门,电阻值应为无穷大,否则更换传感器;再将红表棒接信号输出触点,黑表棒仍接接地触点,缓慢打开节气门,电阻值应随开度的增加而增大,且不能出现跳跃,否则更换。在调整时,将万用表的红黑表棒接在怠速触点和接地触点上,在限位螺钉和限位杆塞入 0.5mm 的塞尺,旋松传感器的固定螺钉,缓慢转动节气门位置传感器,在看到万用表有读数时固定传感器。调整好以后,在限位螺钉和限位杆间塞入 0.4mm 的塞尺,读数应为 0;塞入 0.6mm 的塞尺,读数应为无穷大,否则重新调整。

3. 控制系统结构原理及检测

通过学习控制系统各种传感器的工作原理,掌握其结构及检测方法。

(1) 温度传感器的检测。

① 电阻检测:首先进行就车检查,点火开关关闭,拆卸温度传感器导线连接器,用数字

式万用表测传感器两端子间电阻,电阻值与温度高低成反比,热机状态下低于 1kΩ;其次进行单体检查,将传感器从发动机上拆下,如图 26-4 所示将传感器置于烧杯的水中,加热烧杯中的水,同时用万用表测在不同温度下两端子间电阻值,将测得的值与标准值进行比较。

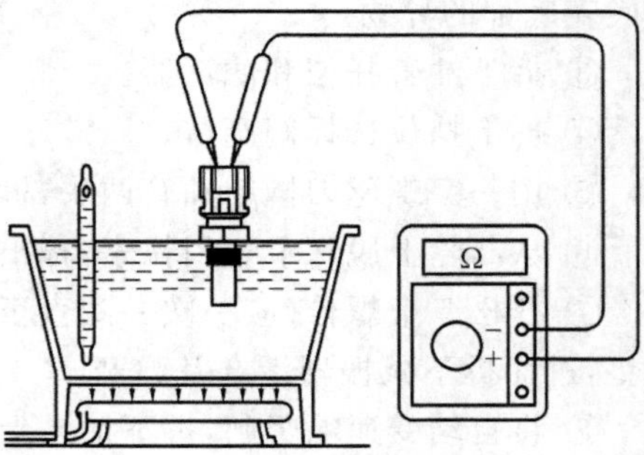

② 输出信号电压的检测:点火开关打开,用万用表电压挡测量两端子间的电压值,应与水温成反比。注意不同的车型有不同的标准值。

图 26-4　温度传感器的检测

(2) 转速传感器的检测:点火开关关闭,拆卸转速传感器导线连接器,用数字式万用表测传感器 1、2 端子间电阻,电阻值应符合要求(时超约为 980Ω)。

(3) 曲轴位置传感器的检测。

① 霍尔效应式:点火开关关闭,拔下曲轴位置传感器的连接导线,测量两两触点间的电阻值,其中有两对应为无穷大,一对阻值应在 1kΩ 左右。还原连接器,打开点火开关,测量两两触点间的电压值,应符合一对触点间的电压是另两对触点间的电压之和这个规律。

② 磁脉冲式:点火开关关闭,拔下曲轴位置传感器的连接导线,找到接地触点,然后分别测量其他三个触点与接地触点间的电阻值:其中 1、2 号触点与接地触点间的阻值应均在 125~150Ω 之间,3 号触点与接地触点间的阻值应在 155~250Ω 之间。还原导线,转动飞轮,测量 1、2、3 号触点与接地触点间有没有电压信号输出。

【思考题】

分析发动机电控燃油喷射系统的工作原理。

实验 5　电控自动变速器

【实验目的要求】

(1) 了解自动变速器的结构和工作原理。

(2) 掌握自动变速器的装配调整方法。

(3) 掌握自动变速器的元件检测方法。

【实验仪器设备】

自动变速器三台,套筒扳手三套,维修工具一套,木槌三把,拆装实验台三张,扭力扳手,空气压缩机一台,百分表三套,内径百分表一套,磁力表座,塑料盒三个,塞尺三套,油压表,秒表,棉纱。

【实验方法与步骤】

1. 自动变速器的装配调整

(1) 自动变速器的拆卸:

① 拆下手动换挡杆、空挡起动开关、加速器拉索固定螺栓及挡板、2 号速度传感器、电磁阀引线、第二滑行挡制动器活塞、传动桥壳上盖。

② 拆下油底壳和衬垫。注意,拆油底壳时,不要将传动桥翻转,因为这样会使阀体沾上

油底壳底部的异物。

③ 拆下油管托架和滤清器。

④ 拆下挡位选择阀阀体。

⑤ 用一字螺丝刀撬起油管两头,拆下油管。

⑥ 从凸轮上脱开节气门拉索,拧出所有固定阀体的螺栓,拆下阀体。

⑦ 拧松 5 个螺栓(应一次一圈直至弹簧张力消失),拆下蓄能减振器活塞及弹簧的盖及衬垫,进而拆下减振器活塞及弹簧。

⑧ 将自动变速箱竖起,拆下油泵上 7 个螺栓,用维修工具从变速箱上拉出油泵。

⑨ 依次拆下超速行星齿轮排、第一行星齿轮排、第二行星齿轮排等,拆下后依次放好。

(2) 自动变速器的装配:

① 装配注意事项:新的离合器盘应在自动变速器油中浸泡至少 15min 以上才可以装配;相互滑动或转动的零件表面,装配前要涂上自动变速器油;装密封垫片或类似零件,不能用胶黏接;必须全部更换新的密封垫片和新的 O 形密封圈;组装的零件要干燥,但不能用棉纱等擦抹,只能用压缩空气吹干,以免使零件沾上污物或棉纱。

② 将轴承隔圈安装至主动小齿轮轴上,用锤子和铜棒将轴承隔圈轻轻敲入传动桥,直到能看见孔中弹性挡圈凹槽,然后装上弹性挡圈。

③ 将传感器转子、甩油环和新衬套装至主动小齿轮轴上,注意安装衬套要小端朝下。

④ 用维修工具 a 将外座圈压入,用维修工具 b 夹住主动锥齿轮,并用维修工具 a 将中间轴主动齿轮压入。

⑤ 用维修工具夹住齿轮,按 260Nm 的规定力矩拧紧螺母,然后测量主动锥齿轮的预紧力,如果是新轴承,力矩为 1.0~1.6Nm,旧轴承则减半。若预紧力小于规定值,则应继续紧固螺母,一次加力矩 13Nm;若预紧力大于规定值,则应重新更换轴承隔圈,不能松开螺母以减小预紧力。

⑥ 将差速器壳右侧侧向轴承外座圈和垫片装好,然后将差速器壳装进变速器桥壳,在托架上涂好密封涂料,过 10 分钟再装好托架。

⑦ 安装并扭紧 11 个螺栓,扭矩为 39Nm。

⑧ 安装左侧轴承架,扭紧 6 个螺栓,扭矩为 19Nm,然后用扭力计测量差速器总预紧力。总预紧力:新轴承为 0.2~0.4Nm,再用轴承为 0.1~0.2Nm。如果预紧力不符合,可改变调整垫片厚度来调整。

⑨ 用维修工具将新油封冲入,直到其末端与左侧轴承架表面平齐。

⑩ 在右侧轴承架上涂上密封涂料,装好轴承架。紧固螺栓扭矩为 19Nm。

⑪ 安装好主动齿轮罩(应更换新 O 形环)。

⑫ 安装好停车卡轮、手动挡位选择阀轴、停车卡轮托架,然后检查停车卡轮动作:手动挡位选择阀杆在 P 挡时,必须使中间轴主动齿轮锁住。

⑬ 将第 1 挡和倒车挡制动活塞安装至变速箱壳体上(应更换新的 O 形环并涂上自动变速器油),然后,用维修工具安装活塞回位弹簧。

⑭ 安装好弹簧卡环,O/D 行星齿轮,O/D 制动鼓及 O/D 箱,上紧 O/D 箱的每个螺栓均应涂密封胶。然后,检查中间轴轴向间隙,该间隙应在 0.47~1.50mm 间,否则,应检查中间轴的安装。另外,还应检查中间轴能否平滑转动。

⑮ 依次安装后行星齿轮,安装第一挡及倒车挡制动器的盘、片、凸缘,安装凸缘,平端应朝下;然后,安装好弹性挡圈。注意,弹性挡圈端隙不应与任一缺口对正。

⑯ 检查第一及倒车挡制动器动作。用压缩空气吹入壳体中箭头所示的孔,确定活塞能够移动。

⑰ 用塞尺测量第一及倒挡制动器盘片间隙,应在 0.85～2.05mm 之间。

⑱ 将 2 号单向离合器装入壳体,安装好第二滑行挡制动带导向器,再安装好 1 号单向离合器。

⑲ 按顺序安装好第二制动器,并用压缩空气吹进第二挡制动器衬垫,核实活塞能够移动。

⑳ 安装太阳齿轮及太阳齿轮输入毂,然后将油封环安装在中间轴上。

㉑ 安装前行星齿轮、行星齿圈。

㉒ 安装第 2 挡滑行制动带。

㉓ 安装前进离合器和直接离合器,然后检查直接离合器毂与太阳齿轮输入毂之间的距离,应约为 3mm。

㉔ 更换油泵 O 形环,并涂上自动变速器油,将油泵安装至壳体上,油泵螺栓拧紧力矩为 22Nm。测量输入轴轴向间隙,应在 0.25～0.90mm 之间。如果间隙不符,可更换不同厚度的轴承,然后检查输入轴能否平滑旋转。

㉕ 安装第 2 滑行挡制动器活塞,在活塞杆与壳体接触处涂少量油漆做记号,用压缩空气(392～785kPa)施压,测量活塞行程。活塞冲程应在 2.0～3.5mm 之间。如果不符,应更换活塞杆。

㉖ 安装蓄能减振器活塞和弹簧,按规定力矩拧紧上盖螺栓,扭矩为 10Nm。

㉗ 安装好电磁阀引线和加速器拉索。

㉘ 将液压控制阀体安装好,拧紧力矩为 11Nm。

㉙ 安装好油管,连接电磁阀连接器。

㉚ 安装好挡位选择阀和定位爪簧。

㉛ 安装好管架和油液滤网。

㉜ 油底壳应更换新衬垫,安装好油底壳,螺栓拧紧力矩为 4.9Nm。

㉝ 安装好速度传感器,加速器拉索定位板、空挡起动开关、手动变速杆摇臂。

2. 自动变速器的检测诊断

(1) 变矩器及油泵的检测

① 变矩器的检测:如图 26-5 所示测量变矩器轴套偏摆,将变矩器装在驱动盘上,装好百分表,旋转变矩器,如果偏摆超过 0.30mm 而无法调整,则需更换变矩器。

② 油泵的检测:用塞尺测量被动齿与泵体的间隙,最大间隙不超过 0.3mm,否则应更换泵体总成;用塞尺测量被动齿轮轮齿与泵体半月形部分之间的间隙,最大间隙不超过 0.3mm,否则应更换泵体总成;用百分表测量油泵泵体衬套内径,应小于

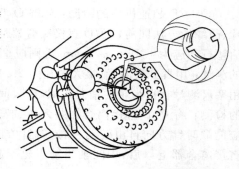

图 26-5 变矩器轴套偏摆的测量

38.18mm,否则应更换泵体总成。

（2）离合器行星齿轮的检修

① 直接离合器的检测：分解直接离合器；离合器活塞的检测：摇动活塞时，箭头所指单向阀球应能自由移动，用低压压缩空气吹，不应漏气，离合器盘片及凸缘的检测：检查离合器盘、片及凸缘的滑动面是否磨损或烧毁，如果有，应予更换；如果离合器盘摩擦衬层剥落、脱色或印刷号码表面部分磨灭，即应更换；新离合器盘在组装前，至少要在自动变速器油中浸泡 15 分钟。直接离合器活塞行程的测量：将直接离合器安装在油泵上，磁力表座固定在油泵上，百分表表针抵在活塞上，用压缩空气(392～785kPa)加压，活塞行程应为 0.91～1.35mm，如果不符，可更换凸缘。厚为 2.7mm 和 3mm。

② 前进挡离合器的检测：分解前进挡离合器；离合器活塞、盘片及凸缘的检测同上；前进挡离合器活塞行程的检测：如图 26-6 所示，方法同上，但行程为 1.79～2.21mm，如果不符更换凸缘，厚度有两种可供选择：2.3mm 和 2.7mm。

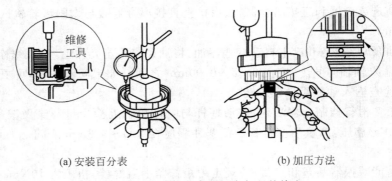

(a) 安装百分表　　　　　　　　　(b) 加压方法

图 26-6　前进挡离合器活塞行程的检查

③ 前行星齿轮的检测：分解前行星齿轮；1 号单向离合器动作的检查：握住太阳齿轮，转动离合器毂，离合器毂应能顺时针方向自由转动，而逆时针方向则应锁住；太阳齿轮衬套内径的测量：用百分表测量太阳齿轮衬套内径，最大内径为 22.59mm，超过则应更换；用百分表测量齿圈凸缘内径，最大为 30.08mm，超过则应更换；行星齿轮轴向间隙的检测：用塞尺测量行星齿轮的轴向间隙，最大间隙为 0.61mm，超过则应更换。

④ 后行星齿轮的检测：分解后行星齿轮；2 号单向离合器动作的检查：握住外齿圈，转动后行星轮，后行星轮应能逆时针方向自由转动，而顺时针方向则应锁住；行星齿轮轴向间隙的检测：用塞尺测量行星齿轮的轴向间隙，最大间隙为 0.61mm，超过则应更换。

⑤ O/D 超速机构的检测：分解 O/D 超速机构；检查活塞上的单向阀球及离合器的盘片、凸缘的方法同前；O/D 直接离合器活塞行程的检查：当压缩空气压力为 392～785kPa，活塞行程应为 1.75～2.49mm，否则应重新装配或更换配件。O/D 直接离合器毂衬套内径的测量：用百分表测量，最大内径为 22.13mm，超过则应更换；行星齿轮轴向间隙的检测：用塞尺测量行星齿轮的轴向间隙，最大间隙为 0.61mm，超过则应更换。O/D 单向离合器的检测：将 O/D 直接离合器装入单向离合器，握住 O/D 直接离合器转动中间轴，中间轴应能顺时针方向自由转动，而逆时针方向则应锁住。将 O/D 超速挡行星齿轮安装至 O/D 直接离合器上以后，中间轴主动齿轮距超速挡离合器壳的高度应约为 24mm，否则应重新装配。

（3）自动变速器的测试

① 失速试验：条件：自动变速器的液压油温正常（50～80℃），每次试验时间不超过 5s，应在水平路面上进行，注意安全；用垫木挡住前后轮，用驻车制动器完全制动，左脚用力踩下制动踏板，启动发动机；换至 D 挡，用右脚将加速踏板踩到底，迅速读出此时的失速速度，该数值应符合标准值；在 R 挡进行相同的试验。

② 时间滞后试验：条件：自动变速器的液压油温正常（50～80℃），每次试验时间间隔 1 分钟，测量 3 个数据取平均值；用驻车制动器完全制动，发动机怠速运转；将换挡杆从 N 挡换至 D 挡，用秒表测量从换挡直至感到震动的时间，应小于 1.2s；用同样的方法测量从 N 挡换至 R 挡的滞后时间，应小于 1.5s。

③ 油压检验：用垫木挡住前后轮，用驻车制动器完全制动；预热变速器油，然后连接油压表；发动机怠速运转，用力踩下制动踏板，换至 D 挡测量油路压力；将加速踏板踩到底，读出失速速度所对应的油路压力；用同样的方法进行 R 挡的试验。

【思考题】

（1）电控自动变速器的结构和工作原理是什么？

（2）电控自动变速器拆装方法和步骤是什么？

实验 6　ABS 防抱死制动系统仿真

【实验目的要求】

（1）了解 ABS 系统的组成。

（2）掌握 ABS 系统的检测诊断方法。

【实验仪器设备】

ABS 系统实验台；数字式万用表（带电池）；X431 诊断仪。

【实验内容与步骤】

1. ABS 系统结构认识

时代超人 ABS 系统是三通道的 ABS 调节回路，前轮单独调节，后轮以地面附着系数较低的一侧为依据统一调节。由前后转速传感器、ABS 控制器、制动总泵和真空加力器、自诊断插口、ABS 警告灯、制动警告灯、制动灯开关等部分组成。

（1）转速传感器的认识：通常由传感头和齿圈组成，传感头固定在每个车轮的托架上，由永久磁铁、电磁线圈、磁头组成；齿圈安装在轮毂或轮轴上与车轮一起旋转。传感头与齿圈间的间隙一般为 1mm。

（2）ABS 控制器的认识：由液压泵、液压单元及控制单元组成一个整体。液压单元中有四个电磁阀，将液压单元和控制单元分离后可以看见里面电磁阀的保护套。位于制动总泵和制动分泵之间的管路上。

（3）自诊断插口位于变速器换挡杆的前方。

（4）制动警告灯位于仪表板上，驻车制动拉上的时候及从点火开关打开起动到自检结束的 2 秒内应该点亮。

（5）ABS 警告灯位于仪表板附加部件上，在点火开关打开起动到自检结束的 2 秒内应该点亮。

（6）制动总泵和真空加力器位于制动踏板下端。

（7）制动灯开关装在制动踏板上，踩下踏板时开关闭合。

2．ABS 系统诊断检测

当 ECU 采集到较低的转速传感器的信号值时，会发出一个指令给压力调节器，降低制动泵中制动油压的值，使车轮不至于在制动力作用下抱死。轮速传感器内有线圈，可以测量其电阻值判断线圈的好坏；在运转的时候线圈有电压输出，可以检测其输出电压是否符合标准；其他部件在通电时也应有电压可供检测。

（1）应用故障诊断仪进行检测：连接好故障诊断仪器，调取故障码确定故障可能部位，然后用万用表进行检测。

（2）应用万用表进行检测：在确定出故障可能部位的情况下，可以直接用万用表去进行。

【思考题】

（1）ABS 系统的组成、部件结构及工作原理是什么？

（2）用 X431 诊断仪读取 ABS 系统的故障码、数据流的操作方法步骤是什么？

实验 7　　全车总线路分析

【实验目的要求】

（1）熟悉全车电路的连接，并能分析各系统的工作过程。

（2）掌握全车电路故障的诊断与排除方法。

【实验仪器设备】

桑塔纳系列实验用车若干辆，万用表若干块，试灯若干个，常用工具若干套。

【实验内容步骤】

1．桑塔纳轿车电路图特点及读图要领

（1）桑塔纳轿车电路图的特点：

① 对全车电路有完整的概念，它既是一幅完整的全车电路图，又是一幅互相联系的局部电路图。重点难点突出、繁简适当。

② 在此图上建立起电位高、低的概念：其负极"－"接地（俗称搭铁），电位最低，可用图中的最下面一条线表示；正极"＋"电位最高，用最上面的那条线表示。电流的方向基本都是由上而下，路径是：电源正极"＋"→开关→用电器→搭铁→电源负极"－"。

③ 减少了电路的曲折与交叉，布局合理，图面简洁、清晰，图形符号考虑到元器件的外形与内部结构，便于读者联想、分析，易读、易画。

④ 各局部电路（或称子系统）相互并联且关系清楚，发电机与蓄电池间、各个子系统之间的连接点尽量保持原位，熔断器、开关及仪表等的接法基本上与原图吻合。

（2）安装线束注意事项：

① 线束应用卡簧或绊钉固定，以免松动磨坏。

② 线束不可拉得过紧，尤其在拐弯处更要注意，在绕过锐角或穿过金属孔时应用橡皮或套管保护，否则容易磨坏线束而发生短路、搭铁，并有烧毁线束，酿成火灾的危险。

③ 连接电器时，应根据插接器的规格以及导线的颜色或接头处套管的颜色，分别接于电器上，若不易辨别导线的头尾时，一般可用试灯区分，最好不用刮火法。

2. 全车电路故障诊断方法

全车电路故障诊断的前提条件是要熟悉用电器和线路的分布位置以及控制原理、控制方式等；全车电路主要由电源部分、开关部分、导线部分和用电器部分组成，在进行故障诊断与排除时，我们采用以下几种方法。

（1）中间分离、分段的检查方法。

现代汽车普遍采用组合开关，将灯光、转向信号、电喇叭、刮水器等的操作同时集中于转向盘下面的组合开关操纵杆上，为驾驶员提供了极大的便利，但给维修带来了一定的难度。组合开关与所控制电路的连接一般采用塑料插接件的对接方法，为避免线路对接上的错误，采用不同形状、不同个数及不同花色的导线加以区别。

当遇到组合开关所控制的电系（前照灯、小灯、喇叭、雨刷、转向灯等）出现故障时，不要盲目拆卸组合开关。因为拆卸组合开关需要取下转向盘，转向盘的拆取是比较麻烦的。应首先将组合开关装饰护盖打开找到与其相关的线束，再将线束所连接的插接件找到，将插头与插座分离，用带电源的试灯或万用表找到插座电路中的火线，再用一根短导线将火线短接到有故障的电系线路中，查看不经开关直接搭火后电器工作是否正常。如果正常，证明故障发生在插接件以上的组合开关；如果短接搭火后有关电器仍不正常，则应检查插接件以下通往电器的这段电路及电器故障的部位，待这段电系恢复正常后再将插接件对接好。用组合开关操作有关电器是否正常，从而确定是否检查插接件上部的组合开关。

这种分段检查的方法，还可用于前、后桥插接件电系及其他使用插接件部位的电系故障的检查。以插接件为中心，上段与下段（插头与插座）各段电系分别检查，即可迅速查找到故障部位。

（2）从易到难的检查方法。

仪表及报警电系故障的检测，现代车辆尤其是轿车及微型车的仪表盘内空间极小。当仪表及报警灯（如机油压力、冷却液温度、燃油等）出现故障时，手很难伸到仪表盘里去。因此应先检查仪表及报警灯传感器上的导线是否接好，连接仪表及报警灯传感器导线的插线头及接线端子是否松动及脱落，然后将传感器上的连接导线拆下搭铁看仪表及报警灯是否有反应，以确定故障部位。这样做可避免盲目拆卸仪表盘，既节省了时间，少走了弯路，又使得工作有条不紊。

检查起动系故障时，应首先检查蓄电池（电源）电力是否充足，电源导线及线端是否有氧化断路现象，最后检查起动电路，确定是否拆卸起动机。

（3）不可忽视的熔断器。

使用不当往往会造成不良后果。有的车因熔断器（丝、管片）与底座接触不良，发热将底座烧坏。轿车及微型车一般使用塑料熔断丝盒，具有透明易观察的优点，但却因受热后易变形熔化给使用者带来极大的不便。变形后的塑料底座扭曲，缝隙窄狭，熔片无法插入或勉强插入又接触不良，造成电路故障连续不断地发生，只有更换底座才能彻底根除故障源。

进口车电系故障率较低，大多数的电器、电路故障常发生在熔断器的熔断及插接件的氧化、松动上，只要注意这两个因素，便可排除一般故障。

【思考题】

（1）根据总电路图电流走向画出电源系统、起动系统、点火系统电路拆画图。

（2）汽车电器系统由哪几部分组成？特点是什么？

第 27 章　汽车理论课程实验

实验 1　汽车总体参数的测定

【实验目的要求】

了解汽车的简要技术特性,为初步评价汽车的主要使用性能及性能试验提供依据。

【实验仪器设备】

皮卷尺、钢卷尺;角度尺;地磅;解放 CA1046L2 型汽车。

【实验内容与步骤】

1. 汽车尺寸参数的测定

将汽车停在水平路面上,用皮卷尺测量汽车的外形尺寸。

(1) 汽车外部长度(总长):可以直接测量通过汽车前后最边缘点的铅垂平面之间的距离来确定这个参数,总长可以在汽车任何载载荷状况下测量。

(2) 汽车外廓宽度(总宽):同总长的调定方法相似,应该测量通过汽车左右最边缘的点的铅垂平面之间的距离。在这种情况下,非标准的附加装备(反光镜、转向标等)不应该作为测量的基准。

(3) 汽车外廓高度(总高):这个参数应在汽车空载和满载状况下进行测量。

(4) 轴距:应用皮尺直接测量汽车左右两侧车轮中心之间的这个距离,转距应在两种载荷下测定:空载和满载。如果为三轴汽车则取前轴中心到中桥与后桥两轴中心线之间的水平距离。在测量轴距的同时还应测定汽车的前后悬。

(5) 轮距(前轮轮距、后轮轮距):用皮卷尺或钢卷尺测量沿前轴及后轴左右轮胎对称平面之间的距离,当后轮装有双胎时,取其内外车轮轮距算术平均值。

轮胎的对称平面是在轮胎的胎面上确定的,当车轮有外倾时,可以在左右车轮的胎面上离地面同一高度处涂以白粉或颜料,然后将汽车推动,在支承面上作出清晰的印迹,再进行测量。

(6) 车厢(货台)装载高度:这是支承边面到货台平面或车厢底板后缘的距离。

(7) 货厢的内部尺寸(长、宽、高)。

(8) 车轮静力半径:用钢卷尺(或高度卡尺)测量支承面到车轮中心的距离。

(9) 车轮滚动半径:在后轮前方的支承面上涂一道有色的颜料,然后使汽车以 $3\sim5\mathrm{km/h}$ 的速度直线向前行驶。轮胎面粘上颜料后便在支承面上以一定间隔连续留下印迹。测量印迹之间的距离,按下式确定车轮的滚动半径

$$r_{\mathrm{s}} = \frac{s}{2\pi}, \quad \mathrm{m}$$

式中 s 为前后两印迹之间的距离,m。或

$$r_{\mathrm{s}} = \frac{\sum s}{2\pi n}, \quad \mathrm{m}$$

式中，n 为在 $\sum s$ 的距离内，印迹间隔的数目。

2. 汽车重量参数的测定

（1）汽车自重：包括附件（工具和备胎等），并灌满燃料、油料和水，在驾驶室中无驾驶员和乘客。

（2）汽车总重：包括附件、灌满燃料、油料和水，装有额定载荷，驾驶室中乘有定员数目的乘客（包括驾驶员、每人按 75kg 计算。）

（3）汽车无载时前后轴荷重。

（4）汽车满载时前后轴荷重（三轴汽车的后轴荷重是中、后轴荷重的总和）。

实验测定时，依次将汽车的前轮及后轮放在地磅的平台上称重；然后将汽车调头，重复以上测量。最后称重值取正反测量时的算术平均值。

在称重时，汽车的制动器应全部放松，变速器挂空挡，发动机应停止工作。

3. 汽车重心位置的测定

（1）汽车重心离前、后轮中心线的距离：——将汽车在空载和满载状况下前、后轴载荷的秤重结果加以计算后确定，这时

$$a = \frac{G_2}{G_a} L, \quad \text{m}$$

$$b = \frac{G_1}{G_a} L, \quad \text{m}$$

式中，a 和 b 分别为汽车重心至前后轴中心的距离，m；

G_1 和 G_2 分别为汽车前、后轴的荷重，kg。

（2）汽车重心高度：将汽车的前轮（或后轮）抬起一定高度，后轮（或前轮）置于地磅的平台上，然后测定地磅的指示读数及汽车的倾角。将所得读数代入下式，即得重心高度。

$$h_g \cot\alpha \frac{\Delta G_2}{G_a} + r_r$$

式中，α 为汽车倾角，度（°）；

ΔG_2 为后轮荷重的增量，即汽车水平放置时后轮载荷同汽车倾斜时荷重的差值，kg；

r_r 为车轮半径，m。

在 2～3 种不同的倾角（8°、10°、12°）情况下，分别支起前、后轮测定重心高度，最后取其平均值。

在实验秤重时，汽车车轮不应作用有切向力，因此必须放松手制动器，变速器挂空挡。

【思考题】

汽车总体参数主要有哪些，测量中注意哪些问题？

实验 2　汽车动力性

【实验目的要求】

（1）通过本实验加深对汽车动力性评价指标的理解。

（2）掌握汽车的滑行阻力和加速时间的测定。

（3）熟悉用 CTM-4F 仪器的使用方法。

(4) 掌握实验数据的处理方法。

【实验仪器设备】

实验车——桑塔纳；CTM-4F 汽拖综合测试仪；OES-Ⅱ非接触速度传感器。

【实验方法与步骤】

1. 试验方法

(1) 滑行实验。

汽车滑行时的行驶方程式

$$F_f + F_w = \delta m \frac{du}{dt} - \frac{T_r}{r}$$

式中，F_f 为滚动阻力；$F_w = \dfrac{C_D A \bar{u}^2}{21.15}$ 为空气阻力；C_D 为空气阻力系数，对于本实验车 $C_D = 0.31$；A 为迎风面积，$A = 2.2\text{m}^2$；$\bar{u}$ 为滑行平均速度；δ 为旋转质量换算系数，$\delta = 1.05$；m 为整车总质量，$m = 1450\text{kg}$；$\dfrac{du}{dt}$ 为滑行减速度；T_r 为摩擦转矩，$T_r = 0.05 F_f r$；r 为车轮半径。

根据通过实验测得 $u\text{-}t$ 曲线，计算平均滑行减速度 $\dfrac{du}{dt}$（根据运动学公式）。最后通过计算得到汽车滚动阻力

$$F_f = \left(\delta m \frac{du}{dt} - \frac{C_D A \bar{u}^2}{21.15} \right) / 1.05$$

滚动阻力系数 $f = F_f / mg$。

(2) 连续挡加速实验。

根据汽车的整车行驶方程式

$$F_t = F_f + F_w + \delta m \frac{du}{dt}$$

汽车处于不同挡位时 F_t、δ 不同，因此汽车处于变加速行驶，通过实验测得 $u\text{-}t$ 曲线得到汽车的加速时间。

(3) 实验前，选择并布置好实验路段，以不短于加速行程的两倍为宜。在路段两端各竖两根标杆作为标志。

(4) 滑行实验时，汽车先以略高于预置车速行驶，在接近试验路段时摘挡滑行，试验人员发出实验信号，当汽车车速达到预置车速时，自动记录汽车在加速过程中的时间、行程和速度的关系。

以同样的方法在相反方向做第二次试验。

(5) 原地起步加速实验时，将车停于试验路段起点，试验人员发出信号，驾驶员迅速挂挡，并踩下加速踏板。当汽车车速达到预置车速时，自动记录汽车在加速过程中的时间、行程和速度的关系。

2. 实验步骤

(1) 滑行试验。

① 初始阶段：开机或按复位按钮，奏开始曲，显示 Good 字样。

② 选择工况：按滑行键，奏开始音乐。

③ 预置数据：按 B 键，最高位 LED 显示 b，然后按二位数字键，表示滑行速度由最低位二位显示滑行初始值。如果输入的数字有错，可重新按 B 键再输入正确的数字。例如需要从 15km/h 初始滑行，则先按 B 键，再按 1 和 5 两个数字键。

按 C 键，最高位 LED 显示 C，然后按两位数字键，表示采样速度间隔，由最低两位 LED 显示采样速度间隔值。如果输入数字有错，可重新按 C 键，再输入正确的数字。例如希望速度每变化 3km/h，得到一组相应的距离值，则先按 C 键，再按数字 0 和 3 两个数字键。顺便指出，本机最小采样速度间隔为 1km/h。

④ 准备实验：按执行键，奏完输入音乐，LED 显示汽车速度，当汽车实测速度等于预置初速时，仪器发出节奏蜂鸣声，表示测试条件已具备，可待实际车速略大于预置初速后，摘挡进行滑行。

⑤ 试验过程：按执行键，计算机对汽车速度进行监视，当汽车速度降低至预置初速时，测试过程开始。显示器显示即时速度值。最低位 LED 显示 U。如果测试过程中欲监视其他参数的变化情况，可用键盘改变显示内容。按 B 键，显示器显示距离值，单位为 m，最低位 LED 显示 D；按 C 键显示时间值，单位为秒，最低位 LED 显示 T；按 D 键显示滑行减速度，单位为 cm/s^2，最低位 LED 显示 A，次低位 LED 显示"－"说明为减速度；按 A 键从新显示速度值，单位为 km/h，最低位 LED 显示 U。

如果测试过程中出现故障，试验不能正常工作，可按停止键，中止测试后再按作废键转回步骤②，但步骤③可以省略，重新进行试验。

⑥ 打印阶段：当滑行结束，计算机自动对测试数据进行处理，并打印计算结果。

打印滑行速度-滑行距离，滑行速度-滑行时间的变化情况。按曲线键计算机自动打印 V-S 曲线和 V-t 曲线。

（2）汽车连续挡加速实验。准备工作：对于手动挡汽车，做连续挡加速实验时，先把脚踏板开关妥善地固定在离合踏板上，另一端接在插座上。

① 初始阶段：开机或按复位按钮，奏开始曲，显示 Good 字样。

② 选择工况：按加速键，奏开始音乐。

③ 预置数据：按 A 键，最高位 LED 显示 A，然后按二位数字键，表示加速末速度，由最低位二位显示加速末速值。如果输入的数字有错，可重新按 A 键再输入正确的数字。

按 B 键，最高位 LED 显示 B，然后按两位数字键，表示加速初速度。由最低位二位显示初速度值。如果输入的数字有错，可重新按 B 键，再输入正确的数字。

按 C 键，最高位 LED 显示 C，然后按二位数字键，表示采样速度间隔值，由最低两位显示采样速度间隔值。如果输入的数字有错，可重新按 C 键，再输入正确的数字。例如希望速度每变化 5km/h，得到一组相应的距离和时间值，则先按 C 键，再按数字 0 和 5 两个数字键。

④ 准备实验：按执行键，奏完输入音乐，LED 显示汽车速度，当汽车实测速度等于预置初速时，仪器发出节奏蜂鸣声，表示测试条件已具备，做加速准备。

⑤ 试验过程：按执行键，加速开始，计算机对汽车速度进行监视，测试过程开始。显示器显示即时速度值，最低位 LED 显示 U。如果测试过程中欲监视其他参数的变化情况，可用键盘改变显示内容。按 B 键，显示器显示距离值；按 C 键，显示时间值；按 D 键显示加速度值；按 A 键从新显示速度值。

如果测试过程中出现故障，试验不能正常工作，可按停止键，中止测试后再按作废键转回步骤②，但步骤③可以省略，重新进行试验。

⑥ 打印阶段：当计算机监测实际车速达到预置末速度时，计算机自动对测试数据进行处理，并打印计算结果。打印速度-加速距离，速度-加速时间的变化情况。按曲线键计算机自动打印 V-S 曲线和 V-t 曲线。

【思考题】

（1）汽车加速行驶时，行驶阻力有哪些？

（2）手动挡和自动挡汽车在加速性能上有何不同？

实验 3　汽车燃油经济性

【实验目的要求】

测定汽车在不同工况下的燃油消耗量，评定汽车的燃料经济性，并通过该试验，使学生了解测定燃油消耗量所需要的仪器设备，基本掌握汽车燃油消耗量的测定方法。

【实验仪器设备】

CTM-2002 汽车拖拉机综合测试仪一套；汽油发动机汽车（中、小排量）一台或柴油发动机汽车（中、小排量）一台；卷尺；秒表；标杆；综合气象观测仪。

【实验方法步骤】

本实验是测定在某一道路条件下，汽车单位行程的燃料消耗随速度而变化的关系曲线。选定 500m 作为测量路段，两端应有足够的助跑路段，并可迅速方便地使汽车调头。

实验时，汽车变速器挂上直接挡以稍高于最低稳定车速的速度，CA1091 型汽车用 1km/h 的速度驶向测量路段起点前 20～30m 接通流量计，在测量路段起点和终点开启和关闭燃油流量计，同时测定汽车通过测量路段的时间。

同一速度往返各进行一次实验，并取测量结果的平均值，在可能达到的速度范围内，选取的速度点不少于 6 个，从低速开始每次提高行驶速度 5～10km/h 重复上述实验。

在整个实验过程中，发动机出水温度应保持在 80～85℃ 范围内；汽车的行驶速度在距测量路段 100m 以外即应达到规定值并保持稳定。

在实验现场按每次试验的燃油流量计读数和通过测量路段的时间，绘制监督曲线（每测完一点，记录一点），根据监督曲线，重新测定异常的点。

1. 等速油耗（汽油发动机汽车）

（1）将油耗传感器连接到发动机的油路中，测速传感器固定在车辆前门外侧，车辆加足够测试用的燃油。

（2）根据实验目的正确设置测试参数，按"开始"键进入主测试菜单。

（3）在主测试菜单，按"↑"，"↓"光标键选择"等速油耗"，按"开始"键进入该测试项目。

（4）此时屏幕右侧显示即时车速和加速度，右下侧图形区显示即时速度曲线，左下侧文本区显示"No.o"，表示 0 次测试。

（5）当实测速度等于"测试初速"时，仪器发出"嘀"的一声报警声，表示测试条件已具备，可待实测车速稳定在"测试初速"后，按"开始"键开始进行测试。

（6）此时屏幕左上侧开始显示"加速距离"和"加速时间"。

（7）车辆以 20km/h（当最低稳定车速高于 20km/h 时，从 30km/h 开始）的速度开始，以间隔整数倍的预选车速，通过规定的路段。

（8）系统自动对行驶距离进行监控，当行驶距离达到"测试距离"时，测试过程自动结束，屏幕左下侧文本区显示测试结果，测试结果依次为："加速距离 S"、"加速时间 T"、"平均加速度 a"、"百公里油耗 1/100km"、"小时油耗量 1/h"。

（9）按"↑"键可以循环查看测试过程的 $V\text{-}T$ 和 $V\text{-}S$ 曲线，当一条曲线在一屏中显示不开时，可以按"→"键循环查看曲线的其余部分。

（10）按"F1"键可以将测试结果打印出来，再次按"F1"键可以将 $V\text{-}T$ 和 $V\text{-}S$ 曲线打印出来；按"F2"键可以将测试结果由 RS-232 标准串口发送出去。

（11）按"结束"键，则可以开始新一次测试，再次按"结束"键，则返回主测试菜单。

2. "百公里油耗"和"六工况油耗"的测试步骤基本相同

3. 实验结果处理

燃料消耗量的计算式为

$$Q = K\,\frac{100}{L}, \quad \text{L/100km}$$

式中，Q 为在测量路段内的燃料消耗量，mL；

　　L 为测量路段长度，m；

　　K 为流量计校正系数。

计算速度公式为

$$u_\mathrm{a} = \frac{3.6L}{t}$$

式中，L 为测量路段长度，m；

　　t 为汽车通过测量路段时间，s。

根据测量结果绘出汽车等速行驶燃料经济特性曲线。

【思考题】

汽车燃油消耗率的测定方法有哪些？

实验 4　汽车安全性

【实验目的要求】

（1）通过本实验掌握汽车制动性的评价指标。

（2）掌握汽车的制动距离和制动减速度的测定。

（3）熟悉用 CTM-4F 仪器的使用方法。

（4）掌握实验数据的处理方法。

【实验仪器设备】

实验车一辆；CTM-4F 汽拖综合测试仪；OES-Ⅱ非接触速度传感器。

【实验方法步骤】

1. 原理与方法

（1）汽车的制动距离是指驾驶员从操纵制动踏板开始到汽车完全停止为止所驶过的

距离。

（2）汽车制动性实验主要测试汽车制动距离、制动减速度、制动时间。

（3）制动加速度 $a_b = u_0/t$，u_0 为制动初速度，t 为制动时间。

（4）制动过程主要包括制动器起作用阶段 τ_1 和持续制动阶段 τ_2，制动减速度、制动时间的关系如图 27-1 所示。

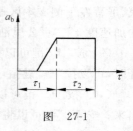

图　27-1

（5）本试验要求汽车在选定的道路上以一定的初速度（15km/h）开始紧急制动（使车轮"抱死"）。

（6）汽车以略高于预置车速接近试验路段，试验人员发出信号，驾驶员踩下制动踏板。当汽车车速达到预置车速时，自动记录汽车在加速过程中的时间、行程和速度的关系。

（7）使汽车朝相反方向稳定行驶，重复上述实验。

（8）在整个实验过程中，学生必须注意扶紧坐椅，以免跌伤或碰坏仪器。实验时，应精神集中，操纵仪器要准确无误。

2. 实验步骤

准备工作：先把脚踏板开关，妥善地固定在制动踏板上，另一端接在制动插座上。

（1）初始阶段：开机或按复位按钮，显示 Good 字样。

（2）选择工况。

（3）预置数据：按 B 键，最高位 LED 显示 b，然后按二位数字键，表示制动速度，由最低位二位显示制动初速值。如果输入的数字有错，可重新按 B 键再输入正确的数字。例如从 20km/h 制动，则先按 B 键，再按 2 和 0 两个数字键。

按 C 键，最高位 LED 显示 C，然后按二位数字键，表示采样时间间隔值。如果输入的数字有错，可重新按 C 键，再输入正确的数字。例如希望速度每变化 5km/h，得到一组相应的距离和时间值，则先按 C 键，再按 0 和 5 两个数字键。

（4）准备实验：按执行键，LED 显示汽车速度，当汽车实测速度等于预置初速时，仪器发出节奏蜂鸣声，表示测试条件已具备，可待实际车速略大于预置初速后，做制动准备。

（5）试验过程：按执行键，表示制动准备就绪，司机监测车速等于预置车速时，迅速踩制动踏板，测试过程自动开始，显示器显示即时速度值，最低位 LED 显示 U。如果测试过程中欲监视其他参数的变化情况，可用键盘改变显示内容。按 B 键，显示器显示距离值，按 C 键显示时间值；按 D 键显示减速度值；按 A 键重新显示速度值。如果测试过程中出现故障，试验不能正常工作，可按停止键，中止测试后再按作废键转回步骤（2），但步骤（3）可以省略，重新进行试验。

（6）打印阶段：当制动结束，计算机自动对测试数据进行处理，并打印计算结果。打印制动速度-制动距离、制动速度-制动时间的变化情况。按曲线键计算机自动打印 V-S 曲线和 V-t 曲线。

【思考题】

（1）影响汽车制动距离的因素有哪些？

（2）产生制动侧滑的原因有哪些？

第 28 章　汽车检测与诊断技术课程实验

实验 1　发动机功率检测

【实验目的要求】

（1）了解发动机测功原理和动态测功方法。

（2）熟悉发动机试验台架及控制系统。

（3）掌握发动机在试验台架上稳态测量功率的方法。

（4）评定发动机在部分负荷下的动力性、经济性。

【实验仪器设备】

发动机测控系统；测功机；柴油发动机；柴油。

【实验方法步骤】

1. 实验内容

起动柴油发动机，保持油门开度 20％的状况下，改变速度，在不同的速度情况下测量柴油发动机的转速 n、转矩 M_e、燃油消耗量、排气温度。计算功率

$$P_e = 2\pi \times M_e \times n/(60 \times 100)$$

2. 实验步骤

（1）测试前准备工作

① 起动系统电源（控制器、测控系统、计算机等）。

② 打开测功机冷却水泵进水闸门，启动冷却水供水泵和排水泵（注意观察小水箱水位、排水是否正常）。

③ 检查发动机冷却水箱、机油液面是否正常。

④ 检查燃油供给系统并打开燃油开关。

⑤ 检查发动机起动电源，并将旋钮设置在起动位置。

⑥ 起动发动机（按起动按钮，按动时间 3～10s），观察发动机怠速运转的状态。

（2）控制程序准备

① 打开计算机进入实时测控状态。

② 按要求进行试验登录，并相应填入其他项目。

③ 程序设计。

④ 将程序存盘等待。

油门开度设定在 50％，在发动机工作转速范围内，逐步降低转速到 800r/min 以下；

选择控制模式：N/P；

转速从 800r/min 开始到 2200r/min，以 200r/min 为间隔取 8 个测量点；

过渡间隔：无；

过渡时间：5s；

运转时间：30s；

机油压力：100kPa；

回到怠速状态。

（3）测量过程

① 观察发动机怠速运转 3min 以上；

② 启动程序控制，单击"运行"按钮，测功机测控系统进行程序控制状态、测试过程（记录）；

③ 程序结束回到怠速状态（若发生保护报警则退出程控）。

（4）数据处理

进入数据库文件，打印数据报表。

【思考题】

发动机测功原理是什么？

实验 2　发动机综合分析仪的应用

【实验目的要求】

（1）掌握发动机点火系统点火波形的观测方法，进行点火系统技术性能判断和故障分析。

（2）掌握电控发动机故障码读取和数据流检测方法。

（3）掌握发动机氧传感器检测、电瓶检测、启动检测方法。

（4）熟悉发动机综合分析仪结构和使用方法。

【实验仪器设备】

发动机分析仪；电控发动机或实验用车一台。

【实验方法步骤】

1. 实验内容

本实验为综合性实验，具体内容如下：

（1）发动机点火系统点火电压波形的观测。

（2）读取设定的发动机故障码和数据流。

（3）进行氧传感器、电瓶和启动检测的分析。

2. 实验步骤

（1）测试前的准备工作。

① 起动并预热发动机至正常工作温度、熄火。

② 移动发动机分析仪至适当位置。接通仪器电源，预热至规定时间。

（2）打开仪器并正确设定发动机参数。

（3）观测点火系统点火电压波形。

① 将 F2 容性传感器和 F3 感性传感器连接到发动机中央高压线和各分缸高压线上；

② 将转速传感器连接到中央高压线上；

③ 观测并记录多缸平列二次电压波形，测定点火电压并判定各缸点火电压峰值的一致性；

④ 观测并记录多缸并列二次电压波形，测定闭合角和重叠角；

⑤ 观测并记录 1 缸二次电压波形,掌握波形的特点和波形的含义,通过故障反应区进行点火系统故障的判断。

(4) 将发动机分析仪与发动机 ECU 相连,读取设定的发动机故障码和数据流。

(5) 利用发动机分析仪进行发动机氧传感器、电瓶、启动的检测分析(通过仪器帮助 F1 提示键进行)。

(6) 检测结束,按 Esc 键退出,关闭发动机和分析仪。

3. 实验注意事项

(1) 分析仪传感器与发动机连接应可靠,并尽可能远离发动机外部运转部件和灼热部位。

(2) 分析仪操作应严格按照使用说明书的要求进行,在检测准备未完成之前,不得起动发动机。

【思考题】

发动机综合分析仪使用过程中应注意哪些问题?

实验 3　车轮定位检测

【实验目的要求】

(1) 掌握汽车车轮定位检测方法和车轮定位仪使用方法。

(2) 熟悉车轮定位值的影响因素和调整方法。

(3) 了解车轮定位仪结构和检测原理。

【实验仪器设备】

车轮定位仪;实验用汽车一台。

【车轮定位仪结构与检测原理】

1. 车轮定位仪结构

车轮定位仪有气泡水准式、光学式、电子式和电脑式等多种,电脑式车轮定位仪由于采用微电脑技术和精密的传感测量技术,并备有完整齐全的配套附件,所以具有测量准确和操作简便等优点,它一般由电脑主机、彩色显示器、操作键盘、传感器、转盘、自中式支架、升降台等组成。

2. 检测原理

汽车车轮定位包括车轮外倾、车轮前束、主销后倾和主销内倾,是转向系统技术状况的重要诊断参数。车轮定位正确与否,将直接影响汽车的操纵稳定性、安全性、燃油经济性、轮胎等有关机件的使用寿命及驾驶员的劳动强度,汽车车轮定位检测分为静态检测法和动态检测法两种,静态检测法是在汽车停止的状态下,使用车轮定位仪对车轮定位值进行测量,它是由安装在车轮上的传感器把车轮定位角的几何关系转变成电信号,送入微机分析和判断来进行测量的。

本实验是通过静态检测法测量车轮定位值。

【实验方法与步骤】

1. 实验内容

进行车轮定位中车轮外倾角、车轮前束值、主销后倾角、主销内倾角的测量。

2. 实验步骤

（1）测量前的准备。

① 仪器准备：线路连接，开启仪器，传感器校准。

② 车辆准备：将汽车开到升降台上，使前轮正好位于转盘（此时转盘应用锁紧销锁紧）中心。

（2）安装车轮传感器并连接导线。

（3）选择汽车制造厂及车型，进入检测程序。

（4）轮毂偏摆补偿。

（5）安装制动踏板制动器，拔下转盘锁紧销。

（6）转动车轮，按显示器上菜单提示进行车轮定位值的测量。

（7）按菜单提示进行车轮定位值的调整。

【思考题】

车轮定位仪的工作原理、使用方法及步骤。

实验 4　汽车安全性能检测

【实验目的要求】

（1）掌握汽车侧滑量检测方法和诊断标准，了解汽车侧滑试验台结构和检测原理，了解产生侧滑的原因及调整方法。

（2）掌握汽车制动性能检测方法和诊断标准，熟悉汽车制动试验台结构和检测原理，分析汽车制动性能下降的原因。

（3）掌握汽车车速表指示误差检测方法和检测标准，熟悉汽车车速表试验台结构和检测原理，了解车速表误差形成的原因。

（4）掌握汽车前照灯检测方法和有关标准，汽车前照灯检测仪结构和检测原理。

【实验仪器设备】

（1）侧滑试验台，制动试验台，车速表试验台，前照灯检测仪。

（2）实验用汽油车一台。

【试验台结构与检测原理】

1. 侧滑试验台结构及检测原理

（1）侧滑试验台结构：双板式侧滑试验台由测量装置、指示装置和报警装置等组成。

① 测量装置。测量装置由框架、左右两块滑板、杠杆机构、回位装置、滚轮装置、导向装置、锁止装置、位移传感器及信号传递装置等组成。当汽车车轮前束值与车轮外倾角不准确、配合不适当时，车轮驶过滑板造成的侧向力会使两滑板在左、右方向上形成大小相等、方向相反的位移。测量装置把滑板的位移量通过位移传感器变成电信号，经过放大、处理再传输给指示装置。

② 指示装置。指示装置能把测量装置传递来的滑板侧滑量进行显示，当滑板宽度为 1000mm、滑板侧滑 1mm 时，指示装置标定为 1 刻度，代表汽车每行驶 1km 侧滑 1m，并根据指针偏向 IN 还是 OUT 或数值的正负，确定出侧滑方向。

③ 报警装置。车轮侧滑量检测时，当检测值超过标准范围时，报警装置报警，表示检测

结果不合格。

（2）侧滑试验台检测原理：当汽车车轮前束值与车轮外倾角配合适当时，车轮向前做纯滚动而无横向的滑动；当汽车车轮前束值与车轮外倾角不准确、配合不适当时，车轮会有横向滑动。汽车驶过试验台侧滑板，车轮的横向滑动会对滑板造成侧向力，侧滑试验台就是利用滑板在侧向力作用下能够横向滑动的原理来测量车轮侧滑量的。检测中，若车轮前束过大或车轮外倾过小，滑板向外移动；反之，滑板向内移动。

2. 制动试验台结构与检测原理

（1）制动试验台结构：反力式滚筒制动试验台由框架、驱动装置、滚筒装置、测量装置和指示与控制装置等组成。

① 驱动装置由电动机、减速器和传动链条等组成。电动机的转动通过减速器传递给主动滚筒，主动滚筒又通过链传动把动力传递给从动滚筒。减速器壳体处于浮动状态，车轮制动时，该壳体能绕轴摆动，把制动力矩传给压力传感器。

② 滚筒装置由四个滚筒组成，左右各一对独立设置，滚筒相当于一个活动路面，被测车轮置于两滚筒之间，用来支承被检车轮并在制动时承受和传递制动力。第三滚筒上有速度传感器，当车轮抱死时，发出信号停止滚筒转动，避免磨损轮胎。

③ 测量装置主要由压力传感器等组成，传感器能把压力变成反映制动力大小的电信号，送入指示与控制装置。

④ 指示与控制装置主要是完成检测控制和制动力数值显示。

（2）检测原理：将被检车辆左、右车轮置于每对滚筒之间，用电动机通过减速器、传动链使主、从动滚筒带动车轮旋转，用力踩下制动踏板，车轮给滚筒一个与其转动方向相反的摩擦作用力矩，该力矩大小与滚筒对车轮的制动力矩相等，并驱动浮动的减速器壳体偏转，通过压力传感器转换成反映制动力大小的电信号，由计算机采集、处理后，指示装置显示制动力检测数值。

3. 车速表试验台结构与检测原理

（1）车速表试验台结构：车速表试验台由速度测量装置、速度指示装置和速度报警装置等组成。

① 速度测量装置。速度测量装置主要由框架、滚筒、转速传感器和举升器等组成。滚筒一般为 4 个，安装在框架上。在前、后滚筒之间设有举升器，以便汽车进出试验台。转速传感器安装在滚筒的一端，将对应于滚筒转速发出的电信号送至速度指示装置。

② 速度指示装置。速度指示装置根据转速传感器发出的信号，把以滚筒圆周长与滚筒转速算出的线速度，以 km/h 为单位在速度指示仪表上显示车速。

③ 速度报警装置。速度报警装置是为在测量时，便于判明车速表误差是否合格而设置的。

（2）检测原理：车速表指示误差检测是以车速表试验台滚筒作为连续移动的路面，把被测车轮置于滚筒上旋转，模拟汽车在道路上行驶状态。测量时，车轮驱动滚筒旋转，滚筒端部装有转速传感器。滚筒的转速与车速成正比，转速传感器发出的电压随滚筒的转速而变化。因此，实际车速，可由车速表试验台测出。同时，汽车驾驶室内的车速表也将显示车速值，将两者相比较，即可得出车速表的指示误差。

4. 自动追踪光轴式前照灯检验仪结构和检测原理

(1) 检测仪结构：该检测仪是采用使受光器自动追踪光轴的方法来检测发光强度和光轴偏斜量的，检测时，检测仪距前照灯有 3m 的检测距离。这种检测仪在受光器的面板上装有聚光透镜，聚光透镜的上下和左右装有四个光电池，受光器的内部也装有四个光电池，形成主、副受光器。另外，还有由两组光电池电流差所控制的能使受光器沿垂直和水平方向移动的驱动和传动装置。

(2) 检测原理：检测时，要使前照灯的光束照射到检测仪的受光器上。此时，若前照灯光束照射方向偏斜，则主、副受光器上下或左右光电池的受光量不等，它们分别产生的电流便失去平衡。由其电流的差值控制受光器上下移动的电动机运转，或使控制箱左右移动的电动机运转，并通过钢丝绳牵动受光器上下移动或驱动控制箱在轨道上左右移动，直至受光器上下、左右光电池受光量相等为止。在追踪光轴时，受光器的位移方向和位移量由光轴偏斜指示计指示，此值即前照灯光束的偏斜方向和偏斜量，发光强度由光度计指示。

【实验方法与步骤】

1. 实验内容

利用双滑板式侧滑试验台检测汽车侧滑量，利用反力式滚筒制动试验台检测汽车制动力，利用标准型车速表试验台检测车速表误差，利用自动追踪光轴式前照灯检验仪检测前照灯发光强度和光轴偏斜量。

2. 实验步骤

检测前准备工作：

① 轮胎气压应符合汽车制造厂规定，轮胎上粘有油污、泥土、水或石子时，应清理干净。

② 打开试验台电源开关，仪器自检、预热、调零。

③ 清洁试验台上面及其周围的污物。

④ 打开试验台锁止装置，检查各机构工作情况是否正常。

2. 检测方法

(1) 侧滑检测：汽车以 3～5km/h 的速度垂直滑板驶过侧滑试验台；当被测车轮完全通过滑板后，从指示装置上观察侧滑方向，读取最大侧滑量；检测结束后，切断电源并锁止滑板。

(2) 制动检测：汽车垂直驶入制动试验台，先前轴、再后轴，使车轮处于两滚筒之间，并测定轴荷；汽车停稳后，变速器置于空挡，行车和驻车制动器处于完全放松状态，把脚踏开关套在制动踏板上(测制动协调时间)；起动电动机，使滚筒带动车轮转动，先测出车轮阻滞力；用力踩下制动踏板，检测车轮制动力，如车轮抱死，第三滚筒发出信号后试验台滚筒自动停转；驶出已测车轴，驶入下一车轴，按上述方法检测轴荷和制动力；当与驻车制动器相关的车轴在制动试验台上时，检测完行车制动性能后应重新起动电动机，在行车制动器完全放松的情况下，用力拉紧驻车制动杆，检测驻车制动性能；所有车轴的行车制动性能及驻车制动性能检测完毕后，汽车驶出制动试验台；读取并打印检测结果，切断制动试验台电源。

(3) 车速表示值误差检测：接通试验台电源；升起滚筒间的举升器；将被检车辆开上试验台，使驱动轮尽可能与滚筒成垂直状态停放在试验台上；降下举升器，至轮胎与举升器托板完全脱离为止；用挡块抵住位于试验台滚筒之外的一对车轮，防止汽车在测试时滑出试验台；起动汽车，踩下加速踏板，使驱动轮带动滚筒平稳地加速运转；当汽车车速表的指示值达到规定检测车速(40km/h)时，读取试验台显示的实际车速值；测试结束，轻轻踩下汽车制动踏板，使滚筒停止转动；升起举升器，去掉挡块，汽车驶离试验台；切断试验台电源。

（4）灯光检测：将被检汽车尽可能与前照灯检测仪的轨道保持垂直方向驶近检测仪，使前照灯与检测仪受光器相距 3m；用汽车摆正找准器使检测仪与被检汽车对正；开亮前照灯，接通检测仪电源，用控制器上的上下、左右控制开关移动检测仪的位置，使前照灯光束照射到受光器上；按下控制器上的测量开关，受光器随即追踪前照灯光轴，根据光轴偏斜指示计和光度计的指示值，即可得出光轴偏斜量和发光强度值；检测完一只前照灯后用同样的方法检测另一只前照灯；检测结束，前照灯检测仪沿轨道退回护栏内，汽车驶出。

3. 注意事项

（1）不能让超过试验台允许载荷的车辆通过试验台。

（2）侧滑检测时，车辆不能在侧滑试验台上转向或制动。

（3）制动检测时，注意被检测车轮要垂直停放于试验台滚筒之间。

（4）车速表示值误差检测时，要注意安装车轮挡块。

（5）灯光检测时，注意车辆大灯要垂直于大灯仪受光器。

【思考题】

说明以上四种安全性能检测的方法与原理。

第五篇　创新性实验

第29章 机 械 类

实验1 基于机构组成原理的拼接设计

专题：自拟

【实验目的】

（1）加深学生对机构组成原理的认识，进一步了解机构组成及其运动特性。

（2）培养学生的工程实践动手能力。

（3）培养学生创新意识及综合设计的能力。

【设备和工具】

（1）创新组合模型一套，包括：

① 五种平面低副Ⅱ级组，四种平面低副Ⅱ级组，各杆长可在 80～340mm 内无级调整，其他各种常见的杆组可根据需要自由装配。

② 两种单构件高副杆组。

③ 8 种轮廓的凸轮构件，其从动件可实现 8 种运动规律：

等加速等减速运动规律上升 200mm，余弦规律回程，推程运动角 180°，远休止角 30°，近休止角 30°，回程运动角 120°，凸轮标号为 1；

等加速等减速运动规律上升 20mm，余弦规律回程，推程运动角 180°，远休止角 30°，回程运动角 150°，凸轮标号为 2；

等加速等减速运动规律上升 20mm，余弦规律回程，推程运动角 180°，回程运动角 150°，近休止角 30°，凸轮标号为 3；

等加速等减速运动规律上升 20mm，余弦规律回程，推程运动角 180°，回程运动角 180°，凸轮标号为 4；

等加速等减速运动规律上升 35mm，余弦规律回程，推程运动角 180°，远休止角 30°，近休止角 30°，回程运动角 120°，凸轮标号为 5；

等加速等减速运动规律上升 35mm，余弦规律回程，推程运动角 180°，远休止角 30°，回程运动角 150°，凸轮标号为 6；

等加速等减速运动规律上升 35mm，余弦规律回程，推程运动角 180°，回程运动角 150°，近休止角 30°，凸轮标号为 7；

等加速等减速运动规律上升 35mm，余弦规律回程，推程运动角 180°，回程运动角 180°，凸轮标号为 8。

④ 模数相等齿数不同的 7 种直齿圆柱齿轮，其齿数分别为 17、25、34、43、51、59、68，可提供 21 种传动比；与齿轮模数相等的齿条一个。

⑤ 旋转式电机一台,其转速为 10r/min。

⑥ 直线式电机一台,其速度为 10m/s。

(2) 平口起子和活动扳手各一把。

【实验前的准备工作】

(1) 要求预习实验,掌握实验原理,初步了解机构创新模型。

(2) 选择设计题目,初步拟定机构系统运动方案。

【实验原理】

1. 杆组的概念

由于平面机构具有确定运动的条件是机构的原动件数目与机构的自由度数相等,因此机构由机架、原动件和自由度为零的从动件系统通过运动副连接而成。将从动件系统拆成若干个不可再分的自由度为零的运动链,称为基本杆组,简称杆组。根据杆组的定义,组成平面机构杆组的条件是

$$F = 3n - 2P_L - P_H = 0$$

其中构件数 n,高副数 P_H 和低副数 P_L 都必须是整数。由此可以获得各种类型的杆组。当 $n=1, P_L=1, P_H=1$ 时即可获得单构件高副杆组,常见的有如图 29-1 所示的几种。

图 29-1 单构件高副杆组

当 $P_H = 0$ 时,称为低副杆组,即

$$F = 3n - 2P_L = 0$$

因此满足上式的构件数和运动副数的组合为:$n=2,4,6\cdots$,$P_L=3,6,9\cdots$。最简单的杆组为 $n=2, P_L=3$,称为 Ⅱ 级杆组,由于杆组中转动副和移动副的配置不同,Ⅱ 级杆组共有如图 29-2 所示的五种形式。

$n=4, P_L=6$ 的杆组形式很多,机构创新模型已有图 29-3 所示的几种常见的 Ⅲ 级杆组。

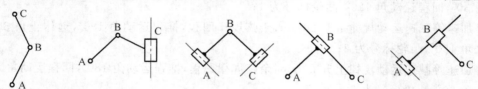

图 29-2 平面低副 Ⅱ 级杆组

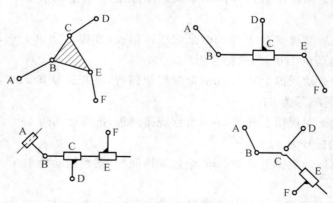

图 29-3 平面低副 Ⅲ 级杆组

2. 机构的组成原理

根据综上所述,可将机构的组成原理概述为:任何平面机构均可以用零自由度的杆组依次连接到原动件和机架上的方法来组成,这是本实验的基本原理。

【**实验方法与步骤**】

1. 正确拆分杆组

从机构中拆出杆组有三个步骤:

(1) 去掉机构中的局部自由度和虚约束。

(2) 计算机构的自由度,确定原动件。

(3) 从远离原动件的一端开始分杆组,每次拆分时,要求先试着拆分Ⅱ级组,没有Ⅱ级组时,再拆分Ⅲ级组等高一级组,最后剩下原动件和机架。

拆组是否正确的判定方法是:拆去一个杆组或一系列杆组后,剩余的必须为一个完整的机构或若干个与机架相连的原动件,不能有不成组的零散构件或运动副存在,全部杆组拆完后,只应当剩下与机架相连的原动件。

如图 29-4 所示机构,可先除去 K 处的局部自由度;然后,按步骤(2)计算机构的自由度:$F=1$,并确定凸轮为原动件;最后根据步骤(3)的要领,先拆分出由构件 4 和 5 组成的Ⅱ级组,再拆分出由构件 6 和 7 及构件 3 和 2 组成的两个Ⅱ级组及由构件 8 组成的单构件高副杆组,最后剩下原动件 1 和机架 9。

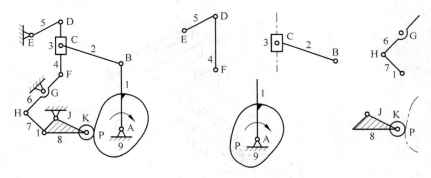

图 29-4 例图

2. 正确拼装杆组

将机构创新模型中的杆组,根据给定的运动学尺寸,在平板上试拼机构。拼接时,首先要分层,一方面是为了使各构件的运动在相互平行的平面内进行,另一方面是为了避免各构件间的运动发生干涉,因此,这一点是至关重要的。

试拼之后,从最里层装起,依次将各杆组连接到机架上。杆组内各构件之间的连接已由机构创新模型提供,而杆组之间的连接可参见下述的方法。

(1) 移动副的连接:图 29-5 表示构件 1 与构件 2 用移动副相连的方法。

(2) 转动副的连接:图 29-6 表示构件 1 与带有转动副的构件 2 的连接方法。

(3) 齿条与构件以转动副的形式相连接方法:图 29-7 表示齿条与构件以转动副的形式相连接方法。

(4) 齿条与其他部分的固连:图 29-8 表示齿条与其他部分固连的方法。

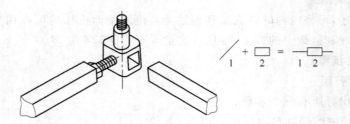

图 29-5　移动副的连接

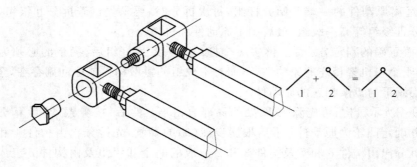

图 29-6　转动副的连接

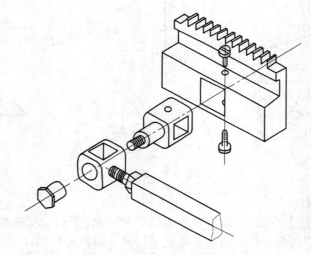

图 29-7　齿条与构件以转动副相连

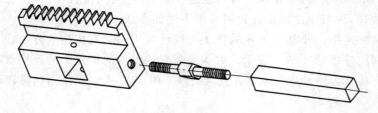

图 29-8　齿条与其他部分固连

（5）构件以转动副的形式与机架相连：图 29-9 表示连杆作为原动件与机架以转动副形式相连的方法。用同样的方法可以将凸轮或齿轮作为原动件与机架的主动轴相连。如果连杆或齿轮不是作为原动件与机架以转动副形式相连,则将主动轴换作螺栓即可。注意：为确保机构中各构件的运动都必须在相互平行的平面内进行,可以选择适当长度的主动轴、螺栓及垫柱,如果不进行调整,机构的运动就可能不顺畅。

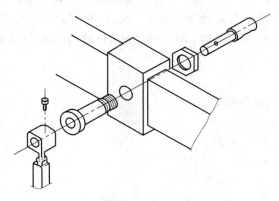

图 29-9　构件与机架以转动副相连

（6）构件以移动副的形式与机架相连：图 29-10 表示移动副作为原动件与机架的连接方法。

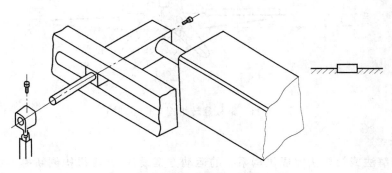

图 29-10　构件与机架以移动副相连

3. 实现确定运动

试用手动的方式驱动原动件,观察各部分的运动都畅通无阻之后,再与电机相连,检查无误后,方可接通电源。

4. 分析机构的运动学及动力学特性

通过观察机构系统的运动,对机构系统的运动学及动力学特性作出定性的分析。一般包括如下几个方面：

（1）平面机构中是否存在曲柄。

（2）输出件是否具有急回特性。

（3）机构的运动是否连续。

（4）最小传动角（或最大压力角）是否在非工作行程中。

（5）机械运动过程中是否具有刚性冲击和柔性冲击。

【实验内容】

任选一题,进行一个机构系统运动方案的设计。

1. 钢板翻转机

设计题目:该机具有将钢板翻转 180° 的功能,如图 29-11 所示。钢板翻转机的工作过程如下:当钢板 T 由辊道送至左翻板 W_1 后,W_1 开始顺时针转动。转至铅垂位置偏左 10° 左右时,与逆时针方向转动的右翻板 W_2 会合。接着,W_1 与 W_2 一同转至铅垂位置偏右 10° 左右,W_1 折回到水平位置,与此同时,W_2 顺时针方向转动到水平位置,从而完成钢板翻转任务。

已知条件:

(1)原动件由旋转式电机驱动。

(2)每分钟翻钢板 10 次。

(3)其他尺寸如图 29-11 所示。

(4)许用传动角 $\gamma = 50°$。

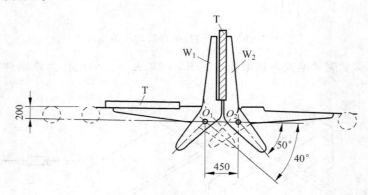

图 29-11　钢板翻转机构工作原理图

设计任务:

(1)用图解法或解析法完成机构系统的运动方案设计,并用机构创新模型加以实现。

(2)绘制出机构系统运动简图,并对所设计的机构系统进行简要的说明。

2. 设计平台印刷机主传动机构

平台印刷机的工作原理是复印原理,即将铅版上凸出的痕迹借助于油墨压印到纸张上。平台印刷机一般由输纸、着墨(即将油墨均匀涂抹在嵌于版台的铅版上)、压印、收纸四部分组成,如图 29-12 所示。平台印刷机的压印动作是在卷有纸张的滚筒与嵌有铅版的版台之间进行,整部机器中各机构的运动均由同一电机驱动,运动由电机经过减速装置 I 后分成两路,一路经传动机构 I 带动版台作往复直线运动,另一路经传动机构 II 带动滚筒作回转运动。当版台与滚筒接触时,在纸上压印出字迹或图形。

版台工作行程中有三个区段(如图 29-13 所示)。在第一区中,送纸、着墨机构相继完成输纸、着墨作业;在第二区段,滚筒和版台完成压印动作;在第三区段中,收纸机构进行收纸作业。

本题目所要设计的主传动机构就是指版台的传动机构 I 和滚筒的传动机构 II。

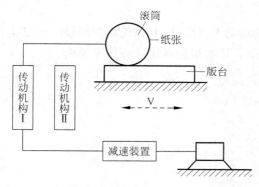

图 29-12 平台印刷机工作原理

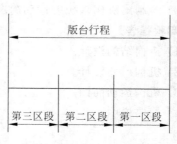

图 29-13 版台工作行程三区段

已知条件：

(1) 印刷生产率 180 张/小时；

(2) 版台行程长度 500mm；

(3) 压印区段长度 300mm；

(4) 滚筒直径 116mm；

(5) 电机转速 6r/min。

设计任务：

(1) 设计能实现平台印刷机的主运动：版台往复直线运动，滚筒作连续或间歇转动的机构运动方案，要求在压印过程中，滚筒与版台之间无相对滑动，即在压印区段，滚筒表面点的线速度相等。为保证整个印刷幅面上印痕浓淡一致，要求版台在压印区内的速度变化限制在一定的范围内（应尽可能小），并用机构创新模型加以实现。

(2) 绘制出机构系统的运动简图，并对所设计的机构系统进行简要的说明。

3. 设计玻璃窗的开闭机构

已知条件：

(1) 窗框开闭的相对角度为 90°；

(2) 操作构件必须是单一构件，要求操作省力；

(3) 在开启位置时，人在室内能擦洗玻璃的正反两面；

(4) 在关闭位置时，机构在室内的构件必须尽量靠近窗槛；

(5) 机构应支承起整个窗户的重量。

设计任务：

(1) 用图解法或解析法完成机构的运动方案设计，并用机构创新模型加以实现；

(2) 绘制出机构系统的运动简图，并对所设计的机构系统进行简要的说明。

4. 设计坐躺两用摇动椅

已知条件：

(1) 坐躺角度为 90°～150°；

(2) 摇动角度为 25°；

(3) 操作动力源为手动与重力；

(4) 安全舒适。

设计任务：

（1）用图解法或解析法完成机构系统的运动方案设计，并用机构创新模型加以实现；

（2）绘制出机构系统的运动简图，并对所设计的机构系统进行简要说明。

【实验报告】

（1）机构结构设计。

（2）机构尺寸设计。

（3）机构运动简图。

（4）简要说明。

实验 2　基于机构创新原理的拼接设计

专题：自拟

【实验目的】

（1）培养学生运用创造性思维方法，遵循创造性基本原则、法则，运用机构构型的创新设计方法，设计、拼装满足预定运动要求的机构或机构系统；

（2）要求学生灵活应用以下几种机构构型的创新设计方法，创造性地设计、拼接机构及机构系统。

① 机构构型的变异创新设计。

② 利用机构运动特点创新机构。

③ 基于组成原理的机构创新设计。

④ 基于组合原理的机构创新设计。

【设备与工具】

（与机构创新实验 1 所用的设备相同）

【实验前的准备工作】

（1）预习本实验，要求对执行构件的基本运动和机构基本功能有一全面的了解，并熟悉机构构型的创新设计方法。

（2）了解机构创新模型。

（3）选择设计题目，初步拟定机构系统运动方案。

【实验原理与方法】

1．机构运动简图设计的内容

机械产品的设计是为了满足产品的某种功能要求。机构运动简图设计是机械产品设计的第一步，其设计内容包括选定或开发机构构型并加以巧妙组合，同时进行各个组成机构的尺度综合，使此机构系统完成某种功能要求。机构运动简图设计的好坏是决定机械产品的质量、水平的高低、性能的优劣和经济效益好坏的关键性的一步。机构运动简图的设计，主要包括下列内容：

（1）功能原理方案的设计和构思。根据机械所要实现的功能，采用有关的工作原理，并由此出发设计和构思出工艺动作过程，这就是功能原理方案设计。灵巧的功能原理是创造新机械的出发点和归宿。

（2）机械运动方案的设计。根据功能原理方案中提出的工艺动作及各个动作的运动规律要求，选择相应的若干个执行机构，并按一定的顺序把它们组成机构运动示意图。机械运动方案的设计是机构运动简图设计中的型综合。

（3）机构运动简图的尺度综合。根据机械运动方案中各执行机构工艺动作的运动规律和机械运动循环图的要求，通过分析、计算、确定机构运动简图中各机构的运动学尺寸。在进行尺度综合时，应同时考虑其运动条件和动力条件，否则不利于设计性能良好的新机械。

2. 机构运动简图设计的一般程序

（1）机械总功能的分解。将机械需要完成的工艺动作过程进行分解，即将总功能分解成多个功能元，找出各功能元的运动规律和动作过程。

（2）功能原理方案确定。将总功能分解成多个功能元之后，对功能元进行求解，即将需要的执行动作，用合适的执行机构来实现。将功能元的解进行组合、评价、选优，从而确定其功能原理方案，即机构系统简图。

为了得到能实现功能元的机构，在设计中，需要对执行构件的基本运动和机构的基本功能有一全面的了解。

① 执行机构基本运动。常用机构执行构件的运动形式有回转运动、直线运动和曲线运动三种，回转和直线运动是最简单的机械运动形式。按运动有无往复性和间歇性，基本运动的形式如表 29-1 所示。

表 29-1　　执行构件的基本运动形式

序号	运动形式	举　　例
1	单向转动	曲柄摇杆机构中的曲柄、转动导杆机构中的转动导杆、齿轮机构中的齿轮
2	往复摆动	曲柄摇杆机构中的摇杆、摆动导杆机构中的摆动导杆、摇块机构中的摇块
3	单向移动	带传动机构或链传动机构中的输送带（链）移动
4	往复移动	曲柄滑块机构中的滑块、牛头刨床机构中的刨头
5	间歇运动	槽轮机构中的槽轮、棘轮机构中的棘轮、凸轮机构、连杆机构也可以构成间歇运动
6	实现轨迹	平面连杆机构中的连杆曲线、行星轮系中行星轮上任意点的轨连等

② 机构的基本运动。机构的功能是指机构实现运动变换和完成某种功用的能力。利用机构的功能可以组合成完成总功能的新机械。表 29-2 为常用机构的一些基本功能。

表 29-2　　机构的基本功能

序号	基本功能		举　　例
1	变换运动形式	1）转动←→转动	双曲柄机构、齿轮机构、带传动机构、链传动机构
		2）转动←→摆动	曲柄摇杆机构、曲柄滑块机构、摆动导杆机构、摆动从动件凸轮机构
		3）转动←→移动	曲柄滑块机构、齿轮齿条机构、挠性输送机构、螺旋机构、正弦机构、移动推杆凸轮机构
		4）转动→单向间歇转动	槽轮机构、不完全齿轮机构、空间凸轮间歇运动机构
		5）摆动←→摆动	双摇杆机构
		6）摆动←→移动	正切机构
		7）移动←→移动	双滑块机构、移动推杆移动凸轮机构
		8）摆动→单向间歇转动	齿式棘轮机构、摩擦式棘轮机构

续表

序号	基 本 功 能	举 例
2	变换运动速度	齿轮机构(用于增速或减速)、双曲柄机构
3	变换运动方向	齿轮机构、蜗杆机构、锥齿轮机构等
4	进行运动合成(或分解)	差动轮系、各种 2 自由度机构
5	对运动进行操作或控制	离合器、凸轮机构、连杆机构、杠杆机构
6	实现给定的运动位置或轨迹	平面连杆机构、连杆-齿轮机构、凸轮连杆机构、联动凸轮机构
7	实现某些特殊功能	增力机构、增程机构、微动机构、急回特性机构、夹紧机构、定位机构

③ 机构的分类。为了使所选用的机构能实现某种动作或有关功能,还可以将各种机构按运动转换的种类和实现的功能进行分类。表 29-3 介绍按功能进行机构分类的情况。

表 29-3　机构的分类

序号	执行构件实现的运动或功能	机 构 形 式
1	匀速转动机构(包括定传动比机构、变传动比机构)	1) 摩擦轮机构 2) 齿轮机构、轮系 3) 平行四边形机构 4) 转动导杆机构 5) 各种有级或无级变速机构
2	非匀速转动机构	1) 非圆齿轮机构 2) 双曲柄四杆机构 3) 转动导杆机构 4) 组合机构 5) 挠性机构
3	往复运动机构(包括往复移动和往复摆动)	1) 曲柄-摇杆往复运动机构 2) 双摇杆往复运动机构 3) 滑块往复运动机构 4) 凸轮式往复运动机构 5) 齿轮式往复运动机构 6) 组合机构
4	间歇运动机构(包括间歇转动、间歇摆动、间歇移动)	1) 间歇转动机构(棘轮、槽轮、凸轮、不完全齿轮机构) 2) 间歇摆动机构(一般利用连杆曲线上近似圆弧或直线段实现) 3) 间歇移动机构(由连杆机构、凸轮机构、组合机构等来实现单侧停歇、双单侧停歇、步进移动)
5	差动机构	1) 差动螺旋机构 2) 差动棘轮机构 3) 差动齿轮机构 4) 差动连杆机构 5) 差动滑轮机构
6	实现预期轨迹机构	1) 直线机构(连杆机构、行星齿轮机构等) 2) 特殊曲线(椭圆、抛物线、双曲线等)绘制机构 3) 工艺轨迹机构(连杆机构、凸轮机构、凸轮连杆机构等)

续表

序号	执行构件实现的运动或功能	机 构 形 式
7	增力及夹持机构	1）斜面杠杆机构 2）铰链杠杆机构 3）肘杆式机构
8	行程可调机构	1）棘轮调节机构 2）偏心调节机构 3）螺旋调节机构 4）摇杆调节机构 5）可调式导杆机构

（3）按各功能元的运动规律、动作过程、运动性能等要求进行机构运动简图的尺度综合。应当指出的是，选择执行机构并不仅仅是简单的挑选，而是包含着创新。因为要得到好的运动方案，必须构思出新颖、灵巧的机构系统。这一系统的各执行机构不一定是现有的机构，为此，应根据创造性基本原理和法则，积极进行创造性思维，灵活使用创造技术进行机构构型的创新设计。一般常用的创新设计方法如下。

3. 机构型的创新设计方法

（1）机构型的变异的创新设计方法：为了满足一定的工艺动作要求，或为了使机构具有某些性能与特点，改变已知机构的结构，在原有机构的基础上，演变发展出新的机构，称此种新机构为变异机构。常用的变异方法有以下几类。

① 机构的倒置。机构内运动构件与机架的转换，称为机构的倒置。按照运动的相对性原理。机构倒置后各构件间的相对运动关系不变，但可以得到不同的机构。

② 机构的扩展。以原有机构作为基础，增加新的构件，构成一个扩大的新机构，称为机构的扩展。机构扩展，原有机构各构件间的相对运动关系不变，但所构成的新机构的某些性能与原机构差别很大。

③ 机构局部结构的改变。改变机构局部结构（包括构件运动结构和机构组成结构），可以获得有特殊运动性能的机构。

④ 机构结构的移植与模仿。将一机构中的某些结构应用于另一种机构中的设计方法，称为结构的移植。利用某一结构特点设计新的机构，称为结构的模仿。

⑤ 机构运动副类型的变换。改变机构中的某个或多个运动副的形式，可设计创新出不同运动性能的机构。通常的变换方式有两种：转动副与移动副之间的变换；高副与低副之间的变换。

（2）利用机构运动特点创新机构：利用现有机构工作原理，充分考虑机构运动特点，各构件相对运动关系及特殊的构件形状等，创新设计出新的机构。

① 利用连架杆或连杆运动特点设计新机构。

② 利用两构件相对运动关系设计新机构。

③ 用成型固定构件实现复杂动作过程。

（3）基于组成原理的机构创新设计：根据机构组成原理，将零自由度的杆组依次连接到原动件和机架上或者在原有机构的基础上，搭接不同级别的杆组，均可设计出新机构。

① 杆组依次连接到原动件和机架上设计新机构。

② 将杆组连接到机构上设计新机构。

③ 根据机构组成原理优选出合适的机构构型。

（4）基于组合原理的机构创新设计：把一些基本机构按照某种方式结合起来，创新设计出一种与原机构特点不同的新的复合机构。机构组合的方式很多，常见的有串联组合、并联组合、混接式组合等。

① 机构的串联组合。将两个或两个以上的单一机构按顺序连接，每一个前置机构的输出运动是后续机构的输入运动，这样的组合方式，称为机构的串联组合。三个机构Ⅰ、Ⅱ、Ⅲ串联组合框图如图 29-14 所示。

图 29-14　机构的串联组合

② 构件固接式串联。将前一个机构的输出构件和后一个机构的输入构件固接，串联组成一个新的复合机构。不同类型机构的串联组合了各种不同效果：将匀速运动机构作为前置机构与另一个机构串联，可以改变机构输出运动的速度和周期；将一个非匀速运动机构作为前置机构与机构串联，则可改变机构的速度特性；由若干个子机构串联组合得到传力性能较好的机构系统。

③ 轨迹点串联。假若前一个基本机构的输出为平面运动构件上某一点 M 的轨迹，通过轨迹点 M 与后一个机构串联，这种连接方式称轨迹点串联。

④ 机构的并联组合。以一个多自由度机构作为基础机构，将一个或几个自由度为 1 的机构（可称为附加机构）的输出的构件接入基础机构，这种组合方式称为并联组合。图 29-15 所示为并联组合的几种常见的连接方式的框图。最常见的由并联组合而成的机构有共同的输入（如图 29-15(b)、(c)所示）；有的并联组合系统也有两个或多个不同输入（如图 29-15(a)所示）；还有一种并联组合系统的输入运动是通过本组合系统的输出构件回授的（如图 29-15(e)所示）。

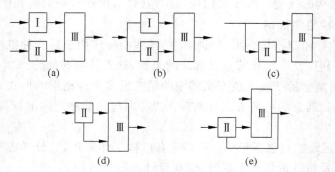

图 29-15　并联组合的几种常见连接方式

⑤ 机构的混接式组合。综合运用串联-并联组合方式可组成更为复杂的机构，此种组合方式称为机构的混接式组合。基于组合原理的机构设计可按下述步骤进行：确定执行构件所要完成的运动；将执行构件的运动分解成机构易于实现的基本运动或动作，分别拟定能完成这些基本运动或动作的机构型方案；将上述各机构构型按某种方式组合成一个新的复合机构。

【实验内容】

任选一题,综合运用机构的创新设计方法,进行一个机构系统的方案设计。

1. 冲压机构及送料机构设计

(1) 工作原理及工艺动作过程:设计冲制薄壁零件 (见图 29-16)的冲压机构及其相配合的送料机构。如图 29-16 所示,上模先以比较小的速度接近配料,然后以近似匀速进行拉延成形工作;上模继续下行将成品推出型腔,最后快速返回;上模退出下模以后,送料机构从侧面将坯料送至待加工位置,完成一个工作循环。

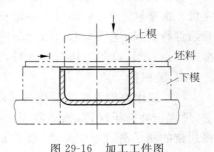

图 29-16 加工工件图

(2) 原始数据及设计要求:

① 动力源是作转动的或作直线往复运动的电机。

② 许用传动角$[\gamma]=40°$。

③ 生产率约每分钟 10 件。

④ 上模的工作段长度 $L=30\sim100\text{mm}$,对应曲柄转角 $\theta=(1/3\sim1/2)\pi$。

⑤ 上模行程长度必须大于工作段长度两倍以上。

⑥ 行程速度变化系数 $K\geq1.5$。

⑦ 送料距离 $H=60\sim250\text{mm}$。

(3) 设计任务:

① 设计能使上模按上述运动要求加工零件的冲压机构,从侧面将坯料送至下模上方的送料机构的运动方案,并用机构创新模型加以实现;

② 绘制出机构系统的运动简图,并对所设计的机构系统进行简要的说明。

2. 糕点切片机

(1) 工作原理及工艺动作过程:糕点先成型(如长方形、圆柱体等),经切片后再烘干。糕点切片机要求实现两个执行动作:糕点的直线间歇移动和切刀的往复运动。通过两者的动作配合进行切片。改变直线间歇移动的速度或输送距离,以满足糕点不同切片厚度的需要。

(2) 原始数据及设计要求:

① 糕点厚度:$10\sim20\text{mm}$。

② 糕点切片长度(亦即切片的高)范围:$5\sim80\text{mm}$。

③ 切刀切片时最大作用距离(亦即切片的宽度方向):30mm。

④ 切刀工作节拍:10 次/min。

⑤ 生产阻力很小,要求选用的机构简单、轻便、运动灵活可靠。

⑥ 电动机 90W,10r/min。

(3) 设计任务:

① 设计能够实现这一运动要求的机构运动方案,并用机构创新模型加以实现。

② 绘制出机构系统的运动简图,并对设计的系统进行简要的说明。

(4) 设计方案提示:

① 切削速度较大时,切片刀口会整齐平滑,因此切刀运动方案的选择很关键,切口机构应力求简单适用,运动灵活、运动空间尺寸紧凑等。

② 直线间歇运动机构如何满足切片长度尺寸的变化要求,需认真考虑,调整机构必须

简单可靠,操作方便,是采用调速方案还是采用调距方案,或者采用其他调整方案,均应对方案进行定性的分析比较。

③ 间歇运动机构必须与切刀运动机构工作协调,即全部送进运动应在切刀返回过程中完成。需要注意的是,切口有一定长度(即高度),输送运动必须在切刀完全脱离切口后方能开始进行,但输送机构的返回运动则可与切刀的工作行程运动在时间上有一段重叠,以提高生产率,在设计机器工作循环图时,就应按上述要求来选取间歇运动机构的设计参数。

3. 洗瓶机

(1) 工作原理及工艺动作过程:为了清洗圆瓶子外面,需将瓶子推入同向转动的导辊上,导辊带动瓶子旋转,推动瓶子沿导轨前进,转动的刷子就将瓶子洗净。它的主要动作:将到位的瓶子沿着导辊推动,瓶子推动过程利用导辊转动,将瓶子旋转以及刷子转动。

(2) 原始数据及设计要求:

① 瓶子尺寸:大端直径为 80mm,长为 200mm。

② 推进距离 L 为 600mm,推瓶机构应使推头以接近均匀的速度推瓶,平稳地接触和脱离瓶子,然后推头快速返回原位,准备进入第二个工作循环。

③ 按生产率的要求,返回时的平均速度为工作行程速度的 3 倍。

④ 提供的旋转式电机转速 10r/min。

⑤ 机构传动性能良好,结构紧凑,制造方便。

(3) 设计任务:

① 设计推瓶机构和洗瓶机构的运动方案,并用机构创新模型加以实现。

② 绘制出机构系统的运动图,并对所设计的机构系统进行简要的说明。

(4) 设计方案提示:

① 推瓶机构一般要求近似直线轨迹,回程时轨迹形状不限,但不能反方向拨动瓶子,由于上述运动要求,一般采用组合机构来实现。

② 洗瓶机构是一对同向转动的导辊和带三只刷子转动的转子所组成,可以通过机械传动系统完成。

4. 已知条件

(1) 若主动件作等速转动,其转速 $n=1r/min$。

(2) 从动件作往复移动,行程长度为 100mm。

(3) 从动件工作行程为近似等速运动,回程为急回运动,行程速比系数 $K=1.4$。

设计任务:

(1) 从设计能够实现这一运动要求的机构运动方案,并用机构创新模型加以实现。

(2) 绘制出机构系统的运动简图,并对所设计的系统进行简要的说明。

5. 已知条件

(1) 动件作单向间歇转动;

(2) 每转动 180°停歇一次;

(3) 停歇时间为 1/3.6 周期。

设计任务:

(1) 设计能够实现这一运动要求的机构运动方案,并用机构创新模型加以实现。

(2) 绘制出机构系统的运动简图,并对设计的系统进行简要的说明。

【实验报告】

（1）机构结构设计。

（2）机构尺寸设计。

（3）机构运动简图。

实验 3　轴系结构设计

专题：自拟

【实验目的】

（1）加深学生对轴系结构的认识。

（2）掌握轴系结构设计的方法和要求。

（3）培养学生的工程实践能力、动手能力和设计能力。

【实验设备及工具】

（1）轴系部件及零配件大小齿轮、轴、不同类型的轴承、轴承座，各种结构的轴承端盖、键、套筒、挡油环等。

（2）装拆工具一套。

（3）学生自带教材、铅笔、纸等。

【实验步骤】

（1）选择设计题目，（两人一组）根据题目拟定装配方案，即定出轴上零件的装配方向、顺序和相互关系，一般可拟定几个方案，经分析比较后选择较合理方案；确定轴上零件的轴向和周向定位的方式，并应满足零件的装拆及工艺要求。

（2）根据装配方案，选取合适的零配件，按装配顺序装配轴系部件。

（3）根据装配结果，绘制轴系部件装配图。

（4）实验完毕，请拆卸全部零件，并按原位置放好。

【实验报告】

（1）轴系部件装配图（另外一张纸 A4）。

（2）方案比较。

【思考题】

（1）在设计中，如何实现齿轮的固定及定位？

（2）本设计中采用哪种轴承？为什么？

（3）在设计中，轴承如何润滑及采用什么密封方法？

实验 4　创新思维与设计

专题：自拟

【实验目的】

（1）培养学生的创新思维及创新设计能力。

（2）培养学生的机构及结构设计能力。

（3）培养学生的工艺设计及加工能力。

【设备及工具】

（1）各种机床（车床、刨床、铣床、钻床、冲床）。

（2）各种常用工具（每组一套工具箱，已配备各种常用工具）。

【选择创新设计的题目】

设计本身就是创新，没有创新就不叫设计，因此选题要注意创新。选题要考虑新颖性，选题对产品的质量影响很大。选题不一定选得很大、很复杂，在日常生活、生产、工作中很多题目都可做，只要有创意，能实现功能要求的设计都可确定为设计题目。

设计可根据社会和人们的需要选题，或根据调查选题，亦可由直觉选题。

设计本身就是创造性思维活动，只有大胆创新才能有所发明、有所创造。由于当今的科学技术已经高度发展，创新往往是在已有技术基础上进行综合，或在已有产品的基础上进行改革、移植。

综上所述，选题可选择适合自己设计和加工的题目，该题目能实现某一功能的要求。

【产品（作品）的创新设计程序】

作品的创新设计步骤可分为 3 个阶段：计划阶段、设计阶段、加工制作阶段，如图 29-17 所示。

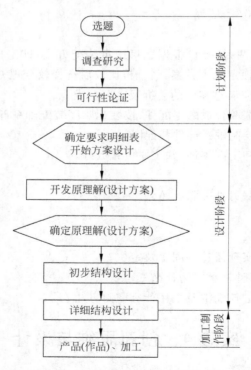

图 29-17　产品（作品）的创新设计程序

计划阶段主要进行需求分析、市场预测、可行性分析、确定设计参数及约束条件。在深入全面了解所要设计的问题后，列出详细的要求明细表，作为设计、评价决策的依据，并提出合理的设计任务书。

在设计阶段中,原理方案设计占有重要位置。原理方案设计是在功能分析的基础上,利用各种物理原理,通过创新构思、搜索探求、优化得出设计方案。设计方案(原理解)直接影响产品功能、性能指标、成本、质量,设计时应尽量运用所学的知识、经验、创新能力,并对计划阶段的资料信息进行分析、整理,构想出满足功能要求的合理方案。

结构设计即确定零部件形状、材料和尺寸,并进行必要的强度、刚度、可靠性设计。

结构设计后即可进行制作、加工、完成作品。

【总功能分解】

为了更好地寻求解法,可把设计产品(对象)的总功能分解为比较简单的分功能(或称一级分功能、二级分功能……),使输入量和输出量的关系更为明确、转换所需的物理原理比较单一、结构化后零件数量较少、因而较易求解,一般分解到能直接找到解法的分功能为止。通常按照解决问题的因果关系或手段目的关系来分析分功能。如对于平口虎钳,为了夹紧工件,必须施加压力,前者是目的,后者是手段,沿着这个思路逐步进行分解。也可按照生产的空间顺序或时间顺序来分解、如汽水灌装自动机的分功能包括瓶、盖、汽水的储存与输送、灌装、加盖、封口、贴商标、成品输送。

【寻找实现分功能作用原理的求解方法】

1. 直觉法

直觉法是设计者凭借个人的智慧、经验和创造能力,采用创造性思维方法来寻求实现各种分功能的原理解。

2. 调查分析法

设计者通过查阅文献资料,包括专业书刊、专利资料、学术报告、研究生论文等,掌握多种专业门类最新研究成果,这是解决设计问题的重要源泉。设计者通过研究大自然的形状、结构变化过程,对动植物生态特点深入研究,必将得到更多的启示,诱发出更多新的、可应用的原理解或技术方案,利用自然现象解决工程技术问题。调查分析已有的产品,如对同类型的样机进行功能和结构分析,哪些是先进可靠的,哪些是陈旧落后、需要更新改进的,这对开发新产品、构思新方案,寻找功能原理解法大有益处。

3. 设计目录法

设计目录是设计工作的一种有效工具,是设计信息的存储器、知识库,它以清晰的表格形式把设计过程中所需的大量解决方案规律加以分类、排列、存储,便于设计者查找和调用。设计目录不同于传统的设计手册和标准手册,它不是提供零件的设计计算方法,而是提供分功能或功能元的原理解,给设计者具体启发,帮助设计者具体构思。图 29-18 为机械一次增力功能元的解法目录,图 29-19 为部分常用物理基本功能元的解法目录。

设计时可通过各种解法目录找出实现分功能的原理解。

在寻找实现分功能作用原理解时,要注意几点:

(1)注意设计要求明细表上的要求,例如,要求采用机械传动时,就不必考虑液压、电磁等方面的工作原理。

(2)在寻找原理解时,除考虑能实现该分功能外,还要兼顾到设计的全局,充分考虑到该分功能在总功能中的作用及分功能之间的关系。在可能的情况下,应考虑将几种分功能用同一工作原理来实现,从而简化设计方案。

机械名称	杠杆		肘杆（曲杆）	斜面	楔	螺旋	动滑轮
机械简图	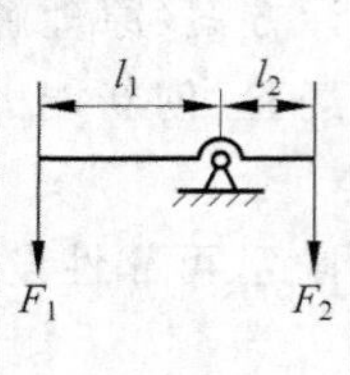	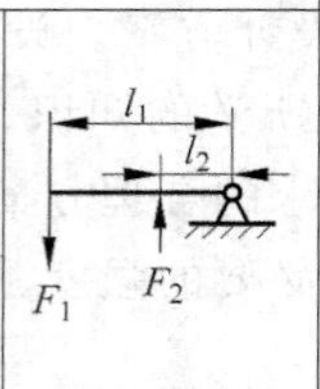	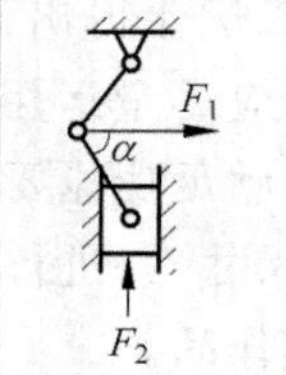	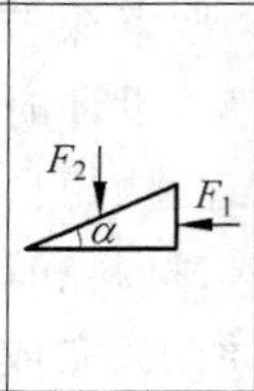	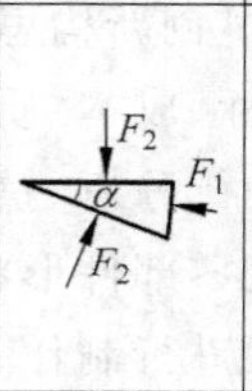	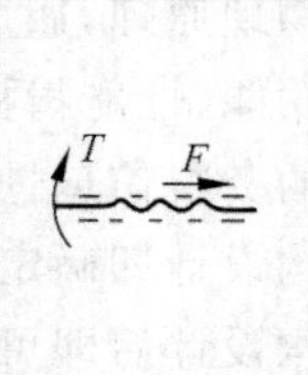	
计算公式	$F_2 = \dfrac{l_1}{l_2} F_1$ $l_1 > l_2$	$F_2 = \dfrac{l_1}{l_2} F_1$	$F_2 = F_1 \cdot \tan\alpha$ $\tan\alpha > 1$	$F_2 = \dfrac{F_1}{\tan\alpha}$	$F_2 = \dfrac{F_1}{2\sin\dfrac{\alpha}{2}}$	$F = \dfrac{2T}{d_2 \tan(\lambda+\rho)}$ d_2—螺纹中径 λ—点缀纹升角 ρ—当量摩擦角	$F_2 = \dfrac{F_1}{2}$

图 29-18　机械一次增力功能元的解法目录

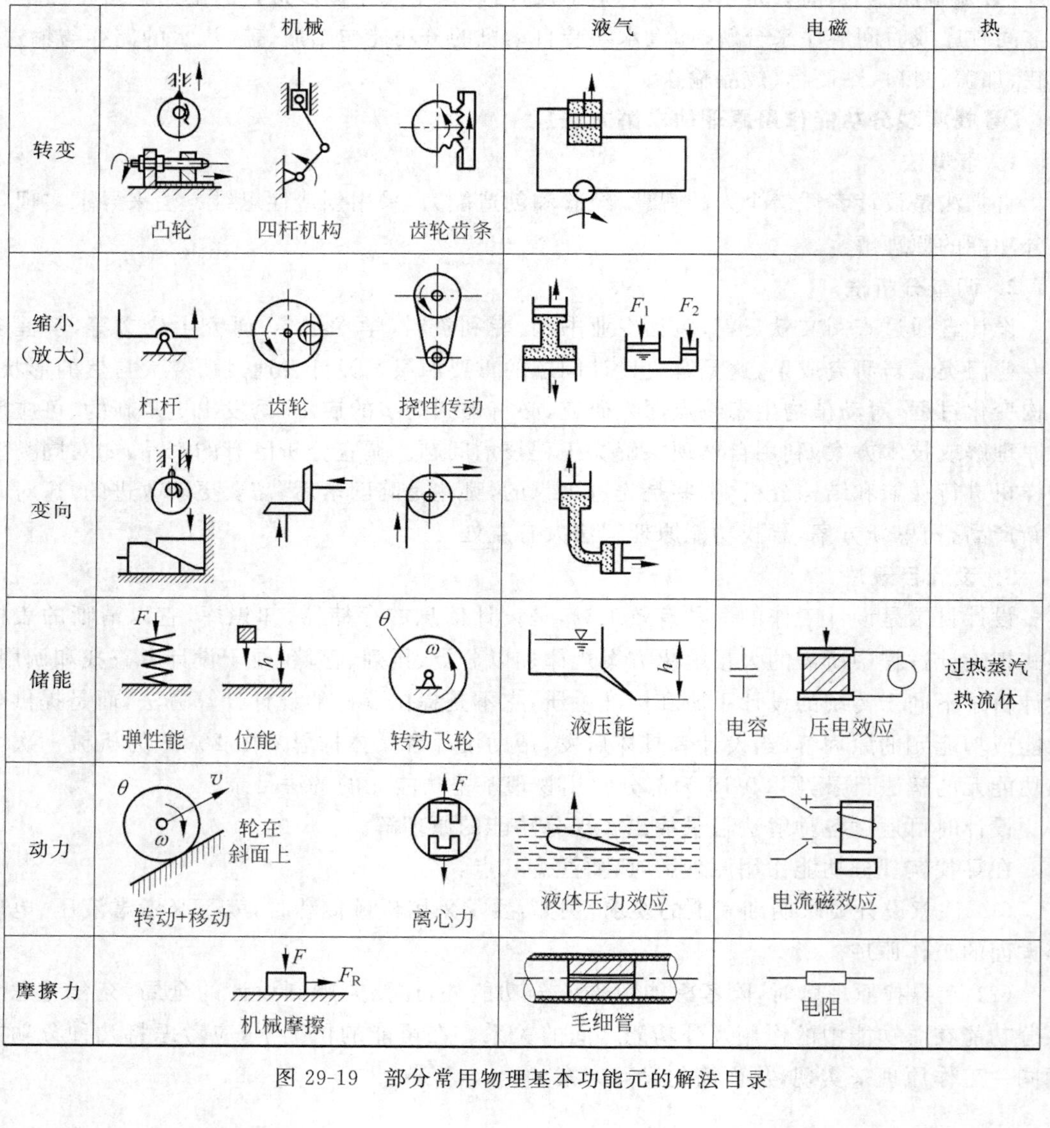

	机械			液气		电磁	热
转变	凸轮	四杆机构	齿轮齿条				
缩小 （放大）	杠杆	齿轮	挠性传动				
变向							
储能	弹性能	位能	转动飞轮	液压能	电容	压电效应	过热蒸汽 热流体
动力	转动+移动		离心力	液体压力效应		电流磁效应	
摩擦力	机械摩擦			毛细管		电阻	

图 29-19　部分常用物理基本功能元的解法目录

（3）对于一种分功能可以相应地提出几种工作原理，以便在方案的构思和评价筛选时有较大的选择余地。

（4）通常可以满足所要求的功能原理方案是很多的。有些可以凭借设计师本身的知识、经验得出，但其中一部分并不为设计人员所熟悉。为了开阔思路，以便选择出最佳原理方案、借鉴汇集前人经验的设计原理方案目录是有益的。

【原理解组合为设计方案】

如前所述，对于每个分功能能找到多个原理解法，把它们组合起来，可形成实现系统总功能的原理解法，总功能的原理解法，叫做机械系统的原理设计方案。

进行原理解法组合的依据是已制定的系统功能结构，因为它规定了组成总功能时各分功能的排列顺序。当分功能原理解法找到后，凭设计师的经验来组合原理解，只能得到有限数量的方案，而且只适于简单机械系统，而系统组合法适于找出复杂系统的原理设计方案。系统组合法是利用形态矩阵寻找实现总功能的原理解，它实际上就是一种表格，如表 29-4 所示，把系统分功能填在功能栏内，把每个分功能的原理解填在横行里，然后组合形成多个原理方案。把所有设计方案经过筛选比较后，最后选出最优的设计方案。

表 29-4　系统组合法

功能	原理解	1	2	⋯	i	⋯	m
1	F_1	A_{11}	A_{12}	⋯	A_{1i}	⋯	A_{1m}
2	F_2	A_{21}	A_{22}	⋯	A_{2i}	⋯	A_{2m}
⋮	⋮	⋮	⋮	⋮	⋮	⋮	⋮
j	F_j	A_{j1}	A_{j2}	⋯	A_{ji}	⋯	A_{jm}
⋮	⋮	⋮	⋮	⋮	⋮	⋮	⋮
n	F_n	A_{n1}	A_{n2}	⋯	A_{ni}	⋯	A_{nm}

【结构设计】

如前所述，经过原理方案构思仅能提出实施各分功能的原理方案图，为了制出作品，必须进行结构设计，结构设计包括选择材料、形状、尺寸、加工等。材料可选用金属和非金属材料，甚至有机玻璃、石膏、木头、蜡、塑料、橡皮泥等。

【加工及装配作品】

利用实验室的车床、刨床、铣床、钻床等机床及各种工具，加工出设计作品。

【注意事项】

（1）安全，包括人身安全、用电安全、设备安全。

（2）按照各设备的操作规程进行操作。

（3）爱护国家财产、注意节约材料。

（4）不得在实验室内进行与制作作品无关的工作。

【实验报告】

（1）创新设计作品功能介绍。

（2）创新设计作品原理简图。

（3）创新设计收获体会。

【实验评分标准】

本实验以学生的设计作品为评分的主要依据。

1. 设计创意

(1) 独创性 15 分,(2) 文化意念 15 分。

2. 实用性

(1) 功能设计 15 分,(2) 使用寿命 5 分。

3. 人机工程

(1) 美观性 10 分,(2) 操作性能 6 分,(3) 维修性能 4 分。

4. 制造工艺

(1) 生产可行性 4 分,(2) 材质及利用 3 分,(3) 制作精度 3 分。

5. 安全性

(1) 安全指标 5 分,(2) 性能标准 5 分。

6. 环保性

(1) 节省能源 3 分,(2) 减少废弃物 4 分,(3) 资源再用 3 分。

总分 100 分。

第30章　单片机类

实验1　简易计算器

专题：自拟

【实验目的】

通过对 51 单片机汇编指令、STC89C52RC 单片机片上各功能模块、常用外部可编程芯片的学习和应用训练，进一步熟悉 51 单片机汇编程序设计、串行总线接口程序设计以及外部可编程芯片的使用方法，学习创新性实验报告的撰写方法。

【实验设备】

PC 兼容机一台，单片机实验箱一台。

【选题要求】

（1）基于 STC89C52RC 单片机设计制作简易计算器，能完成绝对值小于 100 的有符号整数的加减乘除四则运算，运算结果均保留小数点后一位。

（2）要求有加、减、乘、除、负号、归零、等号键。

（3）利用 6 位 LED 显示参加运算的数据和运算结果，显示运算结果超限提示，消隐未使用位。

（4）鼓励进行探索，可在了解实验室器材并能实现题目基本要求的情况下，对题目进行创新设计。

【研究性实验总结报告撰写要求】

实验总结报告格式见电子模板，要求独立完成，有雷同者同判 0 分。

【基础参考资料】

［1］公茂法，黄鹤松. MCS-51/52 单片机原理与实践［M］.北京：北京航空航天大学出版社，2009.

［2］张毅刚. 单片机原理及应用［M］.北京：高等教育出版社，2004.

［3］其他相关的参考资料及实验教材.

实验2　简易测温系统

专题：自拟

【实验目的】

通过对 51 单片机汇编指令、STC89C52RC 单片机片上各功能模块、常用外部可编程芯片的学习和应用训练，进一步熟悉 51 单片机汇编程序设计，串行总线接口程序设计以及外部可编程芯片的使用方法,学习创新性实验报告的撰写方法。

【实验设备】

PC 兼容机一台,单片机实验箱两台。

【选题要求】

(1) 基于 STC89C52RC 单片机和 DS18B20 完成简易现场测温系统制作。

(2) 一台主机显示现场温度值,一台现场温度变送器利用 DS18B20 采集现场温度并且向主机发送。

(3) 主机通过 6 位 LED 显示温度值,显示温度精确到 0.1℃。

(4) 鼓励进行探索,可在了解实验室器材并能实现题目基本要求的情况下,对题目进行创新设计。

【研究性实验总结报告撰写要求】

实验总结报告格式见电子模板,要求独立完成,有雷同者同判 0 分。

【基础参考资料】

[1] 公茂法,黄鹤松. MCS-51/52 单片机原理与实践[M]. 北京:北京航空航天大学出版社,2009.

[2] 张毅刚. 单片机原理及应用[M]. 北京:高等教育出版社,2004.

[3] 其他相关的参考资料及实验教材.

实验 3　基于 MCS-51 单片机的步进电机速度控制程序设计

专题:自拟

【实验目的】

通过步进电机速度控制程序的设计,熟悉单片机软硬件联调方法或 Proteus 软件的使用方法,学习创新性实验报告的撰写方法。

【实验设备】

PC 兼容机一台,单片机实验箱(单片机课程实验所用的实验箱)。

【选题要求】

针对步进电机速度控制程序设计这一任务,可以选择采用以下两种方式中的一种来完成:

(1) 使用单片机实验箱上的硬件完成,要求可以通过键盘选择步进电机速度挡位,并通过数码管显示速度的相关信息。

(2) 使用 Proteus 软件仿真设计,要求 Proteus 和 Keil 软件的联合调试。

【研究性实验总结报告撰写要求】

实验总结报告格式见电子模板,要求独立完成,有雷同者同判 0 分。

【基础参考资料】

[1] 公茂法,黄鹤松. MCS-51/52 单片机原理与实践[M]. 北京:北京航空航天大学出版社,2009.

[2] 张毅刚.单片机原理及应用[M].北京：高等教育出版社,2004.

[3] 其他相关的参考资料及实验教材.

实验 4 51 系列单片机键盘和 LED 显示接口电路研究

专题：自拟

【实验目的】

通过对单片机及其键盘显示接口的系统学习和使用训练,熟悉单片机、键盘接口、LED 显示接口的基本特点；掌握它们的连接方法以及各种连接方法的优缺点；学会正确读键值、显示所需信息；学习创新性实验报告的撰写方法。

【实验设备】

PC 兼容机一台(装有编程和下载软件),单片机实验箱一个。

【选题要求】

(1) 选题基本要求：专题根据实验研究内容自拟,每人一题,专题题目不准相同。

(2) 选题建议：针对基于单片机的键盘和 LED 显示实现问题,提出一个小的研究课题。例如：

① 按照键盘的接口方式,可选项有独立式、编码方式、行列式、二维只读式、交互式、双交互式等。

② 按照显示器的连接方式,可选项有静态显示、动态显示等。

③ 按照芯片型号,可选项有 89C51/52、2051/52、C8051F 系列；8255、8279、74ls164、74ls165、7447、ICM7218、MAX7219 等。

④ 按照编程语言,可选项有汇编语言、C 语言、C 与汇编混合编程。

⑤ 按照开发环境,可选项有 WAVE(伟福)、DIALS(达爱思)、Keil 等。

⑥ 按照设计工具,可选项有 protel、protues 或其他。

(3) 鼓励进行探索。例如：

① 单片机 C 语言编程的采用；

② 最新键盘显示接口芯片的采用；

③ 键盘、显示程序的优化方法。

【研究性实验总结报告撰写要求】

实验总结报告格式见电子模板。要求独立完成,有雷同者同判 0 分。

【基础参考资料】

[1] 公茂法.单片机人机接口实例集[M].北京：北京航空航天大学出版社,1998.

[2] 公茂法,黄鹤松.MCS-51/52 单片机原理与实践[M].北京：北京航空航天大学出版社,2009.

[3] Michael Collier,孙秀娟.Introductory Microcontroller Theory and Applications[M].青岛：中国石油大学出版社,2008.

[4] 其他芯片手册等原始资料.

实验 5 单片机串行显示、键盘的设计与实现

专题：自拟

【实验目的】

通过对 MCS-51 单片机知识的学习，掌握其内部功能结构组成及应用，并学会使用汇编语言编写相应的应用程序，同时学习创新性实验报告的撰写方法。

【实验设备】

PC 兼容机一台（安装 KEIL 开发软件），SDUST-CEE-MCU 单片机实验箱。

【设计任务及要求】

1. 设计任务

扩展 MCS-51 单片机的 LED 数码管显示和键盘电路，要求显示采用串行静态显示，键盘采用串行移位方式。

2. 设计要求

(1) 应用 Protel 设计硬件系统原理图。

(2) 使用汇编语言编写相应的系统应用程序并在实验箱调试运行。

(3) 撰写创新性实验总结报告（格式见模板）。

【研究性实验总结报告撰写要求】

实验总结报告格式见电子模板，要求独立完成，有雷同者同判 0 分。

【参考资料】

(1) 单片机教材。

(2) 单片机实验指导书（实验箱原理图）。

(3) 相关网站。

第31章 电 机 类

实验1 单相变压器的并联运行

专题：自拟

【实验目的】

（1）学习变压器投入并联运行的方法。

（2）研究并联运行时阻抗电压对负载分配的影响。

【实验设备】 实验设备见表31-1。

表 31-1

序号	型号	名 称	数量
1	D33	交流电压表	1件
2	D32	交流电流表	1件
3	DJ11	三相组式变压器	1件
4	D41	三相可调电阻器	1件
5	D51	波形测试及开关板	1件

【选题要求】

针对某一项目进行细致研究，画出负载分配曲线，分析实验中阻抗电压对负载分配的影响。

（1）将两台单相变压器投入并联运行。

（2）阻抗电压相等的两台单相变压器并联运行，研究其负载分配情况。

（3）阻抗电压不相等的两台单相变压器并联运行，研究其负载分配情况。

【研究性实验总结报告撰写要求】

实验总结报告格式见电子模板，要求独立完成，有雷同者同判0分。

【基础参考资料】

DDSZ-1型电机及电气控制实验指导书。

实验2 三相异步电动机在各种运行状态下的机械特性

专题：自拟

【实验目的】

研究三相线绕式异步电动机在各种运行状态下的机械特性。

【实验设备】 实验设备见表31-2。

表　31-2

序号	型号	名　　称	数量
1	DD03	导轨、测速发电机及转速表	1件
2	DJ23	校正直流测功机	1件
3	DJ17	三相线绕式异步电动机	1件
4	D31	直流电压、毫安、安培表	2件
5	D32	交流电流表	1件
6	D33	交流电压表	1件
7	D34-3	单三相智能功率、功率因数表	1件
8	D41	三相可调电阻器	1件
9	D42	三相可调电阻器	1件
10	D44	可调电阻器、电容器	1件

【选题要求】

针对某一项目进行细致研究,画出各种运行状态下的特性曲线。

(1)测定三相线绕式转子异步电动机在 $R_s = 0$ 时,电动运行状态和再生发电制动状态下的机械特性。

(2)测定三相线绕转子异步电动机在 $R_s = 36\Omega$ 时,测定电动状态与反接制动状态下的机械特性。

(3)$R_s = 36\Omega$,定子绕组加直流励磁电流 $I_1 = 0.6I_N$ 及 $I_2 = I_N$ 时,分别测定能耗制动状态下的机械特性。

【研究性实验总结报告撰写要求】

实验总结报告格式见电子模板,要求独立完成,有雷同者同判 0 分。

【基础参考资料】

DDSZ-1 型电机及电气控制实验指导书。

第32章 自动控制类

实验1 双旋翼飞机模拟控制系统的设计

专题：自拟

【实验目的】

(1) 掌握线性系统阶跃响应曲线的测试方法及动态性能指标的测试技术。

(2) 掌握线性系统根轨迹绘制的分析方法。

(3) 研究线性系统的参数(开环增益 K)对稳定性的影响。

【实验仪器与设备】

(1) 自动控制原理模拟试验台 1 台；

(2) 计算机 1 台；

(3) 万用表 1 只；

(4) 导线若干。

【选题要求】

贝尔-波音 V-22 鱼鹰式倾斜旋翼飞机既是一种普通飞机，又是一种直升机。当飞机起飞和着陆时，其发动机位置可以使直升机垂直起降，而在起飞后又可以将发动机旋转 90°，切换到水平位置像普通飞机一样飞行。在直升机模式下，控制器调节主旋翼的倾斜角，由此产生向前运动，如图 32-1 所示。控制器的传递函数为 $G_c(s) = \dfrac{K(s+1)}{s}$，飞机动力学模型为 $G(s) = \dfrac{10}{s^2 + 4.5s + 9}$。要求：

(1) 概略绘出当控制器增益变化时的系统根轨迹图，并确定当复根的阻尼系数 $\zeta = 0.6$ 时 K 的取值范围。

(2) 求系统在单位阶跃函数输入下的响应，并确定系统的超调量和调节时间($\Delta = 2\%$)。

(3) 当复根的阻尼系数 $\zeta = 0.41$ 时，重复(1)，(2)内容，并与(1)和(2)的结果进行比较。

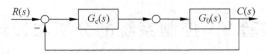

图 32-1　V-22 鱼鹰式倾斜旋翼飞机的控制系统

【研究性实验总结报告撰写要求】

实验总结报告格式见电子模板，要求独立完成，有雷同者同判 0 分。

【基础参考资料】

[1] 胡寿松.自动控制原理(第 5 版)[M].北京：科学出版社，2011.

实验 2　单（三）容水槽的液位控制系统设计

专题：自拟

【实验目的】

（1）掌握线性系统阶跃响应曲线的测试方法及动态性能指标的测试技术。

（2）掌握线性控制系统校正的设计方法。

（3）了解信号的采样和恢复过程，掌握其基本原理。

（4）了解系统构成形式对采样系统性能的影响。

【实验仪器与设备】

（1）自动控制原理模拟试验台 1 台。

（2）计算机 1 台。

（3）万用表 1 只。

（4）导线若干。

【实验内容与要求】

（1）温度控制系统的结构图如图 32-2 所示，其中对象的传递函数为 $G_O(s) = \dfrac{0.8}{3s+1}$，且采样周期 $T = 0.5\text{s}$。

（2）采用 $D(z) = K$，求当系统稳定时 K 的取值范围。

（3）系统可能响应慢并且为过阻尼的，因此设计一个合适的校正装置，确定 $G_c(s)$ 并随后计算 $D(z)$。

（4）求系统在单位阶跃函数输入下的响应来验证（2）的设计。

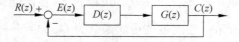

图 32-2　温度控制系统的结构图

【研究性实验总结报告撰写要求】

实验总结报告格式见电子模板，要求独立完成，有雷同者同判 0 分。

【基础参考资料】

[1] 胡寿松.自动控制原理（第 5 版）[M].北京：科学出版社，2011.

实验 3　控制系统的分析与设计

专题：自拟

【实验目的】

深入理解自动控制系统的概念，学会采用 MATLAB 对控制系统进行仿真设计，并熟练掌握利用 PC、TD-ACC＋（或 TD-ACS）试验系统进行综合分析与设计系统的方法，熟悉创新性实验报告的撰写方法。

【实验设备】

PC 兼容机 1 台,TD-ACC+(或 TD-ACS)试验系统 1 套。

【选题要求】

(1) 选题基本要求:专题根据实验研究内容自拟,每人一题,专题题目不准相同。

(2) 选题建议:利用自动控制原理学习的关于控制系统的分析设计方法,针对所给出的被控对象,设计一个控制系统,完成一个综合性的试验。

① 按照控制系统类型,可选项有线性连续控制系统,线性离散控制系统等。

② 按照控制系统的分析设计方法,可选项有时域分析、复域分析、频域分析、离散系统分析等方法。

③ 按照控制系统的校正方式,可选项有串联校正、反馈校正、复合校正等。

④ 按照控制规律的类型,可选用的控制器有 PD、PI、PID 等控制器。

⑤ 按照控制器的类型分,可选项有有源或者无源型。

⑥ 按照控制器的调整参数,可选项有放大倍数、微分时间常数、积分时间常数等。

⑦ 可选系统的开环传递函数有(任选一种下列系统)

$G(s) = \dfrac{30}{s(0.1s+1)}$,该系统的设计要求: $K_v \geqslant 3, M_P \leqslant 20\%$。

$G(s) = \dfrac{K}{s(0.1s+1)(0.001s+1)}$,该系统的设计要求: $\gamma \geqslant 45°, K_v = 1000\mathrm{s}^{-1}$。

$G(s) = \dfrac{K}{s(s+25)}$,该系统的设计要求: $\gamma \geqslant 45°, K_v = 100\mathrm{s}^{-1}$。

$G(s) = \dfrac{K}{s(1+0.12s)(1+0.02s)}$,该系统的设计要求: $t_s \leqslant 1\mathrm{s}; K_v = 70\mathrm{s}^{-1}; M_P \leqslant 40\%$。

$G(s) = \dfrac{K}{s(1+s)(1+0.01s)}$,该系统的设计要求: $\gamma \geqslant 45°$,斜坡输入作用下的稳态误差为 $e_{ss} \leqslant 0.0625, \omega_c > 2(\mathrm{rad/s})$。

$G(s) = \dfrac{K}{s(1+s)(1+0.5s)}$,该系统的设计要求:开环增益等于 5, $\lambda \geqslant 40°, h \geqslant 10\mathrm{dB}$。

如图 32-3 所示的液位控制系统。根据控制原理的知识,绘出该系统的结构图,并分析系统的稳定性,若系统不稳定则进行校正,使之成为稳定的系统。

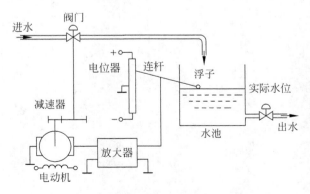

图 32-3　液位控制系统

【研究性实验总结报告撰写要求】

实验总结报告格式见电子模板,要求独立完成,有雷同者同判 0 分。

【基础参考资料】

[1] 胡寿松.自动控制原理(第 5 版)[M].北京:科学出版社,2011.

[2] 陈志巧.自动控制原理实验指导书[M].泰安:山东科技大学出版社,2006.

第33章 机器人类

实验1 机器人假肢关节舵机控制研究

专题：自拟

【实验目的】

（1）理解舵机的工作原理。

（2）掌握舵机控制方式及驱动电路，了解舵机位置控制、速度控制的实现方法与特点。

（3）熟悉机器人假肢系统的结构及工作原理。

【实验设备】

机器人研究中心相关配套设施。

【选题要求】

（1）选题基本要求：专题根据实验研究内容自拟，每人1题，专题题目不准相同。

（2）选题建议：针对不同专题，提出合理的一个实现方案，要求设计具体的软硬件。专题1：位置控制研究；专题2：速度控制研究。

（3）鼓励进行创新与探索。

【研究性实验总结报告撰写要求】

实验总结报告格式见电子模板，要求独立完成，有雷同者同判0分。

【基础参考资料】

[1] 鲍可进. C8051F 单片机原理及应用[M]. 北京：中国电力出版社，2006.

[2] 蔡自兴. 机器人学[M]. 北京：清华大学出版社，2009.

[3] 熊有伦. 机器人学[M]. 北京：机械工业出版社，1993.

[4] 孙红波. ARM 与嵌入式技术[M]. 北京：电子工业出版社，2006.

[5] 其他相关的参考资料及实验教材.

实验2 井下救援机器人控制系统

专题：自拟

【实验目的】

（1）理解直流电机 PWM 控制的原理。

（2）掌握基于功率管的 PWM 控制电路设计和温湿度采集方法。

（3）熟悉井下救援机器人的结构及工作原理。

【实验设备】

机器人相关配套设施。

【选题要求】

(1) 选题基本要求：专题根据实验研究内容自拟，每人 1 题，专题题目不准相同。

(2) 选题建议：针对不同专题，提出合理的一个实现方案，要求设计具体的软硬件。专题 1：直流电机 PWM 控制研究；专题 2：井下温湿度采集。

(3) 鼓励进行创新与探索。

【研究性实验总结报告撰写要求】

实验总结报告格式见电子模板，要求独立完成，有雷同者同判 0 分。

【基础参考资料】

[1] 鲍可进. C8051F 单片机原理及应用[M]. 北京：中国电力出版社，2006.

[2] 蔡自兴. 机器人学[M]. 北京：清华大学出版社，2009.

[3] 熊有伦. 机器人学[M]. 北京：机械工业出版社，1993.

[4] 孙红波. ARM 与嵌入式技术[M]. 北京：电子工业出版社，2006.

[5] 其他相关的参考资料及实验教材.

实验 3　太阳自动跟踪系统控制

专题：自拟

【实验目的】

(1) 加深理解直流电机驱动控制的工作原理。

(2) 掌握直流电机控制原理及驱动器电路，了解 PWM 控制、步进控制以及通过 RS-232 通信方式控制的方法与特点。

(3) 熟悉太阳自动跟踪系统的工作原理。

【实验设备】

机器人相关配套设施。

【选题要求】

(1) 选题基本要求：专题根据实验研究内容自拟，每人 1 题，专题题目不准相同。

(2) 选题建议：针对不同专题，提出合理的一个实现方案，要求设计具体的软硬件。

专题 1：RS-232 控制方式研究；

专题 2：PWM 控制方式研究；

专题 3：步进控制研究。

(3) 鼓励进行创新与探索。

【研究性实验总结报告撰写要求】

实验总结报告格式见电子模板，要求独立完成，有雷同者同判 0 分。

【基础参考资料】

[1] 鲍可进. C8051F 单片机原理及应用[M]. 北京：中国电力出版社，2006.

[2] 蔡自兴. 机器人学[M]. 北京：清华大学出版社，2009.

[3] 熊有伦. 机器人学[M]. 北京：机械工业出版社，1993.

[4] 孙红波. ARM 与嵌入式技术[M]. 北京：电子工业出版社，2006.

[5] 其他相关的参考资料及实验教材.

实验 4　慧鱼技术创意设计

专题：自拟

【实验目的】

（1）培养学生用创造性思维方法，设计、搭建新型的机构或装置。

（2）加强学生对机电一体化的实践认识。

（3）培养学生的创新意识及综合设计能力。

【设备与工具】

（1）慧鱼技术创意模型：

①计算机组合包；②移动机器人包；③汽车技术包；④仿生生物包；⑤太阳能包；⑥工业机器人包；⑦传感器包；⑧气压传动件包；⑨动力添加组；⑩可调变压器；⑪远红外遥控包。

（2）486 或 586 微机。

（3）镊子，5V、9V 电池。

【实验前的准备】

（1）按模型组合包设备清单清点模型零件，并按类型分类置放于装料盘中。

（2）认真阅读模型组合包操作手册，并翻译有关外文资料。

（3）按组装指导图，搭接模型，掌握组合模型的拼接方法。

（4）熟悉动力元器件的装配、连接方法，包括电动机、传感器、变压器、气动元件、各种开关等。

（5）熟悉组合包配备的软件 LL Win 及接口，把搭接好的机构模型接上接口，编程，实现控制。

【实验步骤】

（1）按要求或按条件选择设计题目。

（2）制定设计方案，绘制机构结构图及原理图。

（3）按设计方案搭接机构模型。

（4）连接控制系统。

（5）用 LL Win 软件编写控制程序，接上接口，调试机构模型的动作及性能。

（6）实验完毕，拆卸全部零件，清点零件并按要求包装好。

【实验报告】

（1）机构结构简图及原理图。

（2）控制程序。

【思考题】

（1）简要说明设计思路。

（2）试述本设计的创意性和实用性。

实验 5　HERO-1 机器人功能开发设计

专题：自拟

【实验目的】

（1）通过了解 HERO-1 机器人的结构组成和性能，加深对机电一体化产品的认识。

（2）提高学生的自学能力、动手能力及创新能力。

（3）开发 HERO-1 机器人的功能，培养学生进行科学研究的能力。

【设备和工具】

（1）HERO-1 机器人。　　　　　　5 台；

（2）工具箱（内有各种工具）。　　5 个；

（3）语音字典。　　　　　　　　　5 本；

（4）自备笔和记录本。

【实验原理】

HERO-1 机器人具有行走、动手、看、听和说话的功能：

（1）有三个轮子组成的行走机构，并由光电编码器、直流电机等组成的伺服系统控制，既可以控制行走距离，也可以控制行走方向。

（2）有一条 5 个自由度并有夹钳的手臂，每个关节都由步进电机控制，夹钳可以握持 450g 的物体，手臂能做各种各样的动作。

（3）HERO-1 的听觉是一个可调的声音探测系统，可以感知四面八方的声音，将 200～5000Hz 范围内的频率化为 8bit 的数位字。

（4）具有一个超声波声纳系统和光线探测器，使 HERO-1 在能见度很低的地方也能看到东西。它以 1cm 的分辨率感知在水平和垂直方向为 30°、6.2～2.44m 范围内的各种东西。

（5）HERO-1 有一个能产生 64 个音素，有四种音调的声音合成器，能模仿人的声音说话，并有一定的音响效果。

（6）HERO-1 对外界信息的处理和发出动作的指令是通过一个由 MOTOYOLA 6808 CPU 配以 4K 的 RAM 和 8K 的 ROM 组成的微型计算机进行的。人们对机器人的教导（"示教"）可以通过键盘输入程序，操作与主机连接的示教盒或通过录音磁带输入程序等三种形式进行。

由于 RAM 和 ROM 都可以扩充，所以 HERO-1 的功能有充分的开发余地。本实验是在 HERO-1 机器人原有功能的基础上进行功能的开发。

【实验方法与步骤】

1. 熟悉键的功能和机器人操作模式

机器人在计算机的控制下可以采取各种各样的工作方式来完成操作，这种工作方式就是所谓操作模式，例如编写程序输入计算机来控制机器人；用示教盒示教机器人动作而实行手动控制操作；重复再现示教的动作等。

（1）键的功能：

RESET 键　　机器人一经启动，计算机即时自动进入执行模式，然后按后述操作再进入其他操作模式。从其他操作模式恢复至执行模式,可按下 RESET 键来实现。

ABORT 键　ABORT 键在实验电路板上,当机器人出错或做些不要求做的动作时,可按下此键,机器人即可停止谈话、运动和感觉,而计算机停止计算,显示器上显示"ABORT"约 1s,然后显示出计算机程序计数器的内容,这时将显示计算机所执行命令的地址,据此以排除和修改机器人程序的错误。

SLEEP 开关　当 SLEEP 处在"NORMAL"位置时,机器人正常工作,而当"SLEEP"开关处在"SLEEP"位置时,机器人计算机将响应来自程序或来自键盘 RESET 的命令,使机器人进入"睡眠"状态,这时机器人休息。要使机器人回复到工作状态,将"SLEEP"开关拨到"NORMAL"位置,机器人在 10s 内就启动。

多用键　键盘上 17 个键(0～F 和 RESET)除 0 和 RESET 是专用键处,其余各键除在输入程序时表示 1～F 的数字外,还有用来使计算机进入不同操作模式的用途。当计算机处在执行模式时按下这些键中的某一个,即转入不同的操作模式。

键"1"——转入编程模式;

键"3"——转入使用模式;

键"4"——转入手动模式;

键"7"——转入学习模式;

键"A"——转入重复模式。

当计算机在执行模式时,按下其他键,计算机不认为是可以接受命令。但当计算机在其他模式中时,按下其他某一键,就有不同的功用。

(2) 操作模式的命令:

使用模式　按下"3"键,计算机就进入使用模式,然后再按下列的第二数字,即有不同的用途:

① 初始位置"31"　当按"31"键时,机器人头部和手臂不论当前在什么位置都会转到头部对中,手臂向下的开始位置。这时

夹钳闭合到最小的极限;

腕的上下摆动向机器人左侧上转;

腕的转动反时针转至极限位置(从前方观察);

手臂的伸缩将处在"in"极限位置;

肩部转动,将向下转到极限位置;

头部顺时针转到极限位置:

前轮转到左边极限位置;

头部回到中间位置;

前轮回到中间位置。

至此,初始位置形成,机器人将从此基准位置开始运动,计算机又从使用模式自动回到执行模式。

当机器人在初始位置时,有时由于某些力的原因使运动部件偏离初始位置,若不纠正将会影响运动的准确性。例如,初始位置时若前轮有些微偏歪,则机器人在执行直走命令时,实际上在绕圈走,这时应予以修正,适时采取"直前"措施。

② 手臂复位"32"　当机器人受控(手动控制成编程控制)离开初始位置后,使用"32"命

令可使机器人返回初始位置。

③ 录音机存储"33" 可把机器人存储的程序外存输入到录音机中。

④ 从录音机输入程序(到机器人)"34" 可把录音机存储的程序输入到机器人中。

⑤ 设置时间"35" 机器人可设置一个可供选择使用的时钟,并能显示出时间及日期。

手动模式(MANUAL) 当使用手动模式时,必须将机器人与示教盒连接,机器人会接受示教盒上发出的命令,使手臂和头部运动,手臂和头部一共有 6 个运动,每示教一步,实现一个运动。

按下键 4 就可以进入手动式。下面是示教盒上各类开关的说明。

① 触发开关(TRIGGER) 触发开关是下述各类开关的总开关,压下触发式的扳机(在手把上),各类开关打开;松开扳机,各类开关关闭。

② 功能开关(FUNCTION) 这个开关指示选择 ARM 和 BODY 两挡,指示 ARM 时,选择手臂或头部的转动;指示 BODY 时,选择机器人本体的行走。

③ 转动开关(ROTARY) 这个开关控制功能开关所选择的运动(头部、手臂或本体)的正反向运动速度。当功能开关选择 ARM 时,旋转开关指示选择头部或手臂哪一个关节或是夹持器的运动;当功能开关选择 BODY 时旋转开关指示二挡前向速度和三挡后向速度,而中间 N 位置则是空挡。

④ 运动开关(MOTION) 选择功能开关、运动开关之后,运动开关的作用有两种:一种是启动所选择的运动;另一种是改变所选择的运动的方向。

手动操作举例

① 扳动机器人电源开关在 ON,启动机器人;按下键 31,使机器人各运动部分处于初始位置;接上示教盒。

② 按下键 4,使机器人由执行模式转入手动模式。

③ 把旋转开关(ROTARY)转到 N 位置;功能开关(FUNCTION)拨到 BODY 位置。

④ 旋转开关置于 PIVOT-WRIST 位置,因为这时功能开关在 BODY,PIVOT-WRIST(手腕上下摆动)应指示为 FORWARD-SLOW(慢速前进)位置。

⑤ 按下触发开关(TRIGGER),机器人将慢慢向前运动,这时用运动开关(MOTION)控制其往左或往右转。运动开关往一侧压向前走,往另一侧压向后走,松开触发开关运动则停止。

⑥ 将功能开关拨到 ARM 位置,转动开关拨到 HEAD(头部)位置,按下触发开关并用运动开关控制机器人的头部向左或向右转动。

⑦ 功能开关仍在 ARM 位置,转动开关拨到 PIVOT-WRIST(手腕上下摆动),按下触发开关并用运动开关控制这个关节的转动方向。类似地可控制其他关节的运动。有时头部或手臂关节转到行程极限位置,继续按下运动开关将得不到运动的响应,这时把运动开关按到另一侧,则在 1~2 秒内就会产生反向运动。

⑧ 若要退出手动模式,按下 RESET 键则可。

学习模式(LEALRN) 手动模式时,机器人不记你所控制的动作,而处在学习模式时,机器人将会记住你教给它的每个动作或要它做的事,所以学习模式又称示教模式,机器人能够在下述的重复模式中再出现这些动作或要做的事。

使用学习模式的步骤如下:

① 启动机器人(ON),使其处于初始位置(31),进入执行状态,接上示教盒。

② 按下键 7 进入学习模式。

③ 显示器显示"7",等待你按数字键输入开始存储程序的存储地址——低址。

④ 显示器再显示"7",等待你按数字键输入最后可供存储程序的地址——高址。

机器人的运动程序就存在存储器从低址到高址之间的空间,超过高址时显示器将显示"FULL"(溢出),机器人将拒绝接受进一步的命令,你必须按 RESET 键退出学习模式。

当高址输入以后,显示器将显示 7.F.XXXX,这里 XXXX 等于低址加 8,在这里自动置入程序的第一个命令。当程序返回时则是初始位置。这里应注意的是存储地址是一个十六进制的数字,全部可供内存的空间在 003F~0EE0 之间共 3754 个字节。一个典型的短运动程序一般使用 0100~0200 的存储空间。

⑤ 按手动模式中相同的方法操作示教盒去示教机器人的动作,示教完成后按 RESET 键退出学习模式。

⑥ 为了再现刚示教的程序,可按下键 A,再按下键 D 以及存储该程序的存储地址(低址),这时机器人将重现操作。

2. 通过示教盒人工示教机器人手臂和本体运动,将示教的动作存入存储器内,再把所示教的动作重复再现。

3. 分别用中、英文写出一句话,通过声音合成,使机器人分别用中、英文读出。

4. 先设定一些比较复杂的动作,通过编程加以实现。

5. 可将自己设计的电路与机器人上的微处理机连接,开出新的实验。(选做)

【实验报告】

(1) 设定动作的创意(即设定这些动作的目的)。

(2) 设定的动作。

(3) 实现这些动作的程序。

【思考讨论题】

(1) HERO-1 机器人由哪几部分组成?

(2) HERO-1 机器人有哪些按键? 其功能是什么?

(3) HERO-1 机器人有多少块线路板? 各线路板的功用是什么?

(4) 通过对 HERO-1 机器人功能的开发,有何心得体会?